公元787年，唐封疆大吏马总集诸子精华，编著成《意林》一书6卷，流传至今
意林：始于公元787年，距今1200余年

一则故事　改变一生

意林青年励志馆

后来的我们，让青春不负梦想

《意林》图书部　编

吉林摄影出版社
·长春·

青年励志馆㉖

图书在版编目（CIP）数据

后来的我们，让青春不负梦想 /《意林》图书部编. —— 长春：吉林摄影出版社，2018.9

（意林青年励志馆）

ISBN 978-7-5498-3708-3

Ⅰ.①后… Ⅱ.①意… Ⅲ.①人生哲学 – 青年读物 Ⅳ.①B821-49

中国版本图书馆CIP数据核字（2018）第179085号

后来的我们，让青春不负梦想　HOULAI DE WOMEN, RANG QINGCHUN BUFU MENGXIANG

出 版 人	孙洪军
主　　编	顾　平　杜普洲
责任编辑	施　岚　胡晓路
总 策 划	徐　晶
策划编辑	陈红菊
设计总监	资　源
封面设计	徐　丹
封面供图	猫矮-Maoi
美术编辑	郭　宁
发行总监	王俊杰
开　　本	889mm×1194mm　1/16
字　　数	400千字
印　　张	11
版　　次	2018年9月第1版
印　　次	2022年3月第3次印刷

出　　版	吉林摄影出版社
发　　行	吉林摄影出版社
地　　址	长春市净月高新技术产业开发区福祉大路龙腾国际大厦A座17楼
	邮　编：130117
电　　话	总编办：0431-81629821
	发行科：0431-81629829
网　　址	www.jlsycbs.net
经　　销	全国各地新华书店
印　　刷	三河市宏图印务有限公司

书　　号　ISBN 978-7-5498-3708-3　　　　　定　　价　32.90元

启　事

　　本书编选时参阅了部分报刊和著作，我们未能与部分作品的文字作者、漫画作者以及插画作者取得联系，在此深表歉意。请各位作者见到本书后及时与我们联系，以便按国家相关规定支付稿酬及赠送样书。

　　地址：北京市朝阳区南磨房路37号华腾北搪商务大厦1501室《意林》图书部（100022）

　　电话：010-51908630转8013

版权所有　翻印必究

（如发现印装质量问题，请与承印厂联系退换）

目 录 CONTENTS

请 不要放弃青春独一无二的模样

吴磊：今年我十七岁…………Dannie Hu 002	做一个最好的你
我的任性读书法……………………老 舍 003	…………［美］道格拉斯·玛拉赫 译/袁玲 019
17岁那年，我保护了我自己 ………周米白 004	"花样"年华………………………陈建兴 020
执着的大马哈鱼……………………赵元波 005	你的，我的，还有真相……………俊 彦 020
第八场雪的告白……………………草帽鹿 006	难觅青少年………………………肖 遥 021
高手都懂得如鱼得水………………吴淡如 007	对老师拍桌子的小姑娘……………YK 022
拿去吧！少女心……………………朱 熙 008	看得见，摁得住，拿得起…………罗振宇 023
女孩是从玫瑰花里摘的……………郑乔伊 009	不堪回首的中学时代………………孟 非 024
藏在校园里的小食光………………皮卡修 010	不好意思跳……［巴西］保罗·科埃略 译/夏殷棕 025
孩子你可长点儿心，这条路上不能睡…小 花 011	谁的青春期里没有几件糗事………积雪草 026
遗忘时间……………………………刘 墉 011	外公也曾是少年……………………蒋肖斌 027
中途下车……………………………宫本辉 012	玩伴…………………………………寇 研 028
了不起的少年感……………………刘慧凝 013	快乐来自哪里………………………唐效英 029
我决定不放弃自己独一无二的模样…王嫣芸 014	《天才枪手》：这才是致青春的正确方式…July 030
请为青春留白………………………艾 科 016	格格不入，也是一种小清新………夏川山 031
不会长大的少年……………………张晓晗 018	没有叛逆过的怎么敢叫青春………曾 颖 032
一根直直的美人骨…………………绿 茶 019	

致 我们单纯的小美好

篇目	作者	页码
少女不自知	闫晓雨	034
青色	吾云	035
港中大的燕子和北师大的乌鸦	高源	036
最在乎的微信群	肖遥	037
在路上碰到男同学就当没看见	惠滢	038
这食堂有你蹭卡也吃不到的味道	斌斌姑娘	039
当年的朋友圈	秦文君	040
人间草木	汪曾祺	041
青苔小巷中的情书	海男	042
致我们单纯的小美好	琦惠	043
被雨打湿的杜甫	肖复兴	044
小离别	钟墨	045
青春的符号老去了，但期待还在	张慧	046
挽留时间	王鼎钧	046
一生慢过	贾柯	047
林黛玉为什么不喜欢李商隐	袁小茶	048
适宜方见其好	潘玉毅	049
清浅令	谷煜	050
你是我炫耀过的美好	张亚凌	051
少年无敌是多么寂寞	沈溪	052
从特写到长镜头	林夕	053
得到与享受	佚名	053
友谊这点味道，就像老干妈配棒棒冰	傻哈哈	054

愿 你耳畔有清风，仰望有繁星

十八岁的单车	曾子建	056
指尖的烈焰	陈忠宏	057
我们暗恋同一个男生	七月二童	058
铅笔少女	青果先森	060
细雨灯花落	琦君	061
张爱玲	李碧华	061
郭靖与华筝的十年，与黄蓉的一天	梁萧	062
卒子	徐恒瑞	063
愿你耳畔有清风，仰望有繁星	南小鸟	064
想恋爱的人，请先"背诵全文"	卷毛维安	066
情书高手	张寒寺	068
留住那哒少年气	七堇年	069
那个为我嚼过艾蒿的人，我追认你为初恋	姚鄂梅	070
每朵花都是赤足走向春天的	刘继荣	071
所有美丽，不及初见	水生烟	072
葡萄藤记得我曾经的期待	李毅楠	073
暗恋	七毛	074
1945年的美好初恋	屠岸	075
我讨厌那个女孩	归苏	076
花费时间和浪费时间	林清玄	077
你终会遇到那个彩虹般绚丽的人	霈斗娜	078

真正的人生，是不拒绝成长的邀请

篇名	作者	页码
李健：赖在青春里不走	李　健	080
三大心态	尤　今	081
巴黎左岸的一家传奇小书店	孙道荣	082
世态从来炎凉，但你要笑着讲出来	甘　北	083
在天堂喝下时间	毕淑敏	084
和着笨人的鼓点前行	溶溶水畔	085
1991年的少女，今年依然24岁	林一芙	086
如何忘记一个人	夏正正	087
因为将就，我渴望的人生推迟了5个年头	杨熹文	088
高级的美，看来也是普通	庆　山	089
一个墨点染黑了一生	清风慕竹	090
连物理都搞不懂，还妄图搞定世界	陈三和	091
我就是那个画画最好的姑娘	绒　绒	092
那一刻，我的叛逆期结束了	妖孽的二狗子	093
孙微娜：我在美国做"书医"	佟雨航	094
故事	［日］村上春树　译/佚　名	095
我用100块钱买到过爱情	七天路过	096
这样的爱情	张桂花	097
整容失败，但我也庆幸	栗子树	098
整容不如整心	蔡　澜	099
我们在地球两极的脚印	孙立广	100
你在过着余生最年轻的一天	张丽钧	101
这景色真让人害羞	李修文	101
90后社交潜规则：你不得不学的人际攻心学	剑圣喵大师	102
"预先悲哀"的哲学	李碧华	103
生活里的光，都是那些微不足道的成就感	刘　同	104
各自有清欢	耿玉苗	105
"不读书"的剑桥与"读书太慢"的牛津	周稀银	105
那四年，上戏教我的事	张晓晗	106
三种成长	王鼎钧	107
真正的人生，是不拒绝成长的邀请	苏　岑	108
做好不喜欢的事，才有机会去选择	夏　至	109
如何判断自己没出息	罗振宇	109
黄渤凭什么能受邀进中南海参加座谈	胃　窦	110
灰人理论	罗振宇	111
亲爱的小猫	潘云贵	112
清浅的快乐	王永清	113
一次失败的离家出走	路　明	114

我就是很努力，有什么好笑的

篇名	作者	页码
黄轩：当你足够努力，所有人都能看到	七天路过	116
想成为合群的人，先去做不合群的事	杨熹文	117
单身者简·奥斯汀	杨　杰	118
这一次，人生给了你第二次选择	孙晴悦	119
这个世界不但看脸，也看年纪	李月亮	120
你不喜欢的每一天，不是你的	宁　远	121
哪有什么顺其自然	艾小羊	122
追着追着，就站到了成功的光环里	陈　姣	122
太乖实在很危险	吴淡如	123
把拖鞋放好	林清玄	124

罗丹厌学	张君燕 125	揽镜有感	郑嘉励 135
被惊	张晓风 125	所有的知识，都不会白学	罗振宇 135
成为TINA	邱珈 126	凌晨四点钟的清华自动贩卖机	蒋方舟 136
我们最缺的教育，是学会浪费时间	艾小羊 127	我不可以倒下，因为我倒下就没有人撑我	独孤伊人 137
谁不是一边被鄙视，一边默默前行	莫卡 128	别买用不起的东西	艾小羊 138
吃饭前关灯	饶晓阳 129	跑着到达目的地	译/千太阳 138
当没人帮你的时候，你就什么都会了	共央君 130	真正的聊天高手都是怎样说话的	知乎 139
人为什么想要合群	罗振宇 131	在无声的世界里活成自己的女神	李占梅 140
没话说	亦舒 131	自律	尤今 141
我生命里欠缺非常重要的一件事	二美 132	吃土	水上勉 142
什么都不信，可能是见识太少	祝小兔 133	推开世界的门	甘北 142
我就是很努力，有什么好笑的	李开春 134		

哪个TA，温暖了你的青春

女儿，你今天打算穿什么	刘墉 144	当初那些"奇怪"的同学	谢璇 157
静能量	王月冰 145	妈妈也是第一次当妈妈	晨曦亦光 158
我用尽一生与母亲较量，最终满盘皆输 [日]北野武 译/陈宝莲 146		围裙和铠甲	蒋玮琦 160
		谁的理想不曾恢宏远大	吴雨歌 161
酒鬼的申请	寇妍 148	那些与吃有关的浪漫	陈思呈 162
捡回失去的味觉	吴淡如 148	我爸妈没什么文化，但撒起谎来就像本科毕业	如鹿 163
喝咖啡的哲学	刘洁 149		
父子书	赵松 150	没几个像样的秘密就称不上父与子	三秋树 164
父亲的小纸条	袁可涵 151	凡买书，必买三本	邢斌 165
在这个世界上，我唯一深爱的大骗子	黄天煜 152	我的外婆是"贵族"	刘律廷 166
如果你下午四点来看我	杨槐 153	够了	蒋勋 167
我的二次元老师	陈子薇 154	谢谢你，盛装莅临我的成长	汪薇薇 168
你这么酷，我也不能输啊	猫鱼伴饭 155	借衣访恩师	方湘玲 169
藏在可乐里的爱	沐甘 156	两个妈	倪萍 169

请不要放弃青春独一无二的模样

青春是纯粹的,那时的自己带着初生牛犊不怕虎的无畏,少女心有,少年感有,担忧和烦恼也有。可是,管他呢,凡事都试过了,才知道结果,才能拥有独一无二的青春。

踩过青春,听谁在泪语纷纷。终有一天我们会长大,在时光里遥遥对着那个在青春里飞驰的自己微笑。

吴磊：今年我十七岁

□ Dannie Hu

十七岁很纯粹，认定一个目标用力去追，放肆去闯，带着初生牛犊天不怕地不怕的无畏，雏鹰已长，当空而舞，担忧和烦恼也有，但是管他呢，只有凡事都试了，才知道结果。

"莫欺少年穷"。

差不多也是去年的这个时候，我们在象山见过他，大夏天中午他熟门熟路地带着我们在空旷的影视城穿梭，边走边介绍，浑身像是有星子抖落一样的朝气蓬勃。这次见他还是一样的活泼爱笑，但在举手投足间多了几分沉稳的味道，清朗眉目之下的眼神依然藏不住对周围世界的小小好奇，这边走走那边看看，问着笑着聊着，一米八几的个子手长脚长地敞开坐着，几乎在房间的每一处他都能发现有趣的东西。不过也是面前这个全然闲不住的人，却把十七岁近一半的辰光，都留给了一个叫作萧炎的角色。他跟着剧组辗转山川云海，悬崖峭壁，就像书中描述的一样一路野蛮生长着，乐此不疲。

萧炎这个角色出自《斗破苍穹》，和别的男主由弱到强的画风不同，他从小便被视为练武奇才，眼看接下来的路便是顺理成章地成为绝世大侠，却不料遭遇三年之内武力锐减无法突破的打击，生生被人扣上了"废物"的骂名。萧炎心里不服，吴磊也替他觉得憋屈，演的时候更加劳心劳力，攒着一股劲一路打怪升级，用实力让所有质疑消退，特别是当他红着眼睛说出"三十年河东，三十年河西，莫欺少年穷"这句话时，这既是萧炎的心声，也是吴磊自己的。

他尤其喜欢"莫欺少年穷"这一句，"饱含的那种不甘，那种决心……是我这段日子觉得最有正能量的一个感触"。也不是没有人质疑过他能不能诠释好这样一个热血难凉的角色，他自己对待这些倒十分理智清醒，"因为我本身就是书粉，非常理解他们对角色的严苛要求，我希望我可以代表书迷，尽自己最大的努力，把大家心目中的萧炎呈现出来"。

五六岁开始演戏，近60部作品一部部积累至今，对于一个一直把成为一名好演员作为终极目标的人来说，最让他在乎的就是有没有认真把握好每一次演戏的机会。

就像和张艺谋导演合作的电影《影》，刚接到消息的时候，他的第一反应就是怕自己表现不好，"一开始进组真的是挺紧张的，心脏怦怦直跳，后来拍久了才平静了很多"。在演戏这方面，他算是一个很容易被带动的人，恰遇上张导是做什么事都要亲力亲为的实干派，就像再平常不过的给演员讲戏，也是"不管大太阳还是大雨天，都是伞都不打直接从监视器后面跑过来讲的"。

被这样的氛围感染之后，他每天的状态就如箭在弦上般严阵以待。在他的微博里有两张张导同他讲戏的照片，张艺谋冷静严肃的眼神对上他认真专注的神情，一老一小都投入至极，好奇张艺谋导演对他表演的评价如何，他听完一脸不好意思地摆摆手："这个还是到时候让张导自己来说吧。"然后就赶紧转移了话题。

反其道而行，前有《二十四小时》，后有《七十二层奇楼》，经过一系列综艺节目的历练之后，他渐渐明白了原来很多事情不仅仅可以勇往直前，还可以有反其道而行的道理。"千万不能以顺向思维去思考，千万！"他以一种过来人的口气说得头头是道，"因为节目组就爱反着来，你顺着他一定会'上当受骗'，反套路而逆其行，胜利就离你越来越近啦！"刚开始做综艺那会儿，他真的就是奔着好好玩儿的心态去的，"和一群朋友在一起，完成一个又一个的游戏，很开心也很有成就感"。

后来他发现这么下去自己"光荣"得也未免太快了，实在对不起这么多前辈在节目中对他的保护和照顾，"不能总被他们耍是吧！"他理直气壮的样子让人忍俊不禁，整整十二期节目，他和成员们一起抓猪、搬砖，末了还去cos（扮演）服务员，这些平时难得碰到的机会让所有人都觉得新鲜，"大家相处了这么久，其实就和一个大家庭一样了，彼此很了解，很熟悉，有了默契之后更好打配合了，我们得一起'对抗'节目组嘛。"

和任达华一起出演的新电影《极致追击》即将上映，从节目到片场，两个人又是一起战斗的默契搭档，新片中吴磊饰演的是一个技术宅，是整个团队的脑力担当，每天的工作就是对着各种机械潜心研究，和达华哥饰演的硬汉一起出生入死，完成任务，反差十足。影片中惊险的镜头很多，但"我属于后方指挥，前线他们来，我需要敲着电脑为他们清除障碍，给他们铺好路，也是很关键的一环，需要精神高度集中"。这句话说完，整个人眼睛都亮了，我们也仿佛提前看到了电影中的电脑天才——唐叮当。不论在荧幕前还是私下里，达华哥都很宠这个最小的弟弟，在片场给他传授经验，人前不止一次夸他聪明，前途不可限量，吴磊也总说去了香港一定要让大哥罩着。几乎每一个和吴磊合作过的艺人，都会对这位小少年格外关注和认可，尤其是演技方面，从小和老戏骨们一起"飙戏"长大，"感觉自己比同龄人幸运太多"。算起进入这个圈子的时间，1999年的他艺龄已过十年，孩童时对于演戏的认知更多的是"听话"，大人说什么自己就照着演什么，"那时候其实是不太理解的，对演技的认知可能就是一个传递的过程。"等到后来演的角色多了，自己也渐渐地开始思考起"演技"二字的含义，"会去琢磨，诠释的不光是表面的东西了，想要展现一些更深层次的东西，是吴磊这个演员想展现的一些更深层次的东西"。

这次拍摄他特别中意那件"浑身都是小龙虾"的衬衫，怀着无比期待的心情拍摄到这一套，他一脸兴奋地对身边的工作人员说："真的吗？下一套是这套吗？我终于可以穿上我的小龙虾战袍了！"一溜烟跑进去换上，"帅吗？"穿上之后他无比期待地问着大家，身边的人使劲点头说帅，他非常受用地回了一个傲娇脸。

少年人的心思单纯活泼，心里对事物的界定永远是好的和好玩的，就算是从去年年底开始一直高强度地工作到现在，他挂在脸上的笑意都不曾消失。

今年即将高考，有限的空余时间都拿来读书复习，心里揣着目标学校暗暗努力，嘴上虽然不说，但心里想着的时候还是会莫名有些紧张。

聊到最后，问他十八岁之后最想做的事，他先特别开心地说："我要成年了，哈哈哈……"自己开心了好一阵之后，他突然感慨起来，"以前一直觉得自己小，但可能是比较忙的原因，现在觉得一年一年过得好快呀，一眨眼夏天了，一眨眼冬天了，长大也是来得猝不及防……"一段强行煽情之后，他回过神来记得回答我的问题，"哦，最想做的事啊……我现在有件特别想做的事，我马上就要满十八岁了！就可以考驾照了！其他的暂时还没有想到，先完成一件再想下一件，一步一步来，等下次有了新的想做的事情我再告诉你啊。"

我的任性读书法

□ 老 舍

怎样读书，在这里，是个自决的问题；我说我的，没勉强谁跟我学。

第一，我读书没系统。借着什么，买着什么，遇着什么，就读什么。我不能叫书管着我。

第二，读得很快，而不记住，书要都叫我记住，还要书干吗？书应该记住自己。对我，最讨厌的发问是："那个典故是哪儿的呢？""那句书是怎么来着？"我永不回答这样的考问，即使我记得。我又不是印刷机器养的，管你这一套！

第三，读完一本书，没有批评，谁也不告诉。我有我的爱与不爱，存在我自己心里。我爱念什么就念，有什么心得我自己知道，这是种享受，虽然显得自私一点儿。

第四，我不读自己的书，不愿谈论自己的书。"儿子是自己的好"，我还不晓得，因为自己还没有过儿子。有个小女儿，女儿能不能代表儿子，就不得而知。"老婆是别人的好"，我也不敢加以拥护，特别是在家里。但是我准知道，书是别人的好。别人的书自然未必都好，可是至少给我一点儿我不知道的东西。自己的，一提都头痛！自己的书和自己的运气，好像永远是一对儿累赘。

第五，哼，算了吧。

17岁那年，我保护了我自己

□ 周米白

2012年9月，我步入高三，像很多同龄人一样选择了走读，我在学校附近的一个小区一楼租了两间房。走读的生活并没有想象中的快乐随意，每天学校、出租屋两点一线。夜里，小区过早陷入黑暗，一个人回到位于一楼的住处，打水、洗漱、关门，回到卧室学习。我的卧室一墙之外就是小区的道路，夜里极其安静。每次，道路上传来停车关车门的声音，都会看到一个男人走出来。

那天，午睡醒来的我借着门外洒进来的阳光扎了头发，正准备出门时，一只金黄的小狗蹿入了我家，吓得我连连后退。仓促间，一个男人进来抱住了狐狸狗。他向我道歉说："不好意思，它太爱跑了，放心，不咬人的。"

我面前的这个男人穿着薄薄的睡衣，脸上一直堆着笑，正是那个总在深夜回家的人。他扫了屋子两眼，我有点儿慌张，脱口而出："我妈出去了。"话说出口，我脑海中已经闪过无数念头。

那天晚上，我像往常一样回家，一路哼着歌。猛然看到，中午见到的那个男人从车里下来，我装作若无其事的样子回到家里。那晚，我没有像往常一样在门外的水池洗漱，而是打水回到客厅用屋里的洗脸池。就在我关上门之后，听到后面传来一阵细碎欢脱的脚步声。我知道是狐狸狗又来了，赶紧拉上窗帘，站在门后。

那个夜晚，我迟迟没有睡着，一种莫名的紧张笼罩了我，整夜里喉咙发紧。之后的几天，清晨、中午、晚上，我都能听到那个男人遛狗的动静，他一直围绕着我的住处，有时还和我的邻居聊天。

我的住处是一个由车库改造的两居室，厨房在屋里，水池却在外面，做饭时只能开着门。那只狗第二次跑进我家的时候，我正在做午饭。这次它没有激动，只是静静地坐在地上看着我。

我随手扔了一块肉给它，抬头就看到了那个男人，他笑容满面地进来了，问我："你怎么一个人在家吃饭？"我回答道："我妈今天不在。"他凑近灶台，看我做了什么，我往一旁躲了躲，也许感觉到了我的紧张，他说："小姑娘别怕，我不是坏人。"他没有多说什么，带着狗走了。17岁的我心里有些愧疚，觉得自己冤枉了好人。

后来才知道，中年男人就住在我后面一栋楼，他老婆就在不远处的公司上班，他有个比我年长的儿子。他频繁地出现在我门前，有时候还会说几句关心的话。

我感到他对我的关心有点儿过多了，偶尔还会提出顺路送我上学。有一天中午我正要去学校，他在门口遛狗时对我说道："你一个人住这儿辛苦了，明天中午我请你吃个饭吧。"我拒绝了，他旁若无人地继续说道："就这样吧，明天我在你们学校门口等你。"第二天上午放学我看到了他，他走到我身边，示意我跟着他。我心里有点儿不舒服，可是不敢声张，只好安慰自己，大白天吃个饭，还能被他吃了。

我鬼使神差地跟着他出了校门，走进了一家西餐厅。在包间落座后，我的心里开始紧张。他坐在我对面，说："我知道你一个人住的，一个人不容易吧？"我没说话，勉强笑了笑。他坐到我身边，手伸到了我的肩膀上。我脑子里嗡嗡作响，控制不住地颤抖起来，腿也不听使唤地哆嗦。

"小姑娘，别怕，你不说我不说。"他用力将我的肩揽过去。我的心理防线一下崩溃了，夺门而逃。

那天开始，每逢午睡或者晚上，我都会带同学或者朋友一起回出租屋。我打开门，和她们在门口说话，把我的小屋子制造出热闹的嘈杂声。我突然感到，我之前的生活太安静，显得有些虚弱，而声音能带给我一些安全感。

可一个人的时候，那个男人的脚步声、他的狗都让我害怕。我坐在床沿，连衣服鞋子都不敢脱，颤抖着听门外的动静。我开始夜不能寐，课堂上无法集中精力。

渐渐地，我不再回住处，在同学的家里辗转借宿，到后来连学也不去上了。直到有一天，我的父母也终于意识到了问题的严重性，匆匆赶来。爸妈在和我的房东谈过之后，房东说:"我说也奇怪,最近他老在这遛狗呢。"他说那个男人也算有点儿权势,看我的父母想怎么解决。我爸说,我们在家里等着,逮到就谈谈吧。

没等多久,那个男人出现了。我开着大门的灯,门口也没有说笑声,他顺着灯光就过来了。他没想到的是,我的父母也在这里。

我在卧室,爸妈和他在客厅,他们聊了很久,爸妈谈得很隐晦——只说是关心过多给我造成了困扰,那个男人答应以后不再频繁出现。最后他们握了握手。

看到这一幕,我几乎要发疯。站在卧室里,我盼着父母能以坚决的方式给我讨回公道。没想到竟是这样和风细雨。

那个男人走后,父亲非常认真地对我说:"之所以被骚扰,是因为其身不正。如果你只想着好好学习,会这样吗?"没有安慰,只是责备,我的心像是被挖开了一样,只感受到一种背叛。

后来,那个男人再度出现了。他有时在门口,有时敲我的窗户,我感到世界都灰暗了。那天下午,我歇斯底里地想了许多:自己还没有考上好大学,还有很多想去还没去的地方。而现在却深陷一团污泥之中。

我把计划告诉了一个相熟的男同学,之前,他也了解一些我的境遇,住在我附近的他还曾多次护送我回家。知道那个男人并没有收敛,而是变本加厉了,他决心帮助我。

晚上,雨淅淅沥沥地下着,那个男人又来了。我不记得这是他第几次过来了,只是那天我主动打开门,让他进来。

我不记得他翻动嘴唇说了什么,强压着内心的颤动。他一直对我说话,说他,说我们,说以后,很多很多,最后停下来。

"你叫×是吧,你老婆在××上班,她偶尔会回这个小区来,旁边那辆车是你的。"我已经在心里默念了很多遍,说出来的瞬间自己都觉得不真实。我告诉他,我了解你的一切,甚至你儿子在哪里上大学。我慢慢理清了这些信息,告诉他我早有准备。

他愣了愣,突然向我伸出手,我跑到门边,向他摊开了我手中的东西——我借了好友的手机,手机屏幕荧荧亮着光,界面上显示正在录音。他的脸色变了,想走向我。我赶紧说,我还有人证,蓦地打开门,雨里,男同学正在门口静静等待。"人证物证我都有了,下一次再来骚扰,就不是这么简单了。"

我无比镇定,像站在大雨里,手刃了仇人。那天,那个男人离开后,我哭了很久很久,并非因为发现那段录音没保存,而是为自己感到开心。

我在那个地方住到高考结束,搬走,之后再也没有回去过。

执着的大马哈鱼

□赵元波

大马哈鱼是鲑鱼的一种,成年大马哈鱼生活在海洋中。大马哈鱼的鱼卵必须在淡水中才能存活、孵化,因此,它们不得不每年秋季千里迢迢回到出生地产卵、繁殖。

迁徙之路漫长而艰辛,一路上,大马哈鱼将消耗积累起来的脂肪,甚至需要把肌肉纤维转换为能量,来维持体力。

对大马哈鱼来说,被天敌捕杀的危险和瀑布边的棕熊相比,根本不值一提。它们面对的不只有漫漫长路,还有瀑布前的腾空瞬间。

为了能冲过瀑布,它们蠕动着身躯腾空而越,忍受着无数水珠拍打身体的痛苦。对它们而言,生死在此一搏——跳过去就有洄游成功的希望;跳不过,则只有两种命运,一是有幸拥有再来一次的机会,二是在空中投入岸边棕熊的血盆大口!

棕熊只是大马哈鱼洄游路上的一种障碍!漫漫长路中,一千条大马哈鱼,大概只有四条能够幸存下来!大马哈鱼——这群毅然昂首直冲的精灵,用生命证明了执着的力量。它们明明清楚必须要面对的障碍,却依然勇往直前。为了活下去,它们能做的只有勇敢地面对和不懈地努力。

北京落下初雪时，我收到了卓洛辰的微信："我在你们学校，想送你一份迟到两年的礼物。"

我的整个高中，记忆里都是卓洛辰，因为我和他同桌了整整两年。

如果不看数学成绩，我是标准的学霸，英语和语文稳定在年级第三，唯独数学常年在及格线上徘徊。班主任想过很多办法，可我的数学成绩仍然不见起色。最后老师使出撒手锏，将数学竞赛获金奖的卓洛辰变成我的固定同桌，希望我能近朱者赤，并且下命令："林初瑶，你好好向卓洛辰学习，在你的数学没能考到130分之前不要提换座位。"

起初，我是极其开心的。卓洛辰啊，他可是所有女生梦寐以求的同桌，品学兼优，还生了一张好看的脸，最令人心动的是，在最聒噪的年纪，他偏偏沉稳安定。但是，与他接触一段时间后，才知他是不折不扣的"气氛粉碎机"和"话题终结者"。

"卓洛辰，我昨天睡得好好呀，晒过的被子有阳光的味道。""林初瑶，没有什么阳光的味道，那是螨虫烧焦的味道。"

每次聊天，结局都是以卓洛辰拆台告终，从最初的讪讪一笑，到最后的气急败坏，我终于恼羞成怒，在桌上画了一条三八线："卓洛辰，谁超过三八线，谁就是笨蛋！""幼稚。"卓洛辰头也不抬，轻轻一笑，

"笨蛋都比你数学好。"我抬起手想动用暴力，转过头看见他干净俊秀的侧脸，默默放下手，当然是选择原谅他了。

"林初瑶，你真的是笨蛋啊！这个知识点，我3分钟前才给你讲过，换个题型又错了。"卓洛辰的声音低低响在我耳畔。我狠狠踩了他一脚："你再说我是笨蛋，我就把你的秘密传出去。"

"嗯？我什么秘密？"卓洛辰忽

第八场雪的告白　□草帽鹿

然有些紧张，局促地问我。我意味深长地笑："看来你真的有秘密。"我只是随便唬唬他，看他表现倒是真被我诈出点儿东西，"你有喜欢的姑娘？"卓洛辰的脸立刻红起来。我得意地笑起来，与他同桌的90个日日夜夜，我终于扳回了一局。兴奋过后，心里闪过一丝莫名的失落。

高二那年的冬天，武汉很早就开始飘雪，冬雪并不是武汉的稀客，但今年的雪却出人意料，落雪次数十分频繁，雪势很大。我忍不住冲卓洛辰叫喊："已经是今年的第五场雪了，太不可思议了，希望雪继续下。"

"今年已经很反常了，不会再继续了。"卓洛辰一把扯过欣赏雪景的我，"期末考试就要到了，习题都做完了吗？"

"你真的好扫兴啊！"我叉着腰对卓洛辰说，"那我们打个赌！""赌什么？"卓洛辰总算有点

儿兴致了。

"如果雪继续下，就算我赢了，"我灵机一动，想到了他的秘密，"第八场雪时你去向你喜欢的人告白；如果我输了，我承认我是笨蛋。"我以为他会数落我无聊，结果他回答我："好。"我愣住了，不知为何，我心里一半好奇一半低落。

第三天，第八场雪翩然而至。我赢了，兴奋得眉开眼笑："你打算怎么跟你喜欢的小姑娘表白啊，要不要我支个招？""嗯……要。"卓洛辰居然没有拒绝，更没有耍赖，低声说，"我没有经验。"

我心里莫名来气，想了个歪招："要不你去堆个好看的雪人送给她，再说点儿浪漫的话，配合雪景，肯定有效果。"卓洛辰嘴角微微勾起："你这个主意不错。"

午休时，卓洛辰没有在座位上写作业，我有些心神难安，"你去哪里了？该不会真去堆雪人了吧？"

卓洛辰轻笑，"我堆了一个雪人，在图书馆后门，晚上带你去看，你帮我参考下。"我将一片暖宝宝扔给他，心里十分烦躁，谁稀罕看你送别的姑娘的雪人。

放学后，卓洛辰拉着我去看他堆的雪人，路上，我忍不住八卦他心仪的女孩是什么样子。"她是个很矫情的人，一会儿多愁善感，一会儿活泼乐观得不行，简单来说就是笨蛋少女欢乐多吧。"卓洛辰显然心情很好，说了很多，最后自顾自一笑，"但是，真的非常可爱。"

虽然卓洛辰全程都在吐槽，但从他亮晶晶的眼睛里我能看出，他是真的很喜欢她呢。我踩着他的影子，悲伤也像冬夜般寂寥。

"这谁干的？"我第一次见卓洛辰生气，他中午堆的雪人早已被毁坏，变成一摊脏兮兮的积雪。我摸了摸鼻尖，缩着脖子："学校那么多人，也许是别人不小心碰倒了。"我拉起卓洛辰，安慰他："算了吧，只能说明你和那个女生的缘分未到，现在还不是告白的时候。"

高手都懂得如鱼得水

□吴淡如

我主持广播有18年的历史。经常碰到一些"比较没有经验"的来宾，他们可能是医师、作家、投资顾问等各行各业的翘楚。如果他面带微笑而来，对我说："麻烦你了，这是我第一次上节目。"我也会觉得很轻松，回答说："没关系，当聊天就好。"

因为如果你讲的是你的专业，你应该不必在几天内抱佛脚苦背，你只要说故事就可以。

我很怕"太认真"的来宾，他好像是来参加竞技赛或辩论赛的，跟他握手时，他的手冰冷；他表情严肃，额头暴青筋，或不自觉冒汗，带着密密麻麻的资料准备来念……我也会跟着紧张起来。通常，如果该来宾不肯放下"我要来认真地念完我所准备的资料""你一定要照着我准备的问题来访问我"的想法，这个访问就会让我觉得"天哪，好费力啊"。

我喜欢那些让我感觉如鱼得水的来宾。和每个受访来宾在密闭空间里聊天的时间不过是一个小时。有的让我意犹未尽，如沐春风；有的让我如坐针毡。我当然不会希望后者这样的人下次再来聊。

当然还有一种，不知道是被谁逼来的，愁云满面，可能是公司业务上的配合，被老板命令才来，很不情愿的样子（还好，这种来宾大概两年只会碰到一个）。我心里会想：呵，你真的可以不要来这儿的，你不需要来浪费听众的时间，还来砸我招牌……我要说的是，在感情里，有些人让人很累：个性很僵硬或严谨的人、做什么都不情愿的人、什么都要按照他的方式来的人、带着太紧张的心情患得患失来谈恋爱的人、什么都来跟你唱反调的人。跟这种人生活在两人世界里，不被他弄得紧张兮兮、疲倦万分，是很困难的。你最后一定会说："我真的累了。"

我们再打个比方：爱情和游泳一样。不善泳者游个50米，就会气喘吁吁，因为他们怕沉下去，所以费尽体力在跟水对抗。会游泳的人其实不太费力，他们会利用浮力，也能自在呼吸，游个1000米都不成问题。

刚开始学游泳都是累的；游久了，游成自在就习惯了。谈恋爱也如此：越如鱼得水，越走得长久。

卓洛辰不再言语，重重地叹了口气，目光灼灼地望着我，我心跳如擂鼓，差点儿就要承认那雪人是被我一脚踹崩的！是的，我终于明白心里的低落难受就是因为我喜欢他啊。我就是想阻止他去告白，好在他没有深究。

那天的事我们谁都不再提起，仿佛赌约和告白都没有发生过。卓洛辰没有什么改变，一边嘲笑我笨，一边耐心教导我这笨蛋。但是，我却改变了，我决心好好学习数学，不然我怎么考得上卓洛辰要去的清华呢？到了高三后期，我的数学成绩已经超过130分。

"好了，林初瑶，你可以向班主任提出换座位了。"卓洛辰淡淡地说。我忽然很难过，心像是被刀绞过一样。最后，我与他唯一的"暧昧"是在成绩单上，卓洛辰的后面是林初瑶，从未分开过。

高考，我俩发挥稳定，不管是上清华还是上北大都很稳妥。在填报志愿时，我放弃了梦想中的燕园。放榜的那天，卓洛辰仍然在第一名，只不过他的名字后面，是北京大学。我哭笑不得，"你怎么会去北大？"

"是啊，我怎么会去北大？"卓洛辰似乎在自言自语，抬头一笑，"北京见了。"

卓洛辰说的"北京见"不过是句客套话，到了北京后，他从未主动找过我。这是我们在北方经历的第一个冬天。

"卓洛辰，好久不见。"我大大咧咧道，"礼物呢？迟到两年的礼物，可别长毛了。"卓洛辰没说话，从背后伸出手，在他的掌心躺着一个晶莹玲珑的小雪人。我爱不释手："好可爱啊！没想到你还有这个情调。"

"林初瑶，我喜欢你很久了。"卓洛辰的声音变得很温柔，一字一顿，"你愿意做这个雪人吗？被我捧在手心里。"

我有点儿晕，那年冬天的记忆一点点变清晰。原来，当年他想要告白的人就是我啊！我鼻子酸酸的，"早知道你喜欢的是我，我就不把雪人踹坏了。"

"我知道是你。"卓洛辰摸了摸我的头发，"我以为，你是不喜欢我才故意搞破坏的。"

我哑然，我们之间到底有多少误会呢？好在，年少时的悸动依然如初。第八场雪的告白，即使迟到了两年，依然令我热泪盈眶，属于我们的美好时光，才刚刚开始。

拿去吧！少女心

□朱 熙

不知你是否也曾经灰心地以为，自己生错了性别。

幼儿园开学第一天。妈妈特意挑选了漂亮的发绳来把你的短发精心扎成可爱的羊角辫，你却觉得它们抓得头皮很痛，进校门时偷偷扯开了，顶着乱蓬蓬的鸡窝脑袋华丽亮相，结果在班级列队时被老师稀里糊涂地编进了男生队伍。

小学。橡皮筋的游戏规则让你一个头两个大，在其他女孩脚尖乖巧听话的毽子到你这儿却无论如何都驯服不了，美少女换装贴纸又有什么好玩的呢？相较之下，篮球足球就简单明了有意思多了，个子早早蹿高的你还一举成了篮球队的中坚力量，很是享受了几年众星捧月的待遇。

初中。个头和力气都渐渐被同龄的男孩子赶超，再加上每个月总有那么几天肚子疼，不能剧烈运动，自然而然地就被篮球和足球的队伍排挤出去。体育活动课，久违地去球场边看看，曾经的队友们口头热诚许诺"随时欢迎你回来"，可嘱托你的却是买水呀看管衣服之类的杂务。你觉得有些失落，不想把情绪显在脸上扫了大家的兴，只好寻了个借口离场。途经校内自行车棚，见同班几个女生正在棚檐下阴凉处跳皮筋。一如既往的游戏规则，可你还是看不懂，远远瞧着她们随跳跃动作活泼扬起的发尾与裙角，低头看一看自己身上肥大松垮的运动服，挠挠头上刚剪过的短得扎手的头发，突然比在球场边时更强烈地不知所措起来。走开了，依稀听见背后她们在说："就爱找男生玩，这下男生们不带她玩了，看她怎么办。嘻，活该。"

你呆了呆，总觉得哪里不对似的，又琢磨不清楚应该如何辩解。回到教室，屋里空荡荡的，你慢慢走回自己的座位，趴在桌上，揉了揉隐隐作痛的肚子，感觉眼皮酸酸的。

高中。因为性格爽直要强、办事利索而得到老师青睐，被任命为班长。调皮捣蛋的男生们被你在纪律簿上写了几次名字，俨然把你当作敌人，不复过去称兄道弟的亲热。失去了本来的"好兄弟"的你，依然没有学会女孩们的友情规则——课间有必要你等我我等你地相携去厕所吗？天真无脑女主角撞上霸道总裁男的言情小说真有那么好看吗？偷偷化妆偷偷剪短校服裙子有什么意义吗？短发、素面朝天、运动服有什么不好的吗？这时——你才回过神来，幼儿园入学那年被老师稀里糊涂编错队的你，离开了错误的队列，却也回不到"正确"的队伍里了。你成为孤单单的一个人了，女生们不接纳你，男生也讨厌你，公开地反对你。你履行班长的职责排好了给教室饮水机换水的值日表，一周五天分派给班上强壮有力气的男生，可谁也不听你的。你也不愿示弱，咬牙忍着生理期第二天的疼、擦着冷汗，把沉重的桶装水从一楼扛到五楼。

也不是没有蜷在午夜的被窝里偷偷哭过。也不是没有想过，投降就好了吧，承认自己的能力有限就好了吧，把软弱的眼泪给人看见就好了吧，努力回归"正确"的队伍，就好了吧。但抹抹眼睛爬起来，从镜子里看见自己眼皮红肿的模样又觉得好丑，到人前就还是习惯性一副骄傲的、无坚不摧的样子。

你就这样长大。

直到终于觉得，这样的孤单，也没有什么不好。

以上说的这些，其实是我的一个朋友的故事。

我和她的邂逅，就是在她咬着牙将桶装水搬上五楼的那天，在她筋疲力尽气喘吁吁倚着水桶休息的五层楼梯转角。年级里有名的人物，我早就知道她，见她脸色苍白的模样不禁吓了一跳，上前问"需要帮忙吗"。她好像条件反射似的逞强，迅速摆手说"不用不用"。我犹豫了一下，没走，又说："可你好像很难受的样子。"最后，是我陪着她一起搬完了走廊到教室后门的最后一段路。

我们就这样熟悉起来。同样没朋友的两个人，渐渐成了朋友。

十多年前很时兴的一个形容词是"酷"。我一直觉得，这个词用来形容她，再合适不过。朋友她是个很酷的女生，在"酷"这个词已经老掉牙、已经很少有人拿它来当褒义词的

过去虽美，但亦伤人，当所有的誓言都随风散去，我依然期待下一个给我的美丽。

今天，我也依然这么觉得。

江北的小镇，当年还不怎么开放，朋友那样的"假小子"浑然就是个异类。因那份特殊而经历了漫长孤独痛苦时光的她，似乎是在与我相遇之前的某个时刻，终于认清并且坦然接受了自己，于是我所看见的，就一直是酷酷的、特立独行的她了。

成为朋友之后才发现我们的共同爱好是看漫画。只不过我沉迷少女心爆棚的纯爱漫画，她则独爱jump（跳跃）系列的热血少年漫画，人生最大的梦想就是去北海道洞爷湖买《银魂》同款木刀。

高考结束后，填写志愿的那天，我将三个空格都写上了北京的学校，她则因为父母离异而选择留在本地。分别的时刻，她说："如果有机会，我们一起去洞爷湖吧？"顿了顿，又有点儿害羞似的笑了，"如果说我还有什么少女心的话，就这一件事啦"。

我终究没有再见过她。

我在北京读完大学，辗转到了东京留学。出国的次年冬天——日语口语稍稍变得拿手了些，终于有胆量独自出远门的时候，规划了一次圣诞旅行，目的地选在了北海道。对谁都没有说，但我自己心里知道，偌大的北海道，只有一个洞爷湖，是一定要去的。

站在冰天雪地的有珠火山口，从展望台远眺，不远处的洞爷湖在一阵疾风吹开了浓云稠雾后悄然现出了灰蓝的纯色。我摘下手套，掏出手机来哆哆嗦嗦拨出一个号码，心里其实并没有把握，这个多年前的电话号码能否接通。

出乎意料的是，两声长音过后，那头很快接起。

"好久不见啊，怎么想到打给我？"睽违已久的声音，"这些年还好吗？"

明明我才是拨出的一方，却突然卡壳。扯下防寒口罩，好半响，才憋出一句："你猜猜，我现在在哪儿？"洞爷湖的风的声音。

"听见了。很冷吧？"她笑出声来，"……谢谢你。"我愣了愣："谢什么？"狂风止息后，我听见她说："谢你还记得洞爷湖。也谢你，还记得我唯一的少女心。"

女孩是从玫瑰花里摘的

□郑乔伊

牙医候诊室里堆满了儿童玩具。

小女孩趴在父亲肩头，一头金发落在父亲的衬衣上，轻盈得仿佛要飘起来。她看着我，水蓝色的眼睛像深海那么蓝。

她忽然问："爸爸，我们去奶奶家，好吗？"

年轻的父亲答："好的，我的小跳蚤。"

"爷爷也在家吗？"

"在家，宝贝儿。"

"妈妈也跟我们一起去吗？"

"她会来的，我的小虾米。"

"我想吃奶奶做的蛋糕，吃完后我会刷牙的。"

"真乖，我的小鸡崽。"

小女孩安静了一会儿，忽然又问："爸爸，我是从哪儿来的呀？"

这样的问题，我也问过。答案不外乎是"垃圾堆里捡来的""石头里蹦出来的""胳肢窝里扯出来的"等，都是奇幻怪异而充满暴力的回答，毫无美感可言。更有甚者："你刚出生时，胳膊和腿都是分开的，后来用螺丝装好，不信，你转一下脚踝手腕，还会嘎吱嘎吱响呢！"同时，说者脸上还浮现出一点儿巫气的笑。

我们的童年提心吊胆。

我好奇，年轻的法国爸爸会如何回答女儿的问题呢？

那位父亲说："男孩是从圆白菜地里采的，女孩是从玫瑰花里摘的。"

小女孩安静而满足。父亲给予的小小的梦，告诉所有人，她如玫瑰般美丽。长长人生路，即使布满玫瑰的刺，也要戴着玫瑰色眼镜看这世界。

对女孩而言，赞美永远不会太多。

真幸福。

山腰之上，黄栌树丛生，枝叶如云，金秋时节，层林尽染，如火如荼，恰似少女红装。

藏在校园里的小食光

□ 皮卡修

在吃过很多很多次饭、聊过很多很多次天之后，我们要先互道一声珍重，然后等待着下一次的重逢。

我所在的高中是住宿学校，在苦闷的学习生涯里，唯有美食和爱，不可辜负。

校园虽小，美食倒不少。刚成为一个捕食新手的时候，食堂是我们的美食重地。

学校刚开始有两个食堂，后来食堂老板发现我们这帮新来的菜鸟太能吃了，每次开餐都要大排长龙，供应不过来，于是挥挥手宣布再开一个小食堂，就在一饭隔壁的铁皮屋里弄了个汤粉摊位。下雨天时，在汤粉摊位吃饭最为享受。多小的雨，砸在铁皮屋顶上都是"噼里啪啦"的脆响，吃着热乎乎的粿条，喝一口鲜美的清汤，听着群雨和铁皮的交响乐，"噼里啪啦，噼里啪啦"，明明挺吵的，却让人的心都安静下来，不知不觉就放松了整个身心，舒懒起来。

早上起来，和大胖相约食堂，与学习奋斗的一天，是从第一碗香喷喷的粥开始的。

高中食堂的粥实在好得没话说，物美价廉，一个碗比大胖的球脸还大，吃完十分饱，十分满足。大胖作为我的好饭友，是我最崇拜的一个吃货。只有她想吃的，没有她不能吃的。我曾信誓旦旦地对大胖说："等我当够了瘦子，一定要敞开肚皮吃成个胖子！"记得我说这话的时候，大胖用她特有的眯眯眼瞥了我一眼，然后面无表情地继续喝她的第二碗皮蛋瘦肉粥。

学校门口就是一条小吃街，蒸饭、肠粉、饺子、盖饭……狭窄又拥挤的一条街，什么吃的都有。美食街小吃多，饺子摊是我和大胖的最爱。还没到放学时间，我和大胖已经准备就绪，等待着老师一喊下课，就拎起书包飞奔出校。一盒饺子里五六种馅料，我最爱玉米饺子和菜饺，大胖最爱肉饺和芋头饺子。吃上那样一盒饺子，蘸点儿老板娘特制的辣椒酱，心口满满都是对这食物、对这世界的爱。

吃遍了小吃街，我们顺便征服了各色外卖。友香、林记、沙县……只要有外卖单，就没有吃不起的饭。衣服可以少买两件，饭可不能少吃两盒，这就是一个吃货最炽热的爱。

在美食街的饭馆和外卖的生意风风火火的情况下，食堂的生意越发萧条。食堂老板越想越觉得不妙，立即跟学校领导们商量对策，这一商量，一合计，领导们大手一挥，直接下达了"闭关锁校"政策，规定时间内，只许进不准出。这才让食堂生意好转起来。

高三的时候，学业变得越来越紧张，就连吃饭都变得狼吞虎咽，吃快两秒，就可以多复习两秒。有大胖一起吃饭的时间还是开心地享受着的。

在校园的最后一餐，我们没选择外卖，没选择美食街，就坐在一食堂的长桌上，随便点了个餐。那时候的我们刚考完试，再怎么忐忑不安，都已成定局，只能随遇而安了。那一顿饭菜是什么味道的？好像没什么能回忆起来的。只记得，那一餐是我吃得最苦涩的一餐，没有香味可言。

大胖说："美食诚可贵，友谊价更高。要是没考到同一所大学，我们就互相去对方的学校蹭饭吧！"

我欣然答应。

高中的那些或美好或心酸或委屈的回忆，在时光里慢慢沉淀下来，被时间的河流冲洗过去，只留下一些亮晶晶的记忆颗粒。那些和大胖在一起的"小食光"，继续藏在校园里，等着我们下次一起回来，再次开启捕食之旅。

请不要放弃青春独一无二的模样

孩子你可长点儿心,这条路上不能睡

□ 小花

上高中那会儿地铁6号线刚刚修好,我上学的地方在东大桥,地铁站几乎就建在家门口,于是我爸心安理得地卸下了送我上学的重担,让我每天自己坐地铁上学。

年轻的孩子看上去朝气蓬勃,实际上一身懒病,早晨出门的时候还能忍耐一路上的拥挤颠簸,晚上放学的时候就开始打起了自己的小算盘。我们高中活动多,平时是四点半放学,赶上要组织社团活动什么的,出校门就得七八点了。6号线建得有水准,CBD(中央商务区)横向穿堂过,早晚高峰的人流宛如被强行塞进铁笼的鸡鸭。

为了避免这前往屠宰场一样的路途,我和同一个社团的女生商量好,每次社团活动以后拼车走。因为彼此的家住得近,所以正好顺路。晚高峰的出租车不好打,迫于形势,有时候我们也会坐私家车。那会儿说得不好听点儿叫"黑车",不过我们遇到的都是很有礼貌的车主,加上又是结伴而行,所以也没有感觉有危险。

直到有一天,我有事先走,那个女生自己打车。

那天她还是七点多从学校出门,站在路口准备打车。那时候手机在打车这件事儿上还没有什么实质性的突破,大家都是站在路口拦。她本来想打个出租车,结果呼啸而过的全不是空车。于是就上了路边的一辆私家车。她说当时还是有点儿担心的,不过想着自己一个人坐车也就这么一次,肯定不会这么巧一次就出事儿。加上我们平时走的路线都是人多车多的路段,这么大个北京城,监控探头处处有,我们又没有住在远郊区县,所以更是没什么好担心的。她上车以后就开始玩手机,玩了一会儿觉得有点儿困,就抱着书包准备眯一下。其实她并没想真睡,她起初只想闭眼休息一下。可是没想到最后真的睡着了!而且当她醒来的时候,发现自己居然在一条不认识的路上!周围的车看起来没有很多的样子,行人也很少。

她吓了一跳,赶紧盯着司机看。她说司机是个中年男子,话很少,自己还是个学生,而且从体格上看自己也不是能打得过他的样子。

我同学这会儿也不知道哪儿来的勇气,居然开始表现得十分淡定。她给她妈打了个电话,这会儿她肯定一点儿都不困了,但是仍然装出一副很累的样子。她跟她妈说我困得都要睡着了,咱俩聊会儿天吧,不然就真的要睡着了。她妈似乎也听出了一些不对,所以并没有挂断。

我同学说后来司机似乎七拐八拐,最后又回到了她认识的路上,她于是就跟她妈说,自己现在到了×××,很快就要到家了,然后挂了电话。

后来等她到了目的地,司机给她报了个价钱。她脸上堆着笑,直接给了张50元的,说完"不用找了"以后拔腿就跑。

"好在只是趁我睡着绕了点儿远路坑我车钱的。"我同学后来拍着胸脯说。我说那你当时怎么不等他找你钱?她说她害怕啊,那会儿她还是个孩子,她怕他回头再掏出把刀来。

不过后来她说,她觉得她妈说得很对,即使你对路再熟悉,一个人打车的时候,尤其是女孩子,千万不能睡着。人行天地间,劫财害命难免会遇到一两样,时刻长点儿心,安全常相伴。

遗忘时间

□ 刘墉

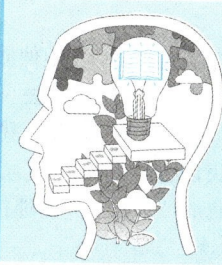

我有一对朋友:先生做生意,整年在外忙碌;妻子是艺术家,终日沉迷于绘画。奇怪的是,两个人都不显老,看起来都比他们的实际岁数年轻得多。我有一次问到他们的养生之道,他们的回答非常巧妙。

"忙碌使人忘了时间,艺术使人感觉不到时间,既然时间已经不被记起,便静止般的,不易催人老了!"

孤独与忙碌迥异,滚滚红尘湮没了心境,可少了终点的奔波,人生终究一样的苍白。

中途下车

□ 宫本辉

那是三十年前的事情了。我和一位朋友报考一所东京的私立大学，便乘了去那个方向的车。像世上所有的考生一样，我们怀着几分不安，心里没底，望着窗外的景色。为了稳定情绪，就说说话，闲聊了起来。然而，从京都上来一个高中女生，坐在我们旁边的座位上，情况就完全不同了。那是个有沉鱼落雁之貌的美人。我和朋友多少有点儿乱了方寸，话也少了。待朋友想和那个女生搭话时，车已过了静冈。

她报考了京都的大学，正在回伊豆大仁的途中。朋友在我耳边悄声说："是伊豆的舞女啊！"

何以叫她"伊豆的舞女"，我不甚了了，只"嗯嗯"点头。女生也同我们渐渐谈得融洽起来，说三个人如果都顺利考取，建议在哪儿一块庆祝一下。这话搅乱了我们的心思。她留下嫣然一笑后，在三岛下了车。

"我不想考东京的大学了，考京都的算了……"朋友嘟哝着，并非全属玩笑。

"我刚才也一直在想，今年去考，大概会落榜，不如再温习一年，慢慢增强实力，明年再考更明智。"我也掏出了真心话。

主意就这么在不经意间拿定了。父母给的去东京的花费，我们移用于伊豆的旅行上，于是就在热海下了车。这是我人生中第一次中途变卦。我们兴致极好，泡在伊豆的温泉里，想着住在大仁的漂亮女生。虽然她留了地址和电话，可我们只是看着那张纸片，没有任何行动。三天后，我们就像刚考完试似的，回到了家。

半年后，朋友的父亲去世了，因为要继承家业，他打消了考大学的念头。

我呢，把入学考试的事扔到一边，到处找小说读。可我们俩的心里，都未能忘掉火车上认识的那个女生。聚在一起时，总谈论这个话题——她考上京都的大学没有？很是挂念，真没办法。

有一天，我们想了个猜拳的办法，谁输了谁就给她家打电话。我输了，就拨通了电话——正巧她从京都回来，接上电话，说已顺利考上了大学，住在丸太町一位亲戚家里。

"你是你们两个人中的谁呀？"她问道。仅仅想开个玩笑，我报了朋友的姓名。

沉吟片刻，她小声说："要是见面，我只和你单独相见。"

我默不作声，一动不动地握着电话。之后，就挂断了。或许可以有更好的做法，但十八岁的我却把这话瞒了下来。该怎么办？我不知道。

"哎，怎么样？说什么了？"

朋友眼睛发亮，一遍遍追问。我撒了个谎，说她没考上大学，出去工作了，她说不要再打电话，于是就挂断了。

"嘿，这么简单就吹了。"他伸伸舌头，一笑。

这件事在我心里一直挥之不去。生平第一次失恋，怎么会不在心里留下伤痕呢？我的谎言可谓多矣，只有这次连我自己都不能原谅自己。之所以现在写下来，是因为我的"情敌"——那位朋友，死于交通事故已有十年。

了不起的少年感

□刘慧凝

今天，我想讲少年的故事。

第一个是我老公，典型的理工男。

不管你给他提什么时尚建议，他的穿着都保持着大一新生的那种质朴感：前面戴一副黑眼镜，后面背一个双肩包，左边一个水壶，右边一把雨伞。

他的衣服非常简单：春天，文化衫；夏天，文化衫；秋天，文化衫；冬天，还是文化衫。但是节假日等重要活动里，会选用时尚单品格子衬衫加文化衫。

四年前，他向我求婚。

周围的朋友给了好多建议：比如，买一个蛋糕，点一圈蜡烛，摆一个心形。他说："我不用那些。"

他让我闭上眼睛，把我拎到一个小黑屋，我特别期待，觉得从小看的那些偶像剧的情节终于能在我身上发生一回了。

我一睁眼，什么都没有，突然，他说："起！"我再一看，满屋子都是绿光。

哎呀，我有点儿蒙，我说："哥们儿，这……什么意思……"

他说："哥们儿这个绿光，波长是520纳米，这样到处都是我爱你了。厉害吧？"

对于这种"一根筋"的浪漫我早就习以为常：他觉得对的事儿，就会特别坚持。

我要讲的第二个少年是个北京男孩，他成绩好、帮助后辈，是我的偶像。

但他特别犟，在国外工作时，只准自己和家人吃鸡腿，因为鸡腿比其他肉、蔬菜、水果都便宜，家人想吃块西瓜，他都生气不同意。

其实他不穷，在国外做教授，工资很高，但他就是不花。省下来交给金融机构打理，钱生钱，继续吃鸡腿。甚至后来查出肺癌，人家大夫推荐了500块钱一粒的药，他嫌贵就是不吃，找50块钱一片的仿制药，服用后，全身过敏。

2012年，是这位少年人生的最后一年。面对绝症，他对家人温和、理性，又很犟地说了一句话：停止治疗。省下高额的医药费，取出一辈子攒的钱，1500多万人民币，资助几千名少年。刚才讲的这个少年不是别人，就是清华大学1951级无线电系本科生，清华经管学院教授，中国金融学家，享年78岁的赵家和老师。

去世前三个月，他签订遗体捐赠手续，用于医学研究等事业。这个抠门的、很犟的少年，最终连自己都没给自己留下。

他，和他那1500万的助学金从北京走向远方，走进了更多少年的生命里。我为什么叫赵老师少年？因为少年不是按照年龄划分的，而是有没有少年感。

什么是少年感？是冲动鲁莽、三分钟热度？不，那只是表面。

少年感是明知不敢为、不能为、不必为而为之。

做任何事情，首先考虑的不是成本，我赚了还是亏了，也不是结果，我成了还是败了，而是这件事，它应该做。

社会和国家最有活力的地方就在于少年。社会和国家没有活力的时候，不是人口老龄化的时候，而是这里的人失去了少年感的时候。安于现状、停止创新、害怕挑战、害怕改变、害怕付出。

我们每个人的心里都有一个少年对吗？那是属于我们的英雄梦想。我们心底最害怕的事情，是怕辜负了那个少年的自己。

但是哪怕我们自我怀疑、自我否定到近乎绝望的时候，就是不想死心啊！不想放弃，在一无所有的时候，心里就只有那份扎心的、热爱！

我终于知道什么是少年感，是工科男一根筋地用他的方式喜欢你，是赵老师不计成本、不图结果地去守护少年、守护未来，更是我们想改变自己时，哪怕内心害怕，害怕到手脚发抖，也要履行承诺勇敢出发。

所以以后再有人问你，少年，你图什么？你告诉他，我不图什么。我是少年，从来不想长大，却已经长大。但如果我不想变老，就可以不必变老。

我决定不放弃自己独一无二的模样

□ 王嫣芸

5岁开始我就有个外号，叫"三毛"。

不是写《撒哈拉的故事》的长发姑娘，而是《三毛流浪记》里瘦骨嶙峋的大鼻子形象。

我非常反感这种带有明显嘲笑意味的外号，但因为形象上过于接近——我不仅有个圆润的鼻头，鼻底还朝上露出两个更加浑圆的鼻孔——很多时候亲妈都叫我"三毛"。

所以大概10岁，我就下定决心无论如何都要有个360度无死角的鼻子。

最开始的方法比较质朴，白天有事没事就拽住鼻头往下捏，睡觉前再拿夹子锁住鼻头，私以为软骨是一种类似橡皮泥的东西，只要坚持就一定能有漂亮的鼻尖。

如此持续8年，进入大学第一天，室友问："你是不是之前演过三毛的那个演员？"

硬件无法升级，我就去学化妆，优化界面设计。

在知道有鼻影和高光这种可以改变五官立体程度的神器当天，我一兴奋往双侧眉头以下直到鼻头的区域抹上了厚厚两重阴影，一出门就引起围观。怪我咯？谁第一次化妆时不手残？

在之后漫长的研习化妆术的过程中，我发现了另一个问题——我的眼睛严重大小眼，本想通过贴双眼皮贴补救，我却总贴不好，每次奋战半小时依然觉得不自然，干脆扯掉。

这件事不大不小却足够让人不爽，久而久之，我的身体甚至形成了一系列本能，例如但凡拍照一定只用左脸对着镜头。

终于决定走进整形医院时，我23岁。

"医学上只要延长鼻小柱，就能让鼻孔没那么显眼；剪开右边严重下垂的眼皮、去掉多余部分再缝上，就能和大小眼说再见……"整形医生热心地解释。

三天后，我躺在了手术台上。

医生先是切除了我右眼睑1.5毫米厚的赘皮，能睁开眼睛的时候，他已经沿画好的虚线从右鼻孔内切开了我的鼻底，向上提拉后用工具剔除掉多余的脂肪以缩小鼻头。

护士将那些淡黄色的绵软组织拿到我面前晃了晃，咕哝道："还挺多。"

我默默念叨："那当然，不然都对不起我的外号。"医生拿出事先选好的L形假体，我知道那是我花一万六千元买来的"韩式美鼻"。此刻它正在环形手术灯下泛着光，医生一会儿将它放平一会儿在我的鼻子上比画，准备将它植入我的面部。

"刚刚做完的几天会很奇怪，但你不要用手去摸，以免假体移位。"

"那现在能摸摸吗？"我几乎脱口而出。

"急什么？回家两周后才能轻触。"

"我是说想摸摸现在的自己的鼻子。"不知为什么，我本能地认为那即将到来的假体是一种彻头彻尾的"非我"的存在。与此对应的是，我有些舍不得那个曾经无数次被我怀着懊恼和嫌弃的心情扯过的"三毛鼻"，就好像那是一条隧道能让我和过去的自己产生联系，是一种藏匿于岁月中不可多得的亲昵，而新的"外来假体"即将带给我什么，我不确定。

"不可以的，已经消毒了，而且你现在鼻底已经被切开，乱摸会引起感染。"我的犹豫被隔绝在半空中，这感觉很怪，就像即将和一个老朋友永别，却来不及正式说声再见。而这不可得的仪式感瞬间转化成执拗的感怀，唆使我不欢迎新鼻梁的到来。

"那……我可以这次先不做，之后再做吗？"

这幅画面应该很好笑，一个鼻子被从底部切开并掀起来的姑娘，现在才想起来跟医生商量。

医生也被逗乐，耐着性子解释的语气中有种无可奈何："你的鼻底已经被切开，两三年之内最好不要再切开第二次，而且如果现在只缩小了鼻头没有把鼻小柱和鼻尖做出来，就会比以前更翘，鼻孔往外翻出更多。所以，别犹豫啦，你的眼睛、嘴巴，还有脸型都挺好看的，不要被鼻子弄

请不要放弃青春独一无二的模样

得不完美。"医生给了我一个宽慰的笑容后娴熟地端起假体，准备正式植入。

"等等！"我再次打断他，盯着头顶的手术灯，仿佛那没有色温的白光是我唯一的理性，必须抓紧。

"完美。"我在心里把这个词细细咀嚼、掂量一遍，然后终于想起自己为什么来到这家医院。

对于一个刚刚23岁等待融入社会的年轻人，"完美"无疑是种奢侈。

实习期间我们没有办法在工作上做到完美，太多资料要查，太多技能需要现学，可大家都很忙，鲜有人能给予真正意义上的指点；恋爱期间我们没有办法在情感上做到完美，还没学会爱的人因为寂寞相互依偎，稍有莽撞就在心上留下一道道疤痕。

生活中的失败在黑夜里悄悄将自信侵吞，而责备外貌总比责备自己来得简单，于是整容变成另一种拿回"存在感"的可能。

似乎我们只要先变得好看，就有机会争取未来。

容貌是我们唯一不需耗费时间就能直接获取的"完美"，这大概是越来越多年轻人在进入社会或者即将融入新环境的当口走进整形医院的原因。

可是我们要怎样把握"完美"的尺度？

彼时彼刻我躺在众多整形医院的家里，只要出门，10个女生中大概会有三个拥有和我一样的"韩式美鼻"，还有更多人选择垫个下巴开个眼角填充一下苹果肌，这些都是数据上显示的"完美"，但为何大多数人在"完美"之后选择遮掩？难道整过的容和撒过的谎一样见不得人？

或许是因为沉溺于"完美"的道路更加辛苦，我不确定自己是否承受得住。那天的手术以只缩小了鼻头结束。

之后很长时间，我都不曾对任何朋友讲起这段经历，一是怕被嘲笑人傻钱多，交完费后还啰里啰唆，二是我其实并未完全厘清当时的自己在害怕什么。

直到前段时间遇到了部电影，它的中译名叫《狼狈》。

电影的地域设置是在日本，但故事背景我们一点儿也不陌生——无处不在的双眼皮贴、假睫毛、瘦脸棒、微整形广告都在蛊惑并教育女性，容貌或许天生，但不美绝对是你的责任。

女主角莉莉子是日本炙手可热的嫩模，年轻的女孩们争相模仿她的装扮，所有时尚杂志都用她做封面，而她自己最喜欢做的事情，也是对着镜子问：魔镜魔镜，谁是这世上最美丽的人？

为什么莉莉子会对美丽有如此执念，并将它作为自我存在的唯一证明？

因为从农村来的莉莉子之前长得很丑，为了出名她接受过全身整形，而为此付出的代价不仅仅是每隔一段时间就会出现整容后遗症，必须再次接受痛苦的手术——莉莉子还不被允许见自己的任何亲人，害怕媒体知道后整容就变成板上钉钉的丑闻。

于是莉莉子被迫与过去的自我完全割裂，她的世界中不再有友情和亲情，只留下善妒与孤僻。

所以在知道有人没自己好看也能红之后，她的第一反应是去划烂对方的脸。可惜女二号不是整容怪，知道女主来意后，只说了一句："美丽和名誉只是一时的，你划烂我的脸又能怎样？"

有的人可能会说这就是没有整过容的人的底气。但我觉得这更多的是一个独立的、知道自己是谁的人的底气。

每一个人从出生到死亡，需要花费许多年去寻找自我、建立自我。我们读万卷书行万里路，就是在不断探索自我和世界的边界，在寻找自我和社会的关系。

而不假思索就把自己变成主流审美想要的样子，相当于没有战斗就缴械投降，相当于放弃了长成自己独一无二的模样的机会。

影片的最后，莉莉子整容前后的对比照被媒体曝光，犹如笼中之兽的她没有勇气面对嘲讽，用一把尖刀扎进了自己的眼睛。

为什么结局如此惨烈？因为过于追求"完美"的人，其实是在追求自己在他人心目中的位置，他们活在外界对自己的评价体系里，殊不知他人即地狱。

这大概就是当初躺在整形医院病床上的我最害怕的事情。

距离那次"失败"的整形已经整整三年，虽然鼻子更丑了一点儿，但我再也没有"外貌焦虑"，手术台上那一刻的犹豫让我更珍惜也更喜欢自己。

其实，整容是让渡一部分自我去贴近主流的审美规则，没有引起自己的不适也就没什么。

我们都可以有变美的向往，但为什么变美，以及要变成什么样子，我们必须有所决定。

毕竟走进手术室的那一刻，是为了之后的人生可以更开心。

有时，放弃是另一种坚持，你错失了夏花绚烂，必将会走进秋叶静美。

请为青春留白

□ 艾 科

1

江曼捧着一杯热茶来到图书馆期刊阅览室，刚刚打开杂志，赵玉尔就闪电一般出现在她的跟前："天哪！你心真大啊，李鹏远受伤被送进校医务室了！"

江曼将目光停留在杂志目录页上，不疾不徐道："想让我陪你去食堂吃饭就直说，少妖言惑众，再敢拿李鹏远说事信不信我把你煮了当午餐？"

如果不是图书馆里禁止喧哗，赵玉尔早就一蹦三跳连哭带吼了："如果是我撒谎，就让我期中考试门门挂科！李鹏远是踢球的时候受了伤……"

赵玉尔还未细说原委，江曼早已奔到楼下。

李鹏远既是学校公认的校草，又是成绩拔尖的男生，整个高二年级乃至全校情窦初开的女生无不为之倾倒。江曼也不例外，她扛着在高二年级女生当中成绩永远第一的大旗，明修栈道，暗度陈仓，表面上将李鹏远视为学习榜样，暗地里却给他写过很多没有公开的情诗，这些秘密只有她的同桌赵玉尔知晓。所以当江曼听闻李鹏远受伤的消息之后，便按捺不住伪装的矜持，火箭一般直奔医务室。

气喘吁吁地刚跑到医务室江曼就懊悔不已，逼仄的房间里早已人满为患，除了一位医生阿姨和一位护士姐姐，其他全是闻风而来的矫情女生，有的提着水果，有的递来纸巾，有的带着哭腔问疼不疼，直至医生厉声呵斥："你们这些小丫头，还让不让我给他治伤了？赶紧散了！"那些不知来自哪个年级哪个班的女生，才快快而去。

众人散去后，医生冷冰冰地冲江曼甩脸子："你还杵在这里干吗？想挨一针吗？"

见医生阿姨"出言不逊""为老不尊"，江曼也不客气："我是他的女朋友，我要留下来照顾他！"

医生阿姨瞠目结舌："哪里来的疯丫头？真是胆大包天，竟敢当着长辈的面不打自招，就不怕我告诉你们班主任吗？"

身旁的李鹏远被江曼毫无来由的一句话吓得毛骨悚然，他瞬间忘记了疼痛一骨碌站起来，看着江曼欲言又止。李鹏远根本就不知道眼前这个冒失的女生姓甚名谁，于是赶紧向医生阿姨撇清关系："她在开玩笑，我不认识她，赶紧给我治，治完我回家。"

恰在此时，一位躲在门口的女生突然闯进医务室，泪水涟涟道："原来李鹏远早有女朋友了啊，有就有呗，干吗要公布出来？这样会伤多少女生的心啊。"说完呜呜地跑了出去。

江曼心想，完了完了，这回，好像闯大祸了。

2

果不其然，江曼无心诓骗医生阿姨的一句话，竟然引起轩然大波，她差点儿被流言蜚语湮没。

"说说吧，到底怎么回事？你们又不是明星，用得着靠制造新闻博取眼球吗？"安静的办公室里，班主任电光火石的目光穿过厚厚的镜片，看得江曼毛骨悚然。

"我是开玩笑的，那天医务室里人头攒动，我之所以说是李鹏远的女朋友，是想让那些蜂拥而至的女生心灰意冷，早点儿离开医务室，以便给医生腾出时间和空间帮李鹏远治疗。"江曼一字一顿地说。

"原来是这样啊，那你也不该信口开河说是他的女朋友啊，这样造成了多坏的影响你知道吗？"班主任语气柔中带刚，"看在你用心良苦的分上，这次姑且不予深究，但以后要杜绝此类事情发生。你和李鹏远都是成绩优异的学生，大家都拿你们作为榜样，你俩时刻都要以身作则、率先垂范啊。你回去写份检讨交给我，我对外也好有个交代。"

"要是我写了检讨，不会再殃及李鹏远了吧？"江曼小心翼翼地询问。

"你已是泥身过河，还想舍身取义？做好自己的事情，其他的不用你管！"班主任语气暴戾，愤怒之声几乎要将整栋教学楼震塌。

走在回教室的路上，江曼不急不恼，哼，写就写呗，我写我的检讨，我爱我的男神，互不影响两不耽误，关别人啥事?

江曼刚刚将字斟句酌的检讨书送给班主任,李鹏远就过来兴师问罪了:"我希望你能当着大家的面,将那天你在医务室里所说的话全部收回,我实在受不了舆论压力,这已严重影响到我的学习!"

见"当事者"前来质问自己,江曼真的无地自容了,她悄悄地问李鹏远:"开玩笑的话何必当真?再说我真的那么讨厌吗?我们做好朋友就是了。"当着众人的面,李鹏远不容置疑地拒绝了江曼的请求,高二年级教学楼层的走廊上,那么多围观的人,见证了江曼被"男友"猛甩的整个过程,即便神经大条的女生也不堪其辱,于是她忍着泪水跑进教室号啕大哭。

赵玉尔递来纸巾:"把话说清楚也好,彼此没有交集,也就没有心理负担。你们都是学习上的佼佼者,学校对你俩也寄予了厚望,千万别再为无关紧要的事情分心了。"

赵玉尔的一番宽慰,瞬间令江曼醍醐灌顶。她抬起头揉着泪眼看着赵玉尔,笑道:"是啊,明知山有虎,我偏向虎山行。哼,他李鹏远口口声声说和我没有交集就没有交集了吗?我偏要和他痴缠在一起,气死他!"

4

不知是受了什么刺激,突然之间,江曼好像从"恋爱事件"中抽离了一般,任何非议和揣度她都不以为意,而且再也不提李鹏远。当别人在球场为李鹏远呐喊助威时,她一个人躲在安静的图书馆一角,翻看自己喜欢的杂志;当别人在给李鹏远发微信示好时,她端坐在教室里验算着数学试题;当别人费尽心机想和李鹏远约饭时,她则奔走在往返图书城的路上,就连对最好的同桌赵玉尔都爱搭不理,更别说分享秘密了。有时赵玉尔觉得无聊,故意拿未经证实的关乎李鹏远的新闻刺激她,江曼依然不为所动。

霎时间,她判若两人。

转眼期中考试结束了,成绩公布的那天,江曼紧绷的神经终于舒缓了下来。这次年级统考,她第一,李鹏远第二,两人仅仅一分之差。这样的成绩让江曼恢复到之前那种活泼的状态:"赵玉尔,你睁大双眼,看我是如何与李鹏远再度产生交集的。"

全校表彰大会上,年级前五名的同学通通被请到主席台上,按照名次顺序分享学习心得。江曼走到话筒前,用抑扬顿挫的声音说:"之所以能考第一,首先要感谢李鹏远同学,他说从此再也不想和我产生任何交集,但是今天我想说,李鹏远,你是甩不掉我的。虽然我追赶不上你爱情的脚步,但是成绩面前我绝不认输!"

班主任在舞台侧幕处连蹦带跳、捶胸顿足地使眼色,可江曼依旧熟视无睹、我行我素,她做好了下台之后再度写深刻检讨的心理准备。

但那天的校会结束之后,班主任并未兴师问罪。细细想来,或许是江曼在发言中屡屡提到的那句"今后我要永考第一"的誓言,让她免受了批评之灾。

从此之后,李鹏远不再像躲避瘟神一样绕着江曼走了,甚至有时偶遇,还会主动搭讪。江曼笑里藏刀地说:"你就不怕我再把你带进舆论旋涡吗?"

李鹏远笑道:"不怕,你不是说我们永远都有交集吗?我们的交集不应只局限在学习上,还应延伸到学习之外的地方。"

江曼不明所以,作为学生,除了学习,还能有什么交集呢?

李鹏远不疾不徐地说:"明天是周末,校爱心社组织大家去养老院看望老人,你一起去吗?"

江曼万分好奇:"我还没有参加过义工活动呢,需要准备什么吗?"

李鹏远笑言:"最重要的是要带着一颗爱心前去。如果可以,给养老院的爷爷奶奶表演个节目最好不过了。"

江曼情绪激昂:"老人们大都喜欢听戏,我就准备演唱一段戏曲吧。"

李鹏远说,那最好不过了。

看着李鹏远远去的背影,江曼欢快地来到教室座位上对赵玉尔说:"明天你陪我一起去见证奇迹吧,看我是如何一步一步将李鹏远收入麾下的。"

赵玉尔骂道:"你是让我去看你如何晒幸福吧?我就知道你贼心不死,自始至终都在变相地找各种冠冕堂皇的理由靠近李鹏远,若我没有猜错,你之所以那么努力学习,成绩永保在他之上,目的是将来和他报考同一所大学吧?成绩优于他,填报高考志愿时你就胜券在握。"

江曼嗔骂道:"就你多嘴,不说话没人把你当哑巴。"而心里早已乐得花枝乱颤。

不会长大的少年

□张晓晗

高中时，我喜欢上了初恋男友。

原因很简单，有一次，下了体育课我穿过操场时，他正好打完篮球，摘下眼镜，甩着手指上的汗珠，抬头皱起眉头，狠狠地瞪了我一眼。被各种霸气总裁形象洗脑的我瞬间被击中了——真霸气！

为什么不认识我，就瞪了我一眼？看样子一定是能帮我打死一个连的铁血真汉子！

我们交往后我才知道，那天他根本没看到我。所谓霸气一瞪，是因为他散光太严重了，他摘下眼镜就算看路过的"旺财"也会那么霸气。我自然十分失望，这种失望让我对他所有的行为都很不满，无论他做什么，我都觉得他软弱、幼稚、不堪一击。他连拉我的手都会出一手心的汗，不敢看我的眼睛。

小说里的男主角在其爸妈都被害死后还努力复仇，让仇人进监狱，自己夺回公司，重新成为霸气总裁，而你只不过是物理没考及格就"嗷嗷"哭，算什么啊？

我上高中时是"迟到大王"，他每天早上在上学路上都会帮我买一份早餐。现在想来这是很贴心的举动，当时我却很不领情。

我经常说："你怎么就这么点儿出息啊？就会买早餐，不好好学习，不去做些大事，怎么成为霸气总裁啊？"

我过生日的时候，他叠了满满一玻璃瓶的"爱心"送给我，每个"爱心"里面都写了小字条。

他营造了很久的悬念，当他把这个玻璃瓶递到我面前时，我的内心只有失望。

后来，我对他越发挑剔，感觉他无法掌控自己的生活，他总是有那么多难以解决的麻烦事，还常常因为吃醋而做出一些更幼稚的事。哪怕是一开始我喜欢的地方，也开始在我眼里变得不堪。

他每天滑滑板上学，开始我和所有的女生一样，觉得这样很帅气。

到了后来，我反复跟他说："你为什么这么爱出风头？一点儿也不沉稳，而且很危险。"他说："我不是为了出风头，而是真的很喜欢滑滑板啊！"我说："滑滑板能当饭吃吗？难道你准备滑一辈子吗？"他说："准备滑一辈子啊，还要去美国滑呢！"

说的时候他神采奕奕，我一盆冷水泼过去："你真的太幼稚了，你根本不懂什么是生活，我们分开吧。"

现在想想这些事情，反而感觉自己才是一个彻头彻尾的大白痴。当年我们16岁，都是学着和异性相处，他尽力做了所有希望让我感觉到被爱的事情，我却期待在他身上找到自己渴望的一切，而那些渴望都是不真实的。

我和初恋男友像过家家似的，时好时坏。后来他真的去了美国，继续滑滑板，我时不时会在各种社交网站上看到他的照片，全身伤痕无数，文了各种文身，却笑得很开心。忘了说，他爸爸其实真的是霸气总裁，对他的选择非常愤怒，觉得他是扶不起的阿斗，自己却也没什么好办法，只有不停地给老师送礼，希望老师对他严加管教。老师就真的严加管教。

但他不是读书的料，性格又比较内向，所以在高中学习期间，他过得就很压抑，还在书包里放过遗书。那封遗书被我发现之后，我劈头盖脸地骂他："这都是些什么小破事儿，你就要死吗？而且你死了，你最舍不得的竟然是你的玩偶！"

作为他信任的人，我没有给他丝毫安慰，只有给他的憋屈火上浇油。好在命运对他很眷顾。

他上个月结了婚，妻子比他大几岁，很会照顾人。有认识的朋友参加了他的婚礼，我好奇地问："他还是老样子吗？"朋友说："对啊！他家里有一堆玩偶，他给每一个玩偶都起了名字。"

他其实是一个很好的初恋男友，很感谢他让我的初恋有那么多至今回忆起来尚觉温馨、美好的细节。而在这个故事中，我反倒是一个非常糟糕的恋人。

男人的天真是很可贵的。当然每个早熟的少女——像我一样——可以不欣赏他们的天真，但是也没必要去刻意伤害他们。

毕竟他们是用自己笨拙的方式，很努力地爱着。

一根直直的美人骨

□ 绿茶

普通女人和漂亮女人的区别，有时就在一根脊梁骨上。

此心得来自我的一次旅行。

那是在开往武汉的火车上，我的旁边坐着两个女大学生，她们从上海实习之后返校。一个女生有清秀的瓜子脸、顺滑的披肩长发，衣着也得体，黄色T恤、浅蓝牛仔裤，苗条匀称，整个人看着很舒服。另一个女生是白皙的圆脸，干净的气质，头发随便扎在脑后，也是牛仔T恤，但颜色偏暗。

披肩长发女生泡了一碗面，吃的时候，一个年轻乘警过来跟她搭讪。她回头，冲女伴做了一个鬼脸，又继续慢条斯理地吃面。

然后，她拿着手机自拍，又给女伴看照片。她做这一切时，姿态自然，舒展大方，背一直挺得笔直。

我想，她知道自己的美，也习惯了在众人的目光里生活，她也不在意那些目光。

另一个女生则显得拘谨很多，聊天时基本都附和女伴。多数时候，她是沉默的，一边看女伴的一举一动，一边心不在焉地吃饭。

她佝偻着背，似乎总想缩成一团。

作为一个当年的普通女孩，我深知其中的酸涩。我好想对那个女生说："姑娘，挺直你的背。"可是，又怕太唐突，我只有调整坐姿，坐正一点儿，挺直自己的背。

去年春天，我在家里整理杂物，突然翻出几张照片，是某年夏天去武汉木兰湖旅游时拍的。

那张照片上，我和同事坐在树荫下吃冰棒。她在方凳上侧身而坐，长腿交叠，姿势优雅，吃相也佳。

我呢，坐姿大大咧咧，背佝偻着，专心吮着冰棒。

我和她的对比，犹如当年火车上那两个女生的对比。我能在别人身上看到差距，在自己身上却没有察觉，直到这张照片出现。

一天，我和照片上的同事重逢，问她："姿态怎么修炼得这么好？"她说，工作之初参加过一个模特训练班。没想到，人家的美一半是天生，一半是后天修炼的，交过学费，流过汗水。

我突然想起来，当年我路过那个模特训练班时，还进去和里面的人聊过。招生的老师极力怂恿我报名，她说："你会受益终身的。"

但那时的我完全没把形体美这个概念放在心里。蹉跎二十年，那根直直的美人骨，我还在修炼中，希望愈老弥直。

做一个最好的你

□ [美]道格拉斯·玛拉赫 译/袁玲

如果你不能成为山顶上的高松，
那就当棵山谷里的小树吧，
但要当棵溪边最好的小树。

如果你不能成为一棵大树，
那就当丛小灌木，
如果你不能成为一丛小灌木，
那就当一片小草地。

如果你不能是一只香獐，
那就当尾小鲈鱼，
但要当湖里最活泼的小鲈鱼。

我们不能全是船长，
必须有人也是水手。

这里有许多事让我们去做，
有大事，有小事，
但最重要的是我们身旁的事。

如果你不能成为大道，
那就当一条小路，
如果你不能成为太阳，
那就当一颗星星。

青春，是散场的电影，而时间，却是一场烟花烂漫，生生不息。

"花样"年华

□陈建兴

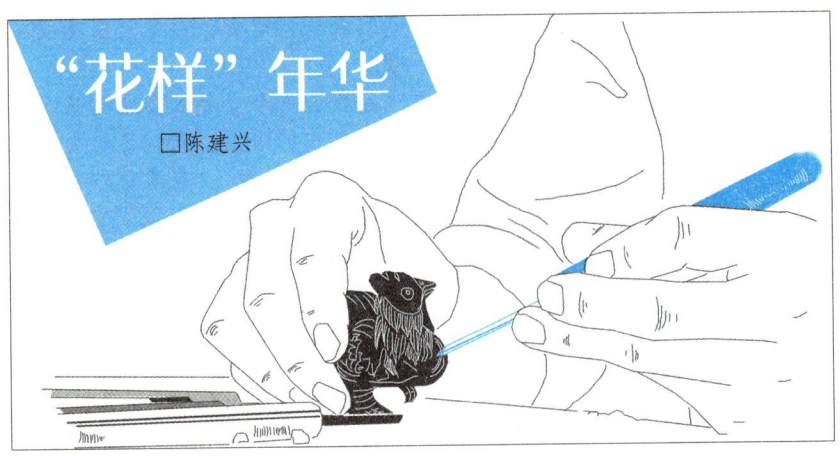

那时,在学校和弄堂里,有样东西风靡一时,我下课回家的第一要务就是它——"刻花样"。

刻花样,工具是刻刀、铅笔和纸。起先,我是用刀片刻的,但手太疼,且使不上力,后来我就像弄堂里大多数孩子一样,自制了刻刀:掰断钢锯条,先用锉刀锉,后在磨刀石上反复磨,磨到锯条尖锋利了,再用橡皮膏缠绕刀柄。

花样的主题不少是以革命英雄人物为素材的,还有以八个样板戏的主角为内容的。看到彩色画报上感兴趣的画面,我也会撕下来,用铅笔将线条连接起来,再一刀一刀刻出来。有时,我花了几个小时精心刻制的人物花样,却在最后一刻,不小心被我刻坏了人物的眼睛,导致整张花样报废。从此,细线条处,我刻下的每一刀,都是小心翼翼的。

那时,家家户户都有低着头伏案刻花样的孩子。同学有靓丽的花样,相互间也会印来印去:将拓印的花样放在玻璃板上,用作业本纸或白薄纸覆盖上面,轻轻压紧,用一支2B的长城牌铅笔在纸上来回涂抹,淡淡的印痕便凸出来了,再把花样放在塑料垫板上,沿着花样上的线条,用刻刀一点儿一点儿将留白的部分抠出来。为此,我常常刻得眼冒金星,但看到又一张心仪的花样刻成,简单的白纸头化身成了奇妙的纸上世界,心中总有一种说不出的喜悦。这也让我对美术有了最初的朦胧意识。

后来,看到女同学用蜡光纸刻成的花样,五颜六色的,甚是好看,我便省下零用钱也去买了几张,刻了一组样板戏人物的新花样。这组花样很吸引眼球,一时间,我成了班级和弄堂里小有名气的刻花样高手。

那段时间,我废寝忘食地刻花样,几近痴迷。我去新华书店买回一张张的小宣传画,趴在台子上一刻就是五六个小时,经常刻着刻着就到午夜十二点了。那时的我,对刻花样到了疯狂的地步。夏天,任蚊虫恣意叮咬,虽大汗淋漓,仍孜孜不倦。冬天,屋外下着雪,家里没有取暖器,花样刻得手都冻僵了,但我对着手,哈哈热气,继续挑灯夜战。一个瞌睡,刻刀刻到了手指头,鲜红的血珠渗了出来,我赶紧用橡皮膏包手止血,继续伏案。

母亲怕我用眼过度变成近视眼,把客堂间的电灯泡卸了,谁知我不死心,打着手电筒继续。没过多久,母亲从楼上冲下来,一个箭步到我跟前,不管三七二十一,"噼里啪啦"将我正在刻的、书中夹的花样全部撕的撕,捏的捏。我一时被震住了,等我反应过来扑过去抢夺时,花样已被撕、捏得差不多了,气得我把台上的锅子扔到了地上,米饭撒了一地。见状,母亲操起扫帚柄,劈头盖脸朝我一顿猛抽。看着这些心血凝成的花样成了一地的碎纸,我未语泪先流,心如刀割,呜咽饮泣,躺在床上翻来覆去整夜睡不着,一夜哭肿了眼睛。

次日早上,母亲把豆浆、油条摆在桌前让我吃,心中的愤懑顿时抛到九霄云外。我知道,这是母亲"认错"的肢体语言。豆浆、油条下肚,对昨晚发生的事,我也渐渐心平了。

可我要做弄堂的"花样大王",我把撕掉的花样重新印好,再次投入花样的复刻中去了,但我晚上遵循着母亲的规定,"花样"伤不起了,母亲的心也伤不起了。

回忆起童年的种种趣闻乐事,顿生感慨,刻花样的那些日日夜夜仿佛就如昨天。时间都去哪儿了?

你的,我的,还有真相

□俊 彦

哲学家、教育家约翰·杜威出生在美国一个杂货商家。他从小喜欢看书,对很多事情都有独到的见解。

一天,杜威回到自家商铺,还没进门就被人拉住"算账"。原来,一名零售商从这里进购了一批货物,结果回去后发现钱数和货物对不上,便怀疑店家多收了钱,而这笔买卖正是由杜威经手的。杜威认真查阅了购买底单上的物品以及价格,并一一汇总,最后刚好是零售商付的钱数。"既然底单上的物品和钱数能对上,那一定是你自己搞错了。"凑在商店外看热闹的人纷纷对零售商说。

难觅青少年

□肖 遥

记得我到了青春期，就经常为给我买什么衣服和我妈吵起来；我妈看上的衣服我看不上，我能看上的几乎没有。儿童时代，还会承欢膝下，打扮得粉嫩可爱，可进入了某个阶段，即便跟着家长出门，再也不会像个小宠物样，乖乖地做成年人的装饰品了。青春期最先的叛逆就是针对商场的，觉得那里根本没有我能穿的衣服，虽然整整一层楼的淑女装、少女装，可看上去咋那么"装"，那不是少女装，是在"装少女"。

结果，要么是在商场里不欢而散，要么是草草买身没有体形的运动装了事。那时候会想，商场这个势利眼，根本没给青少年准备合心思的衣服，甚至，根本没揣摩过一个少年或少女的心思。即便是专业大型的服装商场，分区一般是女装二层，男装一层，最顶上那层，一半是童装和宠物区，一半是户外和运动区。青少年的服装，几乎没有。也许商场早就算计过了，即便给青少年准备消费品，你也没合适的场合消费。你没有晚宴、聚会，也不需要去谈生意或上班；休闲装也算了，你有休闲时间吗？青春期的主要任务是学习和考试，现在的努力决定了成年后参加什么档次的聚会，消费什么档次的商品，臭美都是浪费时间。

有趣的是，商场里的化妆品、护肤品、服装鞋帽，虽然风格各异，有一个主旨却是永恒的，就是要把人保养、打扮、化妆得"显年轻"。这年头，男人玩命跑步健身练腹肌，女人也以打扮得"萌萌的"为荣。在成人世界，成功的一个标准是，看你有没有实力（时间、金钱）留住青春，人们保养、护肤、塑身、装扮，对商场充满需求和欲望。换句话说，热爱购物就是热爱生活。

更有趣的是，真正的、现实的青春，就像泰国电影《恋爱那件小事》里的少女小水，眼镜、牙套、宽大的校服，一脸的懵懂和不逊。不仅商场不待见，整个世界都不待见——也许怨不得世界，是青春先不待见整个世界的，青春本身就是资本，不会也不想迎合、取悦任何人。于是，连这种"不待见"的姿态，也显得叛逆和新潮，为了证明自己很酷很青春，成年人也在悄悄地模仿，微信朋友圈里的文图、表情、回应，每个人的语气表情都恍若一个装酷的少年。

《追忆逝水年华》里说，在显露年龄的元素里，皮肤、面貌和表情都很难保持不变，所以人们只好保持身材，以为那样可以留住青春。可是，年龄大了，胖有胖的难看，瘦有瘦的难看。至于曾经的青春，就像阳光、小岛、古镇一样，代表着一种过去时的美好生活，现在，它是一种假期里的超现实存在，被做成标本样的影像资源，用于出租出售，以便追忆缅怀。

至于真实的青春，如同修过的照片后面的真实人生一样不可见人。终于，"青春"这个字眼，就像圣诞节、情人节一样，被商业时代玩坏了。这个时代，就像流行青年杂志《面孔》的撰稿人罗伯特·埃尔姆斯的话："再没有青少年了，因为每个人都是青少年。"

零售商不服气，可也找不出证据，只好认栽。就在这时，杜威却说："虽然我知道自己没说谎，但每个故事都有三个版本：你的、我的，还有真相。我和你的说法都只是主观看法，所以我们需要找到更让人信服的东西，那可能才是真相。"杜威和零售商开始对每个环节进行排查，最终在运货车上找到了一包卸货时被遗漏的梳子，而加上这包梳子的价钱，账就对上了。

客观的真相常常在主观的认定之外，寻找事实依据而不是盲目坚持自己的观点，才是解决分歧的正确方式。

风，轻悠悠地吹拂着竹林，竹叶在微微地颤动着，真像一张张细长的嘴巴在喃喃细语。

对老师拍桌子的小姑娘

□ YK

1

我们高中的生物老师是个年轻帅哥，个子高高的，很有男性魅力。

记得他一脸笑容走进教室时，那些从本校初中部升上来的同学全都兴奋地欢呼，因为初中他就教过他们。同桌告诉我，他们初一初二都是这位老师教的，到初三换了老师，大家都很遗憾。学习委员尤其喜欢他，换老师之后，她还一脸热切地问他："以后有没有可能去教高中呀？这样等到我们升高中了，还会遇到。"

果然他就来了，不知是巧合，还是老师自己争取的。

老师讲课确实有水平，视野很广，很吸引人。不过，要说老师有什么缺点，就是他对自己喜欢的学生偏爱太明显了，他上课有一半时间眼睛是放在学习委员脸上的，注意着她的反应，课堂上很多时间都是他俩在一问一答。

话说回来，学习委员的功课真的很扎实，老师的问题都对答如流，考试总是年级第一，人也聪明、热情又真挚。有一次老师拿着她的试卷说："实在太完美了，就算想鸡蛋里挑骨头也挑不出来，只能给满分。"

后来，我跟学习委员熟了，就跟她说："老师好喜欢你啊。"她完全不当回事："老师喜欢学生不是应该的吗？难道还有不喜欢自己学生的老师吗？"

"但是他可没那么喜欢我。"

"那不是很正常吗？我的成绩比你好得多啊，知道的也比你多啊，我能跟老师深入对话啊，这就是魅力啊。其实你数学竞赛得全国一等奖的时候，也挺有魅力的。那时候连你的不爱说话，在大家眼里都变成了深沉多思。"看着她笑嘻嘻的脸，我陷入沉思，其实小姑娘，我很喜欢你啊，你在我眼里也很有魅力啊，你知道吗？

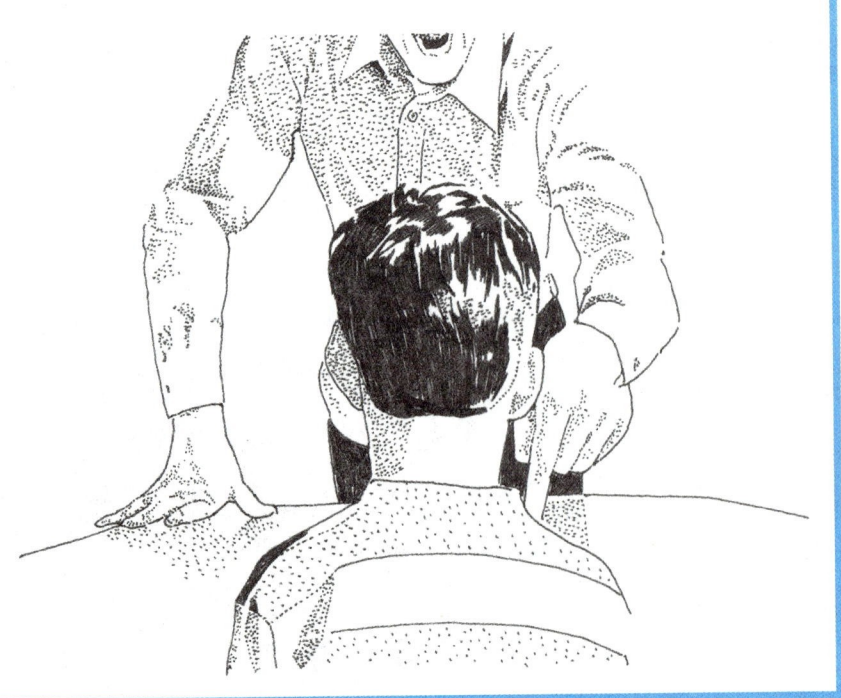

那时候，我觉得学习委员和生物老师的关系真的是太好了，都有点儿过分了。多年后，学习委员成了我太太，我问她："你那时有没有喜欢过生物老师啊？"

她想了想说："你指女生对男生的喜欢吗？没有，就是关系最好的时候也没有。在我眼里，他就是一个很谈得来、没有架子的老师，而且因为他年轻，没有家庭，空闲时间多，所以见到我就喜欢跟我聊很久。"

"那他有没有喜欢过你呢？"

"应该就是老师对学生正常的喜欢吧。那时候的我，很难有老师不喜欢吧。"她得意扬扬的脸，还是高中生的模样。

她说"关系最好的时候也没有"，的确，后来他们关系没有那么好了，其实这才是我真正要讲的东西。

2

有一次上课，生物老师不知怎么就讲到动物界雄性比雌性普遍要美，讲着讲着，扯到人类了，他用一贯的风趣，但其实细想起来略带浮夸的口气说："雄孔雀比雌孔雀漂亮，雄狮也比雌狮更壮美……人类也是男性胜过女性，无论智商还是成就。"

老师讲完后大家就哄笑起来，我们班男生比女生多得多，一时间空气中都是变声期后男生瓮声瓮气的笑声。

突然，"啪"的一声，学习委员拍桌子了。我闻声看向她，她刚拍完桌子的那只右臂放在桌面上，右手微微抬起，在颤抖。我心想，声音好大啊，这一下手掌肯定得拍红了……

教室安静下来，老师也把目光投在她脸上，这时他还带着笑意，解释说："啊，我不是说女生里没有聪明优秀的，我们班里这几位就很聪明，特别是……"他看着她。我相信他的话是真诚的，因为他最喜欢的学生就是她啊。

她脸上却没有什么表情，瞪着老师说："动物界雄性更美也好、更壮实也罢，最后还不是为了能在竞争中

看得见，摁得住，拿得起

□罗振宇

我们经常讲情商，那它到底是啥？

有位朋友这样解释：其实就是三件事，叫看得见，摁得住，拿得起。

比如对自己来说，看得见，就是能够觉察自己的情绪；摁得住就是能管理自己的情绪；拿得起，就是能够激励自己的情绪。

当然我们通常说的情商，主要是指对其他人的，也是这三个词——看得见，就是能够觉察他人，也就是有同理心；摁得住，别人再大的火气，到了你这里就很容易烟消云散；拿得起，这就是情商的最高境界了，可以激励他人，也就是所谓的"领导力"。

所以，你看，情商其实不是一种主动的能力，比如能言善辩、长袖善舞之类的。

而是一种非常被动的素质，它不体现在任何技巧上。

它只是让别人能在你身上看见自己，觉得安全，找到力量。

情商，归根结底是对自己和他人的一种彻底的管理。

3

胜出，获得雌性的青睐。"

老师还是笑着："是的，所以说男人征服世界，女人征服男人。"大家又开始笑。

然而，她还是没什么表情："老师，你把人和动物对等了哦，我还以为人和动物不一样呢，以为文明世界和动物世界是有区别的呢。"

这时候，谁都听得出她语气里的不满和讽刺了，老师的笑容也收敛了。"那么，我们来讨论一下，老师公然说'男生比女生聪明''男人征服世界，女人征服男人'，这样的观点是不是应该出现在高中课堂上吧？"她愈加严肃。

学习委员有几个死党，都是有才华有想法有深度的，马上就起来支援她，而班里的几位女同学，更不必说，都站在她这边，且明显带着气愤。教室里简直有火药味了，生物老师已经有点儿语塞了，他时不时把目光投到学习委员脸上。然而，他最钟爱的这位弟子，已经不跟他眼神接触了，而且表情凝重。

不记得那次是怎么收场的，大概就是到下课时间了吧，老师宣布下课匆匆离开。

现在看来，生物老师是有点儿直男癌的，他也爱聪明女学生，可总体上他还是看轻女生的。

当然，人可以有自己的观点，但是一个老师有这样的想法，本来就不妥，又公然在课堂上表达出来，就更不应该了。

从那以后，学习委员对生物老师都是冷冷的，再也没有了那种热切和由衷的喜欢。她上生物课总是懒洋洋的，而老师的潇洒风度也少了几分，因为没有人在课堂上跟他一唱一和了。

多年后，提起这件事，我问太太："你记不记得你最后生物成绩怎么样？"她说："反正肯定是第一，我不一定非要喜欢一个老师，才能把这门课学好。"我看看她脸上得意又可爱的表情，心里很柔软，当年的小姑娘，你还真是长成了自己从前想象和喜欢的样子。

我们举行婚礼那天，中学老师能来的都来了。那时，生物老师当然更是名师了，不过他明显老了，也有了几分中年男子的油腻模样。他笑呵呵地拍着我的肩膀说："很好，你们很般配，郎才女貌。"

我笑笑："老师，这样讲不公平啊，我难道长得不行吗？而她就更不是只有外貌的好吗？"

老师笑了，口气很随意地说："她确实漂亮啊，男人爱女人，不管是多么爱她聪明的头脑，最终起决定作用的还是外貌。"

我太太发话了："老师，您课讲得那么好，但是讲课以外怎么还跟以前一样，总是这样落后陈腐的观点。现在的学生更有个性和思想，难道不会抢白您吗？"

我搭着她肩膀说："你别这样，对老师礼貌点儿，再说又是今大这样的日子。"她乖乖闭嘴了。

老师用刮目相看的眼神看着我说："哎哟，我发现你讲话她肯听呢，不错不错，我放心了，我就担心这么火暴的小姑娘，男生镇不住她。"

我笑笑说："老师，其实不是什么镇住，男人和女人不是非得谁征服谁的。"

这下轮到他俩一起看着我了，用各自不同但是颇有深意的眼神。

不堪回首的中学时代

□ 孟 非

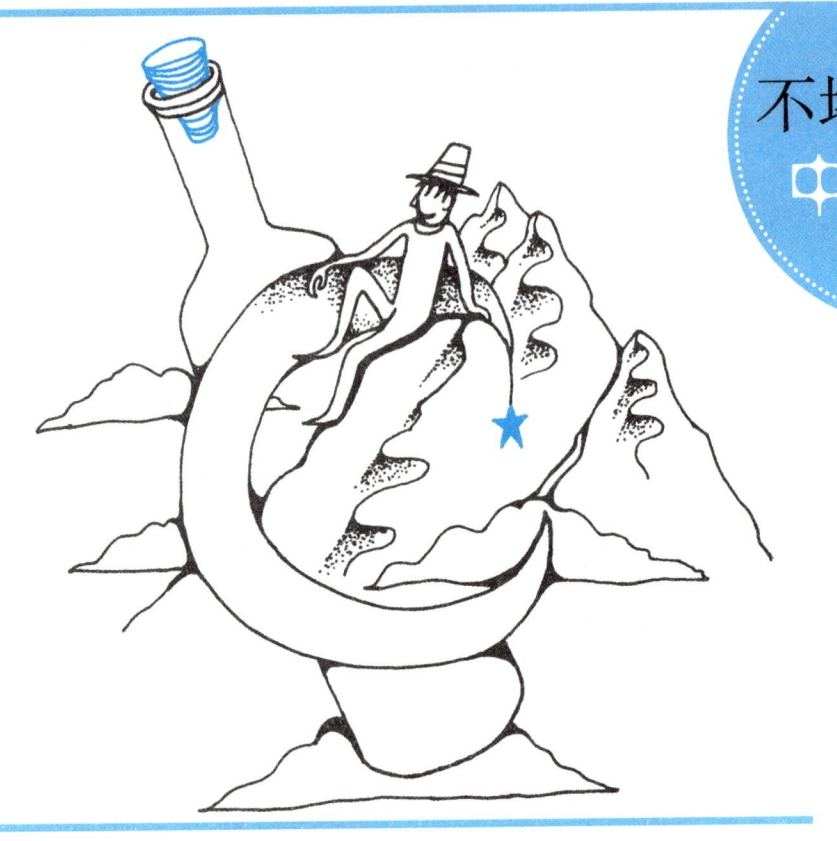

很多人回忆起中学时代都觉得特别纯真美好，但我的中学时代却是我人生中最黑暗的阶段。我没考上大学，在印刷厂工作出了工伤，在电视台当了很多年临时工，这些都没让我有多么沮丧，只有中学时代是我最不愿意回忆的日子，那时我的成绩不好，父母的关系也不好，生活暗无天日。

中学时代，我的理科成绩特别差，数理化单科考试基本没上过60分，高中时3科的分数加起来一般也就90多分。说起来，堕落是一步步形成的，当年中考我考了500多分，但那时文理科的差距已经很大了，到了高中，更是不知道该怎么学习了。

那个阶段我什么都不会，所以考试交卷特别快。每科的试卷都是一共12面，班上数学成绩最好的同学最快也要一个多小时才能做完，我会做的20分钟就做完了，接下来就是发呆。再后来这种情况愈演愈烈，甚至到了考试发卷子的时候，我才去问边上的同学："这是化学还是物理？"只要不是纯写汉字的科目，我的成绩都不行。

那个时候学生考试也作弊。很多同学都会因为某几道题不会做而抄别人的，而我是只有一两道题会，其他都不会，抄都来不及。患难见真情，班上有个女生对我特别好，是那种默默的好。有一回她把整张卷子做完了，没写名字，"嗖"地一下扔给后排的我，然后把我那张几乎空白的卷子拿过去自己又做了一遍，我只需要在她的卷子上填上自己的名字就可以了。这让我感动不已。不过纸包不住火，很快老师就把我叫过去问："这是你写的吗？"我傻了。也难怪，成绩突然从三四十分变成了八九十分，鬼才信。

高二的时候，化学课的内容已经讲到我完全听不懂的有机化学。化学老师是个老太太，人挺好的，她在课上就说："马上要高三了，我们进行最后一次复习，不懂的现在就问，不要装，不要不好意思，否则过去就过去了，不会再讲了。"其实我不懂的太多了，也没打算问，但听到老师那样掏心掏肺的话，我的良心被唤醒了，就壮着胆子提了个问题："老师，为什么有环丙烷、环丁烷，没有环甲烷、环乙烷呢？"问题一出口，全班哄堂大笑，老师也震怒了，说："不要拿这些愚蠢的问题来耽误全班同学的时间。"从此，我彻底沉默了，再也没有问过任何问题。后来老师讲她的，我在下面孜孜不倦地看我的《围城》，不时发出大笑，然后被老师请出教室。

在我整个中学时代，我爸就没去开过几次家长会。有一次他去了，先后碰到了化学老师和语文老师。化学老师语重心长地跟他说："孩子现在是青春期，身体发育比较快，尤其是大脑的发育特别重要，家长要注意给孩子加强营养。"如此委婉的说法，我爸听出了大意——孟非同学的大脑发育是有问题的，智力是有缺陷的。之后，他又碰上了我的语文老师，语文老师非常激动地对我爸说："你儿子啊，了不起啊，小小年纪很有思想，文笔很老练，你要好好培养，人才难得啊！"两位老师的话，让我爸在短短十几分钟里经历了悲喜两重天。

我的理科成绩虽然极差，但也曾经有过奇迹。初二的时候，我数学的真实水平差不多就是四五十分的样子，如果作弊顺利勉强能混到60分上下。偏偏有一次，我生病在医院住了一个月，当时我特别高兴，因为生病耽误了一个月的课程，考得再差也有充分的理由了。

有了这样的底气，住院时我闲来无事，也翻了翻数学课本。出院没两天就考试，奇迹就此发生了——那次数学考试我竟然考了98分，而且完全没有作弊，因为根本不需要。班主任朱老师看到我的卷子时特别激动，对我说："你看看，你要是好好学习，潜力有多大！你看你多聪明啊！"这么一激励，我整个人一下子都振奋了，确信自己是天才，根本不需要听老师讲课。天天上课就考40多分，一个月没上课自学反倒考了98分！带着这样的自信，我一如既往地投入之后的学习中去。过了几个月再一次考试，我又被打回了40多分的原形，此后再也没有考到过60分以上。现在回想起来，这件事情完全可以说是一个灵异事件。

相比一塌糊涂的理科成绩，我的文科成绩还不错，特别是语文，基本上总是名列前茅，而且从初中到高中，一直如此。那时学校特别可恶，考试结束后，每门课都弄出一个什么"红白榜"，前十名上红榜，最后十名上白榜。每次大考之后，红榜、白榜上基本都有我，上榜率挺高的。

上初三时我参加了南京市的作文比赛。全南京的中学都派作文成绩最好的学生去参赛，普通学校是一个代表，重点中学可以派四个代表。我是重点中学南京一中选派的四个代表之一。比赛是抽签制，抽到什么题目当场就要写。比赛结束之后，喜讯很快传来，我校派出的四名同学，分获一、二、三等奖。学校大门口贴着喜报，第一行就是——孟非同学代表本校参加全市作文比赛，获得记叙文类唯一的一等奖。没过几天，喜报还贴在校门口，我又因为不知道干了什么坏事儿被全校通报批评，处分通告就贴在喜报旁边。我经过校门口的时候还跟班上的女同学说："看看，都有我！"当时我觉得自己特别牛。

高三的时候，我的语文老师是个扬州人，挺喜欢我的——所有教过我的语文老师都喜欢我。这位扬州先生经常回答不出学生的问题，每当遇到这种尴尬的时刻，他就有个很神经质的反应——"咳咳咳"地清半天嗓子，后来他只要这么一清嗓子，同学们就知道他答不上来。等清完了嗓子，他会带着扬州口音拉长声调说："这个——问题，让孟非同学来回答。"而我呢，理科学得跟狗屎一样，不断被羞辱，但人总要找点儿自信活下去吧，这种时候就该我露脸了——我总是很得意地站起来，在全班同学尤其是女同学敬佩的目光中很酷地说上一大通。

后来这个烟瘾特别大的语文老师没收了我一包香烟——那会儿我们学校高三的男生不抽烟的已然不多，我因此怀恨在心。一次又有同学在语文课上提问，他又答不上来，又拖长了声音说："这个——问题让孟非同学来回答。"我"噌"地站起来，像电影里被捕的共产党员那样大声宣布："不知道！"我的话让他一下愣住了，毕竟，语文课上从来没有我答不上来的问题。教室里的气氛顿时尴尬起来，很多男生坏笑起来。提问的同学还在等答案，我叛逆的表情仿佛在说："我不可以不知道吗？"

不好意思跳

□ [巴西] 保罗·科埃略　译/夏殷棕

那年，我正值青春期，在一次聚会上，我好羡慕那些会跳芭蕾舞的同龄人，但是我害怕出丑，所以不敢踏入舞池一步，我装着更喜欢与他人交谈的样子，找人聊天……这时，玛茜娅的声音传到我耳朵里，那么响亮，所有的人都听到了，她说："保罗，来呀！跳一曲！"

我说："我不想跳。"

她说："快点儿！赶紧过来！"

我能感觉到所有人的目光，他们都在看着我！我不能再拒绝。

我不知道如何才能跟上玛茜娅的舞步，总是踩她的脚，可是玛茜娅没有停止，继续跳着，就好像她的舞伴是俄罗斯著名芭蕾舞者鲁道夫·纽瑞耶夫。

渐渐地，我忘记了其他人的存在，专注于音乐的节奏。玛茜娅在我耳边低声说："想办法跟上音乐的节拍。"

就在那一刻我明白了，其实有些很重要的事情我们不必去刻意学习，它们就在我们的天性中。

后来我们都长大了，我发现，我们一直需要跳舞，只是节奏变了，乐曲就是人生，舞蹈就是使这种节奏从内心发出。

我一有机会仍然还会跳舞，有了舞蹈，我的精神世界和现实世界就能和谐共存，没有任何冲突。

谁的青春期里没有几件糗事

□ 积雪草

别的同学考试没考好会忧心忡忡，像一朵霜打的花儿蔫头耷脑，找个没人的地方自我检讨。唯有天蓝蓝同学不是这样的，考得再烂她也不会放在心上。

每次老妈问她，考得如何？她言，还不错啊！可是等到成绩下来，成绩总在尾巴梢上。老妈愁得眉头拧在一起，天蓝蓝却没心没肺地说："多大点事儿你就愁成这样，将来还有比这更糟糕的！拜托老妈，你就面对现实，别做清北梦了。"老妈哭笑不得，拿这个丫头没招儿。

班上有一个胆小的男生叫周小东，生得瘦弱，总是躲在角落里，和女生说一句话就红得像擦了胭脂。有一天天蓝蓝同学在白杨树的大叶子上发现了一只毛毛虫，她惊喜得像发现了新大陆一样，捉了毛毛虫悄悄潜回教室，放进胆小男生周小东的书包里，然后静待奇迹发生。

周小东从教室外面回来，不紧不慢地回到座位上，然后打开书包去拿书……奇迹发生了，周小东在书包里摸到一个软软的小东西，拿出来一看竟是一只毛毛虫！他大叫一声把毛毛虫扔到了前排女生的头发上，自己当场休克。

这下，老师、同学、救护车乱成了一锅粥，手忙脚乱地把周晓东送到了医院。原本以为有热闹可看的天蓝蓝同学傻了眼，一只毛毛虫而已，怎么就有一枚火箭的威力呢？

老师很生气，后果很严重。毛毛虫事件让天蓝蓝饿了一顿饭，写了两份检讨，断了三个月的零花钱，外加去医院给周小东当了一周的义工。然而这样的教训并没有让天蓝蓝同学长大，她依旧顶着"坏小孩"的标签肆意妄为。

周末放学回家，一群男生在楼下的街心花园踢球，她把书包一丢也加入进去。左冲右突中不知是谁一脚把球踢到了停在路边的汽车风挡玻璃上，玻璃瞬间呈龟裂状，大家都傻了眼。车主气呼呼地从屋里跑出来，揪住踢球的同学就要打。天蓝蓝站出来说："不就是一块玻璃吗？我赔你就是了！"

车主一连追了她十来天，她实在没地方躲了，回到家里跟老妈摊牌。从那一天开始，老妈规定天蓝蓝放学后不准在街上乱跑，只能憋在屋子里看书写作文。

可谁知因为作文，她又闯祸了。老师留了一篇作文，天蓝蓝同学呕心沥血，参考了若干范文后终于写成一篇美文。课堂上，老师居然把她的作文当成范文朗读给全班同学听。优美的文字加上老师声情并茂的朗读，让天蓝蓝同学鼻尖冒汗，心怦怦直跳。她不是激动的，而是紧张的。

果然，没一会儿工夫就有同学举报，说她的作文和某某杂志上的文章雷同。天蓝蓝低下头，脸红耳热，想着老妈知道了不知道会发生什么情况。老妈在得知天蓝蓝同学的抄袭事迹后并没有激动，而是被直接送进了医院。

天蓝蓝赶到医院，老妈犯了心脏病，戴着呼吸机，看上去憋闷不堪。看到天蓝蓝，老妈一把扯下呼吸机讥讽道，又创纪录了？成了全校的新闻人物吧？看着老妈脸色发青，天蓝蓝忽然心中很疼。妈妈还那么年轻，居然被自己气得呼吸短路，若要有个三长两短可怎么是好？

她回到家里，看到屋里空荡荡的，就一个人坐在走廊上发呆。外面的天黑了，星星像眼睛一样一眨一眨的，仿佛在嘲笑她，她把脸埋在膝盖上，哭了。

成长真的是一件很神奇的事情，老妈天天盼着她长大，她却总是任性胡闹，唯恐天下不乱；老妈被她气病了，她反而一夜之间长大了许多。

老爸常年在外地驻扎，照顾妈妈的责任自然落到她肩上。每天一放学，天蓝蓝就去菜场买妈妈爱吃的青菜和猪骨，炖了汤送到医院里。病房里的人都夸她乖巧懂事，其实只有她自己知道，飞速而来的青春期里自己都做了什么。想起那些事时她会羞涩地笑一笑，谁的青春期里没有几件糗事？长大是一个过程，我们都不是坏小孩，只是调皮捣蛋，爱恶作剧。

终有一天我们会长大，在时光里遥遥对着那个在青春里飞驰的自己微笑。

请不要放弃青春独一无二的模样

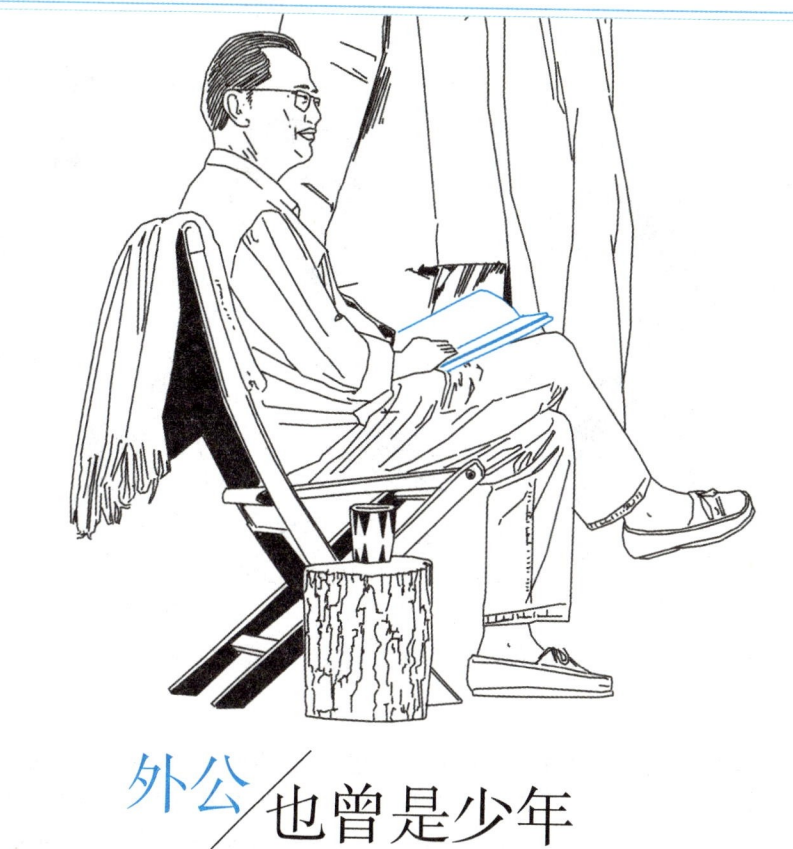

外公也曾是少年

□ 蒋肖斌

采访这些为自己的父母和祖辈做口述历史的人,我脑子里想的全是外公。在我电脑深处的一个文件夹里,安静地躺着那一年春节回家、"采访"外公的几段录音,时隔数年,我再一次打开它。

我上大学时曾在学校图书馆借了一摞唐德刚的书,《李宗仁回忆录》《胡适口述自传》《顾维钧回忆录》……这是我第一次知道"口述历史"这个词,当时想,大人物有历史,谁说普通人没有呢?

于是,我有了一个宏大的目标——把外公这经历了从抗日战争到改革开放的一生都写出来!但一放就是数年,至今也未成文。

关于家族的故事,我和很多人一样,只会在家庭聚会闲聊的只言片语中,偶得一些片段,前因后果往往模糊不清。所以,那天我端端正正地坐在外公面前,打开录音笔,一贯淡定的外公竟然有些紧张,不知道说啥,我一问他一答。老人经历过太多事,可能都觉得很寻常。

外公名叫章关贤,84岁,今年是他的本命年。他6岁半上私塾,一共十几个学生,只有一个先生,先教百家姓。半年后,转入6年制小学,一个班只有8个学生,要学语文、算术、地理、历史。

那时候的书包就是一块土布,包上两本书,中间夹一支毛笔、一锭墨、一块小砚台——外公的一手小楷至今清秀。那时候的学生已经开始用铅笔,有的同学有德国铅笔,鸡牌,写出来比较浓,还不会断,同学们都看得眼热。

1947年,外公小学毕业,身为长子,没有条件再读初中,就在自家开的"章永盛花布米店"干活,烧饭记账都归他。店很小,本钱只有20石米(一石是150多斤,也就是3000斤米的本钱)。

小店卖土布,需要外公去乡下收。于是,他就随身背一根"六尺竿",走在江南乡间的小路上,喊着"收布啊!收布啊",乡人听到喊声,就会请外公到家里,先看布的质量,再讲价钱,讲好后拿出"六尺竿"量布,付钱。

16岁时,解放了,每户人家都住着几个解放军,也有两三个住在章家的店里,喊外公"小鬼"。"我很喜欢看他们吃饭,蹲在一个脸盆周围,里面是洋葱炒肉片,肉片都是肥肉,我到现在都很喜欢这道菜。"

那天讲到这里,家里来了客人,采访就中断了,之后又准备晚饭,历史就又变得断续。

"18岁,我一个人去杭州城里念东方会计学校,算盘打得蛮好。中国蚕丝公司来学校招工,就考算盘,五位数乘法,98989乘以89898,一个数字打在算盘上,另一个数字要记在心里。我考上了但是没去,没兴趣。""毕业后,我又考上了萧山粮食局。现在人喜欢买新米,那时候人喜欢买陈米,有蛀虫都行,因为陈米涨性好,吃得饱。"

再后来的历史,我还没来得及问,一放数年。我只知道,外公又调去法院和公安局工作,为了查案走遍大江南北,曾在山东一待数月,有了爱吃大葱馒头的爱好。我还曾依稀听说外公的祖辈是从外地迁来于此,那就是另一段曲折的历史了。

魏祺说他喜欢上口述历史,最初是因为小时候看电视剧《大宅门》,原型是同仁堂,从一个家族的历史能看到当时的时代风云。后来,他又看了不少回忆录,但都是大人物的故事,很少有普通人。"事实上,一个普通家族的命运也与国家的命运紧密相连。"魏祺说。

外公的命运如何,我看到的是后半段,但这不妨碍我对他的青春的好奇,他也曾是少年,当我试图与那个年代的年轻人对话,就有了穿越时空的奇妙感觉。

还是得把口述历史做下去,这是你的家的故事,也是你的国的故事。

风儿带着微微的暖意吹着,时时送来布谷鸟的叫声,它在告诉我们:"春已归去。"

玩伴

□ 寇 研

作为一个性格腼腆的人,我人生最初的玩伴和人没关系,没什么青梅竹马、两小无猜,也和玩具没关系,而是一堆奇奇怪怪的东西。现在回想起来,那大约是我业余生活最丰富也最自得其乐的时期了。

幼时的第一个玩伴是一只母鸡。这段记忆来自家人的描述,根据他们的叙述,我自行拼凑出我与母鸡和谐共处的图景。在那幅画面中,我一岁左右开始自己吃饭,颤巍巍地捏着勺子往嘴里送饭,但勺子往往歪了斜了,喂进嘴里的大半都流了出来,衣襟上一片白花花的米粒。即便这样,我还是把自己喂饱了。

饱了之后就瞌睡。我不哭不闹,随便靠着门槛啊、石墩啊、磨盘啊就能睡着,特别省事。这时,一直在周遭徘徊的母鸡终于逮着机会下嘴了,一颗一颗啄掉我衣襟上的米粒。它总跟着我,一日三餐的点儿也掐得准,时间一到就"咕咕咕"地来报到,因此长得特别富态。

我与母鸡关系良好,公鸡就不一定了。后来家里也曾有一只小公鸡,当它还是个蛋时,我们把它伪装成老鹰蛋,放在屋后树杈上老鹰的窝里。小公鸡是孵出来了,但它对自己的身份认知有些混乱,明明是一只鸡,硬是把自己当成狗,而且是一只吃里爬外、不认主人的"狗"。每次放学回家,屋后响起我的尖叫,院里的人便知道那只高度近视的小公鸡又在上下扑腾着啄我了,非得要权威的老祖母出山,用拐杖戳着地,严厉教育一番,将世间万物归位,小公鸡才幡然醒悟:原来自己只是一只鸡呀!

念小学的那些年,一到暑假我就特别忙。大中午的,大人都在午休,我顶着烈日,不辞辛劳地跟踪每一只可能栖落的蜻蜓。我观察它们,尾随它们,注意到那些金灿灿或绿色的小家伙飞得慢了、低了,似乎在打算找地儿歇脚了,就悄悄靠近。等它终于落定,翅膀和尾巴放松伏在枝叶上,我屏住呼吸,蹲下,指头轻轻摁在它的翅膀上。

捉住蜻蜓,我也不会把它怎么样,只想把它当自己的临时宠物。我到处捕蚊子,杀死蚊子献给蜻蜓,还亲自喂它吃。大多数时候,蜻蜓都是有骨气的,不吃嗟来之食。或许是我捕到的蚊子不合它的胃口,喂了又吐,吐出来我还接着喂,乐此不疲。等这个游戏玩够了,或者我自认为蜻蜓吃饱了,便把它放在玉米叶上,任它飞走。用现在的话讲,被我捉住过的蜻蜓,心理阴影面积一定超大,从此以后也许就不吃蚊子,改喝露水了。

我还喜欢看蚂蚁搬家。下雨前,蚂蚁总是要搬家的。蚂蚁大军浩浩荡荡,列队而行,抬着半截苍蝇尸体或是白色的蚁卵。我用树枝、石块拦住它们的去路,有时用湿土在它们行军的路上制造出一个小水坑,让它们感觉,呃,怎么走着走着就到海边了。但它们总有办法恢复行军队列。

院子边上有一个破瓷盆,瓷盆里伏着一窝仙人球。每个晚上,我们洗完脚,顺手就将洗脚水泼出去,刚好淋在仙人球上。仙人球长势旺盛,异常茁壮,于硬扎扎的尖刺中间,育出一株毛茸茸的花苞。花苞吸足了白天的阳光和晚上的洗脚水,一路往上生长,最后出落成一枝毛茸茸的修长的茎秆,顶端站着的花苞,形状像极了手掌朝上、五根手指撮在一起的样子,外面仍有毛毛的叶片包裹着。

直到某个夏夜,天要下雨,娘要嫁人,仙人球也等不及要开花了。我提早搬了小板凳,坐在仙人球前,捧着下巴,坐等仙人球开花。夜幕终于完全降临,印象里总是无月的夜,屋里昏黄的灯光洒在院里的青石板上,狭窄的、薄薄的一道光。借着这片微光,我看见仙人球的花苞徐徐张开,毛茸茸的叶片中间,是比竹叶还要修长、纤细许多的白色花瓣,一层叠着一层,符合我对"亭亭玉立"一词的所有设想。

在这样一个漆黑、寂静的夏夜,一大朵圣洁、雪白、风姿绰约的花,于静默中瞬时开放,悄然立在看似丑陋、冷硬的仙人球上,又于第二天太阳升起前枯萎,就像一则美丽的童话。以后在城市里,每次去花市,我首先寻觅的就是记忆中的这株不知品种的仙人球,却再未遇到过。它来得突然,去得不留痕迹,于我的童年,是一个不可再现的奇迹。

幼时所有的玩伴中,称得上真正意义上的宠物的只有一个——我的猫。它的生命虽然短暂,离世时还是个壮年小伙儿,但在我身边的那些日子,它美美地过了一把做大爷的瘾。它出去打架、鬼混,让我替它善后的

快乐来自哪里

□ 唐效英

普布留斯是古罗马时期的著名诗人。他写诗非常勤奋，为了写诗，他几乎放弃了一切的工作和社交，甚至就连上街买食物也是让邻居帮忙，但越是这样，他越是觉得人生没有乐趣，最后他甚至失去了继续活下去的信念，决定自杀。

一天早上，普布留斯拿着铁锹来到郊外，他要给自己挖一座"坟墓"，当他把"坟墓"挖好以后，又想起了自己这么多年来写的诗，他舍不得抛下那些诗，就又提着铁锹回家去取诗稿，等他取来诗稿回来后发现，自己的"坟墓"已经被好几个小孩子"占领"了。普布留斯诧异地问他们在做什么，孩子们抬头看了看他说："我们要建一座城堡。"

"建城堡？你们分明是在玩土堆，这样有意义吗？"普布留斯又问道。那几个孩子困惑地看着他说："意义？我们要意义干什么？我们觉得快乐就行了，你也来和我们一起玩吧，我们正需要一个大人来帮助我们完成一些事情呢！"孩子们说着，就把普布留斯拉了过去。

最后，普布留斯见原本打算用来安葬自己的"坟墓"变成了一座雄伟的"城堡"，不禁开心得和孩子们"哈哈哈"地笑成了一团。他突然明白了：快乐源自生活。

从此，普布留斯开始劳逸结合，一边继续写诗，一边也走出家门去交朋友。就这样，他收获到的快乐越来越多，他写的诗也越来越受人欢迎，最终成了一个既快乐又伟大的诗人。

糗事，有整整一箩筐。

至今每个夏天去郊区，经过沙沙作响的玉米地，我还会想起它，想起它侧躺在玉米地边的树荫下乘凉、慢慢摇着尾巴的样子，得意忘形全极，就差用一只前爪撑着脑袋，招招另一只前爪，示意我去给它揉腿了。它乘凉，我冒着踩到蛇的危险，奔波在玉米地里给它捉蚂蚱。我捉住一只，双手奉上，猫咪一口咬住，三两下就吞咽下肚，从来不与我交流味道怎样。

我不稀罕知道蚂蚱的味道，但有件事想起就恨恨的。那是许多年后，我读的一篇科普文章说，猫对甜味是没有知觉的，给它个西瓜，它也吃，而且看上去吃得蛮香，但其实对它而言就是个"大水瓜"而已。我年少时，自己都舍不得花的零花钱，许多都给我的猫买了甜甜的米花糖。它每次都吃得狼吞虎咽，喉咙里发出满足的咕噜声，演技真好啊，真想揪住它，让它还我米花糖。

记忆里那些有趣的户外活动，似乎都是在夏天进行的。夏天是无忧无虑的时节、特别适合在野地里乱窜的时节、爬树下田的时节，也是特别馋的时节。那时的我扎着高高的马尾辫，竹竿一样的细胳膊细腿，是个名副其实的黄毛丫头。我不知疲倦地从老远的山上扛一大枝野山楂回家；坐在井边等一下午，等螃蟹出洞；为了等一个西红柿变红，好拌着白糖吃，一天能去菜园里看七八回。

接下来，仿佛是10岁左右的一个雨天，我在我姐的书包里翻出一本《安徒生童话》，里面有篇《海的女儿》，我来来回回读了十几遍。那个暑假剩下的时间我都在神游中度过，想象着美人鱼海藻般的长发在深海里飞舞的样子；想象着她与女巫交易，每次踮起脚尖旋转，脚趾却像踩在刀刃上一般有锥心之痛；想象着王子和新婚妻子站在甲板上，王子神情略显迷惘，而她冉冉上升，在逐渐变成泡沫飞往天堂的半空中，看着她最亲爱的王子，离她越来越远，越来越远。

从此，蜻蜓安全了，蚂蚁安全了，猫咪安全了，西红柿安全了，它们不用担心我没事就去骚扰了。我有了新的玩伴。我在书里寻找童话，寻找情感的、情绪的、生命的慰藉，成了我毕生所想。我的夏天结束了，我的春天开始了。秋天，也开始了。

《天才枪手》：这才是致青春的正确方式

□ July

当我们的青春还在为赋新词强说愁的伤痕文学自舔伤口时，别人的青春早已从校园洞见到社会，从个人通向世界。

作为一个至今噩梦里还是"配不平的化学方程式"的人，看完《天才枪手》后，几乎跪奉五星。一场手段并不惊人的作弊大战，拍得比谍战片还让人手心冒汗，节奏棒呆，运镜牛掰，剪辑酷毙，长吁一口气后，激动与忧伤同时怔忡心头——这才是"致我们终将逝去的青春"啊。

一场跨国作弊大案里，交织着个人的成长，人与人的关系，贫富阶级差异，对于教育制度的抨击和反思，指涉之多，又非简单的相交，而是以点带面、相互渗透。

螺蛳壳里做道场，别开生面。类型片元素的出现，不仅是刺激感官的趣味，更是技法上的胜利，铅笔的沙沙声磨着大脑，摩斯密码式的敲击捶打神经，踩着节拍的脚步声咄咄逼人，各种矛盾的冲突爆发巧妙勾连，令人胆战心惊。而主观视角的强势话语权几近压倒式，观众轻易抛弃"三观"，反倒认为维持公平的监考官成了"反派"，尤其以地铁追赶那场戏最为精彩，看得人揪心而又握紧了拳头。

聪明的导演懂得如何用商业来做包装而非桎梏。商业包装的宏大背景下，映衬出的个人成长如同战争，不亚于血肉横飞的大片。

林恩的第一次作弊多半源于虚荣，基于自身条件而对世界发出挑衅。情节不可谓不严重，但没有动摇根基。后来她知道爸爸背地里交了20万赞助费，富二代同学赢在起跑线上，公平被打破了，世界回过头来打击了她的三观。

鉴于我向来怀着对天才这帮靠老天开外挂的人的崇敬，一直相信着，他们眼中看到的世界比我们丰富。无论学科还是科学，究其本真，都有客观的逻辑之美，令人神往的秩序之美。但人为参与的世界却是不科学的，"就算你诚实，可生活一样在欺骗你"，多么痛的领悟，可以说，这是她成长的第一个关隘。

关隘突破后，她怀着重建的自信又建立起自己的秩序。友情协助的作弊成了贪图暴利的生意。直到全球STIC（国际会考）考试，小打小闹变成了惊天阴谋，卷入了金钱、利益、未来之后，事情彻底变味了：如果改变不了世界，只能让自己改变。

这里面，林恩和班克的关系是最好的侧写。这一对似敌似友的带感关系里，暗藏了些青春的情愫。然而惺惺相惜不如捆绑成一损俱损的共犯来得稳妥、现实。有些值得期待的、懵懂的美好刚萌芽就被掐灭了，成为残酷青春里最沉重的叹息。

铤而走险而又欲壑难填的班克不再是那个单纯的少年了。因为出身，他卑微到没有选择是非对错的权利与空间。他从无辜的被害者转为主动的操盘者，似乎是唯一的选择。你甚至不忍心用圣人的标准去苛责。

第一次，在慌乱中，林恩删掉了他们在澳洲的合影，那时她也许感到了外界对他们的强硬阻隔。第二次，她在班克面前转身离开，从情感牵绊到因价值观而割席，有些未可知却无比珍贵的东西，已经被关闭的门扉震得生脆碎裂。他们终于失去了对方，连同失去了一往无前、鲜衣怒马的青春气息。

李海鹏写过："有些人有着聪明的头脑，贪婪果敢、敏于行动，另些人则有着不合时宜的个性，胸有丘壑、心事重重，他们是完全不同的杰出者。"然而更多的人，只是在成长中，学会无数条让才华变现的捷径，放下愤怒、怀疑和忧虑，被社会同化，甚至变成后台行为的同谋。最后，搪塞或敷衍自己，我们都是这样长大的。

看这部电影前，跟一个人聊天，她说："我知道如果我想更成功，上

格格不入，也是一种小清新

□ 夏川山

油腻青少年，努力起来很难看。

这边刚挂上红色标语，"高二（2）班，猛虎下山"，隔壁的高二（3）班便回敬一句"管他几班，全部干翻"——拜托，两年后，大家都是陌路人好吗。请不要被班主任之间的攀比心蛊惑，把隔壁班当作仇敌。青春比午休还短，悔恨却比失眠的夜更长。我情愿打开门来跑去隔壁班聊八卦，然后关起门来跟自己较劲，那才是我喜欢的努力。努力这件事，要够从容，从容形成姿态，姿态会带来美感。

油腻青少年，最擅长的是迷茫。

他们口口声声说"我很迷茫"，可当我试图引导他们思考，他们又觉得思考太费神。所以他们人生中大多数痛苦的真相都是"你活该"。

油腻青少年，爱把套路当成熟。

真的成熟吗？得了吧，不过是给自己的失败一个唯美的台阶。当他们依葫芦画瓢地干出一些蠢事，结果真的被自己给蠢到了，就会抱怨一声"某某套路比我深"。我觉得与其责怪人家套路太深，不如大大方方承认自己智力低下来得坦诚。

油腻青少年，想象力余额不足。

当交流这件事儿开始图省事儿，那我们不如再省点儿事儿，闭嘴得了——表示好感，不是"比心"就是"粉你"；表示厌恶，不是"否定"就是"怼你"；形容美，除了"好看"，你还能列举出十个近义词吗？我好奇当下的他们通常怎样告白，还会有精妙的潜台词和把秋水望穿的目光吗？

油腻青少年，识时务者却非俊杰。

一跟他们谈未来就觉得没有未来，"你这个是夕阳产业""你那个前途渺茫"。我问："那您的高见呢？"他说："肯定是要往最时兴的行业里钻。"五年过去你看吧，他还在钻来钻去，却只是把生活戳得满目疮痍。你以为你是蚂蚁打洞呢？而那些真正成功的人，要么想在了所有人前面，把一个玩笑做成产业；要么固守初心，将一手烂牌打到翻身。

人越油腻，便做得越少，说得越多，变成话唠。

人越油腻，便越懂得适应，越看得开，想得少。

所以有时我觉得，格格不入也是一种小清新。

到更高的阶层，需要去做什么。这是有方法论的，前路上有太多人已经给了我公式。但我心里还存在十几岁时的那个自己，所以我不想去做。"

对这样的人，我尤为感佩。

对青春和成长来说，肉体上的流血远不如精神上的崩塌来得激烈。

电影最催泪的一幕，是林恩终于扑倒在爸爸怀里痛哭，带着天之骄女傲气的女孩第一次真的像个孩子。哪怕她一夜长大，也还有堡垒收容迷茫和悲伤。作弊终究是破坏性事件，哪怕浓墨重彩，也不能成为人生常态，在这部电影里，它只是契机，换来了林恩的成长和一些人对未来人生的走向定位。

我们终将逝去的青春，总会被一些事情所灌溉、所洗礼、所携裹，激起的荷尔蒙平息之后，析出的才是真正能决定一生的东西。

没有叛逆过的怎么敢叫青春

□ 曾颖

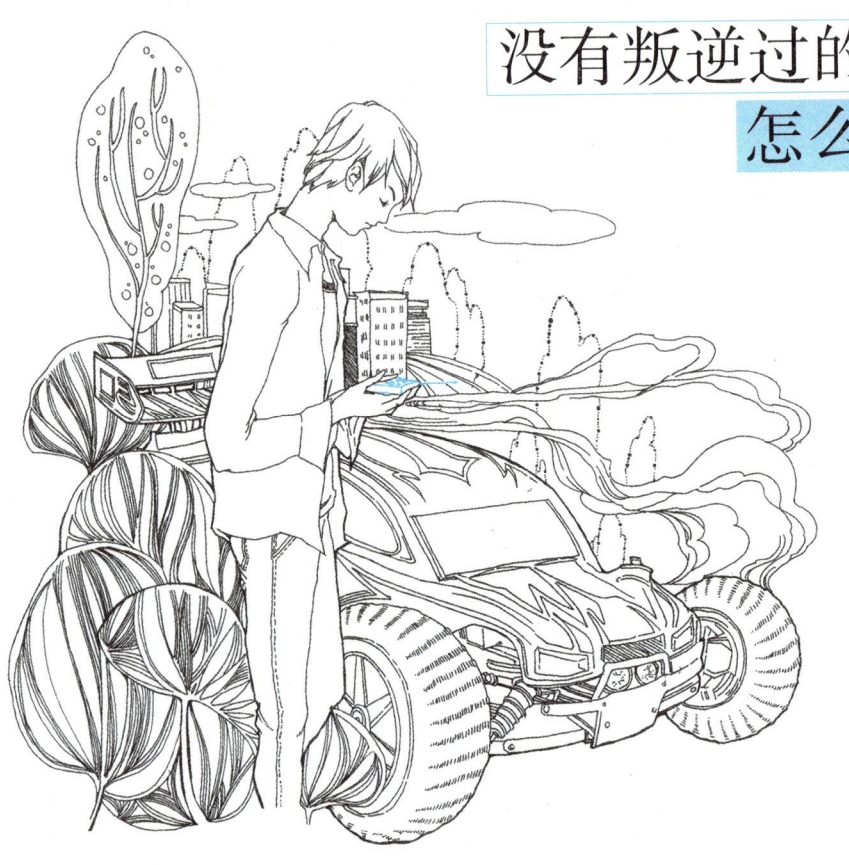

人的成长过程中，最令人感到恐怖的，莫过于"叛逆期"这个阶段。

叛逆期的第一个受伤者通常是孩子的母亲，我记得那是十岁时的某个早晨，母亲像往常一样轻轻拉开房门，撩开蚊帐，在我耳边轻吻了一下，然后小声说："该起床了！我给你煮了鸡蛋羹。"

那天，我没像往常那样忍住，而是借着新鲜的起床气，一阵闹腾，并最终把母亲做好的鸡蛋羹成功打翻在地。这件事令母亲伤心了很久，但鸡蛋羹，算是永远退出了我的生活。以至于在多年之后，我某天突然开始想念它的味道时，再没吃到过，因为这时，母亲已离开人间，那种味道的鸡蛋羹，也从此从我的生活中绝迹。

我的第二次剧烈的反叛，发生在三年后与父亲的那次三峡之旅的路上。当时，我们从老家坐汽车到重庆朝天门准备坐船沿江而下。我们到达时，离开船时间还有大半天，为了打发时间，父亲建议去渣滓洞白公馆参观一下，这对于看《红岩》长大的我来说，当然是有诱惑力的。我们就抓紧时间，紧赶慢赶地去了趟歌乐山，匆忙的游览还算顺利，但在下山的时候，我们为从哪条路能更快回到公交站发生了分歧。父亲认为应该原路返回，而我认为应该从旁边一条铁路隧道穿出去，可以节省更多时间。父亲没听我的，我一怒之下头也不回地冲向铁路隧道，冲父亲甩出一句："你不走我走！错了也不用你管！"

我脑中设想有两个结局，一个是父母在我的胁迫之下，也追着上来和我一起走隧道；另一个结果，是我以狗也撵不上的速度飞快地从隧道里穿出，抢先到达公交站，得意地以优胜者的姿势，傲视着他俩汗流浃背的蹒跚身影。

但遗憾的是，这两个结局都没发生。我冲进隧道不一会儿，就发现自己的选择是一个错误——前面黑茫茫的一眼望不到尽头。无尽的黑，让我万分恐惧，我恐惧突然疾驰而来的火车，恐惧黑暗中蹲着坏人，更恐惧比坏人恐怖一千倍的别的意想不到的东西。不知不觉中，我已跑了很远，但最终选择往回走。相比于前方未知的黑暗厚度，后方已知的距离终究要令人好受一些，虽然路的尽头，等我的极可能是父母对我"不听老人言，吃亏在眼前"的讥讽与得意表情。

但父母并没在洞口外等我。我赶往朝天门，那艘游轮也没有等我。

面对山城朦胧的夜色，摸着口袋里仅有的两元钱，我像个傻瓜一样张着大嘴哭了。那个时刻，我感觉自己被全世界抛弃了。虽然我父母就在不远的地方，疯狂地寻找着我。

我的执拗与反叛，让一场原本应该浪漫温暖的亲情之旅变成了朝天门找娃三日游。时至今日，想来也觉得遗憾和后悔！

之后的日子，我的叛逆由家庭蔓延到学校，直至社会。在这种思维状态下，我反复纠缠过政治老师，提了很多她不便回答的问题，直至被以捣乱者的身份以胜利的姿态被赶出教室。我们还办过一张油印小报，起名叫《刺头》，发刊词就叫"反对"。但事实上，那些我们觉得不对的东西，有一些确乎是值得改进的，而更多的，是因为我们不懂，而对其产生的误读。

叛逆是成长的一部分，很难说得清它的褒贬。我从那些否定质疑甚至无礼冲撞中，获得了不少成长新经验，当然也吃过不少苦头。而让我真正认识反叛真相的，是我高中毕业考大学时填报志愿，我义无反顾地填了与父母期待的中文完全相反的石油专业，并最终走上了现在的人生之路，并不是我有什么特异功能，知道后者的发展前景强于前者，我仅仅是出于逆反而已——只要没和父母要求我的一样，就是胜利。

但这一次，我的逆反，却落入了圈套，事实上，父母的真实心愿，是希望我考石油学校，但害怕我那"叫起立偏要趴下"的逆反心，而选择了"想你起立，却偏叫趴下"的策略。

这次，他们赢了！

致我们单纯的小美好

那时喜欢写信，字的留念，不再是诗的短短几行，而是如长长的流水，流过我们的整个青春岁月。

那时喜欢奔跑，风的呼啸，不再是耳边刹那的掠过，而是如和煦的春风，吹过我们整个回忆长廊。

以为白衣少年，鲜衣怒马，会张扬整个人生，但其实那只是我们素年锦时的一段单纯的小美好。

少女不自知

□ 闫晓雨

回想起来,我好像是高中毕业后才开始穿连衣裙的。

我们高中管理严格,一周上六天课,每天都会有安排好的"游击小组"在校园的各个角落"扫荡",检查同学们的衣着打扮。学校规定,学生不许染发、烫发、佩戴饰品,必须穿校服。而我的体重就是在那时"噌噌"长起来的。进入高三,打着学习费体力的旗号,我每天早上都理所当然地买两份早点,除了学校食堂的手抓饼配豆浆、五块钱一笼的素包子,还有学校门口的煎饼外加一根火腿肠、晨光烧饼家的红糖脆饼、赵毅肉夹馍等,都是我和同学们每天常吃的早点。到了高三这个特殊的阶段,女生的饭量和男生的饭量是差不多的。小武就因此老嘲笑我:"比男生都能吃,你还算不算是女生啊?"

宽大的校服下面是蠢蠢欲动的肥肉,它们交头接耳地迅速攒到一起,宛若一头蓄谋已久的小怪兽,感应到求生的信号,集结成队,埋伏在此。

美,在我们的少女时代是一道被忽视的应用题。它更像是数学试卷最后一道加分的大题,其难度系数要大于寻常题目,普通人不会答,索性早早选择放弃。终日埋头于题海中的女生对美没有概念,电视剧里那些穿着纯色连衣裙、别着樱桃发卡的女生在教室里打闹的场景,几乎不会在我们的青春岁月里出现。

当然,也不是没有例外。

我们年级有个女生叫闫晓娜,和我的名字只有一字之差。经常会有同学问我,闫晓娜和我是不是亲姐妹,久而久之,我就不知不觉地开始关注她。我对她的羡慕,始于一件连衣裙。

高中三年,几乎没有同学敢在学校里穿连衣裙,即使穿便装也是偶尔才会有的。但闫晓娜穿到学校的,竟是露着光滑皮肤的吊带连衣裙,在裙脚处绾着一个垂落的蝴蝶结。一天下午,在课外活动时,她穿着吊带连衣裙从主教学楼前经过,引起了阵阵骚动。我看到闫晓娜身上的那件连衣裙时感到惊诧:她穿的竟然是几天前我在步行街上看中的那条灰色吊带连衣裙!它的颜色虽然不明快,但在细节处埋伏的小心机最能撩动少女的心思,两根吊带完美地衬托出锁骨的美,就是有点儿暴露,我拿着它思虑了好久,最终还是把它放回原处。

想不到,闫晓娜居然把它穿到了学校。她身材苗条,走起路来轻盈、雀跃,肩颈处露着小麦色的肌肤,走路时高高的马尾辫甩起来尽是细碎的光影。闫晓娜走着走着似乎感觉到了楼上注视她的密集目光,便扬起头朝楼上围观她的同学们笑了笑。毫不夸张地说,那一刻真让人有一种"回眸一笑百媚生"的感觉。

我心里难受得很,就好像是看着自己喜欢的东西落入了他人之手,心里除了不甘、委屈,还有几分对自己的痛恨——为什么我就不敢想、不敢买、不敢穿呢?

捏了捏肚子上的肉,我又很快释怀了——像我这种虎背熊腰的身材,即便穿上那条连衣裙也只能是"东施效颦",还是校服对我忠诚,捍卫着"吃货"女孩的尊严。

因此,我再也没有对闫晓娜的连衣裙耿耿于怀了。而我那颗青春期躁动不安的心,随着模拟考试的来临很快被抚平。压力大的时候,我整张脸的三分之二都冒出了痘痘。老妈发现后,试图带我去看皮肤科,我照了照镜子,觉得没什么大不了的。高三那一年,班里的男生经常胡子拉碴,女生经常顶着一头油腻的头发,大家谁也不会嘲笑谁。回想起来,那段对外貌没有一点儿概念的时光,才是中国大多数青少年所经历的青春期——不够美丽,但足够美好。

那是我们最好的时代,也是最丑的时代。

没有韩剧的绯色浪漫,没有美剧的大胆新潮,我们在规规矩矩中磕磕绊绊地长大,怀揣着一点点狡黠的邂逅,逐渐走向精致的成人世界。

很多年后,我的衣柜里挂满了各式各样的连衣裙,但在我心中,那条灰色的连衣裙仍然是最美的。只是我不再羡慕闫晓娜,也不再想要那条灰色的连衣裙,因为经过了"少女不自知"的阶段,如今的我已经意识到,那条灰色的连衣裙并不适合自己,无论是过去的我,还是如今的我。

青色

□ 吾 云

南方人点菜点到尾声，一定要说一句"加个青菜吧"，什么豆角、酸菜、蘑菇都不算青菜，非得是绿油油的纯叶菜，端上来色号都差不多才行。

青菜就是绿色的菜。无论端上来的是白灼芥蓝、清炒莜麦菜还是蒜蓉空心菜，只要是绿色的叶菜，就可以被纳入"青菜"的范畴。

青菜的色号容易统一，但是青色就不一定了。青色到底是什么颜色呢？说起来真是一笔糊涂账。

有时候，青色是绿色。比如煮酒的青梅，未到梅子黄时，又酸又涩；比如两岸的青山，"吴山青，岳山青，两岸青山相送应"；比如龙泉的青瓷，青如玉、明如镜、薄如纸、声如磬。或深或浅，或浓或淡，都是绿色系。

有时候，青色是蓝色。有一种石头叫青金石，特点是"色相如天"。古人还爱用石青做颜料，敦煌的壁画和《千里江山图》中醉人的蓝色，都是石青的颜色。

还有著名的青花瓷，白底蓝纹，一目了然。这里的青色，都属于蓝色系。

有时候，青色又是黑色。竹林七贤之一的阮籍，能作"青白眼"，看到尊敬或喜欢的人，两眼正视，则为青眼；看到不屑一顾的人，两眼斜视，露出眼白，则是白眼。李白写《将进酒》，"高堂明镜悲白发，朝如青丝暮成雪"。青眼青丝的青，毫无疑问是黑色了。

可是有时候青色不是蓝色，也不是绿色。荀子《劝学》，"青，取之于蓝，而胜于蓝"，说明"青"和"蓝"不同。更有"赤橙黄绿青蓝紫，谁持彩练当空舞"，青色既不是绿色，也不是蓝色。有时候，青色也不是黑色，俗话说"不分青红皂白"，在这里，皂是黑色。

青——绿色、蓝色、黑色，难道中国人无法区分这几种颜色吗？不只有中国人如此。

19世纪，有个德国眼科专家发现光谱上相邻的颜色，语言表达也经常混淆，其中最容易混淆的是蓝色和绿色。光照条件不同，颜色深浅不同，蓝色、绿色有时的确难以区分，看淘宝卖家秀和买家秀中的色差，常有这种体会。语言学家也推断，原始社会中，纯天然的蓝色少之又少，只有天空和海洋，没必要帮蓝色单独造一个词，所以很多语言中，蓝色和绿色都用同一个词表示。

比如我们的邻国越南，有个词既可以形容草木，又可以形容天空，形容草就是绿色，形容天空就是蓝色，也没觉得有什么不对劲。

对于呈现同样一种颜色的同一事物，不同语言中有的用蓝色描述，有的用绿色描述。比如说，一个人因寒冷而脸色很差，汉语说"脸都冻青了"，英语说"脸都冻蓝了"，法语则说"脸都冻绿了"；同样是皮肤下的血管，汉语说"青筋"，而英语则称用蓝色来形容，欧洲贵族爱说自己的血管里流着蓝色的血液，就是指撸起袖子能看见静脉血管。

因为青色的含义不明确，汉语里连带着很多和青有关的词汇，意义也不甚明了。

比如说青天，真的指蓝天吗？苏轼写《水调歌头》，第一句就是"明月几时有，把酒问青天"，夜晚的天空，应该是黑色的吧。北宋的包拯，外号"包青天"，联想到他的黑皮肤和月牙形胎记，恐怕更会怀疑，青天到底是不是湛蓝的天空。

比如说"青青子衿，悠悠我心"，还有"座中泣下谁最多，江州司马青衫湿"，郑国的士人和唐代的司马穿到底是黑色、蓝色还是绿色呢？有人考证唐代的服装礼仪，六七品穿绿色，八九品穿青色，"深青近紫"，应该是一种很深的蓝紫色了。故宫里留下的清代服装实物也证明，青色更接近我们今天所说的藏蓝色或藏青色。

说了这么半天，青色到底指什么颜色，好像越说越糊涂了。

索性不计较具体的颜色，笼而统之、大而化之地称之为"青"吧。

港中大的燕子和北师大的乌鸦

□ 高源

香港中文大学有好几座图书馆，规模最大的那座靠近山顶，下了校车直走两分钟就到了。去了几次，我发现一个奇怪的现象：下午两点左右，紧靠图书馆大门那条偏北的小路总会被封住，一位穿着高勒胶鞋、戴着胶皮手套的清洁工举着水管，反反复复冲洗地面和路边的栏杆，耐心而仔细。

起初我不以为意：想必是香港人爱干净，勤于清扫路面。可是，后来每次路过都见到这番情形，我就不禁犯嘀咕了：再怎么爱干净，也不至于天天如此吧？冲洗路面既费水又耗力。而且，为什么只清理偏北的那条小路呢？

清洁工走后，路障移开了，我好奇地走过去，上上下下打量着那条普通的路。仰起头，一簇簇燕巢如秋日枯草映入眼帘——哦！我恍然大悟，冲洗路面是为了清理燕子的排泄物。

那条路紧贴图书馆正门，上方是图书馆二层凸出来的部分，像旧时的屋檐。有屋檐的地方就可能有燕子，这实在是一件幸运且令人骄傲的事。幸运是因为能吸引来这样美丽友好的动物朋友，骄傲是因为在现代大城市中越来越难见到燕子了，没想到外表威严的图书馆在鲜为人知的缝隙中竟然藏着这样一片温柔。

仔细想来，香港中文大学的动物还真是与人异常亲近：操场的草坪时常被一群群不知名的鸟雀霸占，它们蹲在那儿悠哉啄食，有人路过时才蛮不情愿地挪一下身子。荷塘边的樟树、榕树、相思树上，动不动就窜出一两只猖狂的松鼠，有一次还吓了我一跳。学生食堂的门如果开得太大，麻雀们就趁机而入，肆无忌惮地跳到饭桌上饱餐。想起家乡那些战战兢兢、一有风吹草动就惊得四散而逃的麻雀，我不由得叹了一口气。与动物建立信任友善的关系，是一种多么美好珍贵的体验呀！

这里一定是躲避风吹日晒的好地方，燕子们的家，几个聚在这边，几个挤在那边，少说也有二十来个。想到夜晚将有几十只燕子在这里安眠，我就一阵兴奋和欣慰。

头顶有一排燕巢，这条路的"遭遇"也就可想而知：每夜接受鸟儿们灰白色排泄物的点缀，要想保持路面洁净，当然时常需要人来冲洗。我对这种白色斑点再熟悉不过了。本科在北京师范大学待了4年，有几条被乌鸦"涂鸦"的路深深刻在心里，以至于日后看到白色的不规则斑点，都会条件反射地想起母校，同时备感亲切。

当年毕业，北师大给每位毕业生都发了一把"天使伞"作为纪念。"天使伞"这名字，外人不知其理，只觉得蛮好听，北师大人其实也不怎么好意思解释，最多也就把"天使伞"上印的白色圆点和萌萌的卡通乌鸦露出来晃晃罢了。北师大的乌鸦便也成了意味深长的典故。

说来也怪，北京的乌鸦很多，北师大的乌鸦则尤其多。那时候，我最怕看冬日傍晚的天空：一抬头，在裂纹般光秃秃的枝丫边，猛地袭来一大片黑色，伴着瘆人的"啊啊"鸦叫和刺骨妖风，好不凄凉惊悚。学校东门和图书馆南门的路边有两排高耸的法国梧桐，那正是乌鸦的最爱。因此在冬天的夜里，这两条路人们都是不怎么敢走的，不是怕什么灵异事件，而是怕从天而降的"白色染料"。同学们若被砸到，会习以为常地耸耸肩回去洗头罢了。要是有无知的人把车停在树下，第二天，纯色车身便有了斑驳的花脸，煞是好看。日积月累，学校东门的路被层层叠叠染成了白色，北师大人戏称为"天使路"，这也就是"天使伞"名称的来源。

曾经有老师问我为什么不太喜欢北师大，原因太复杂，我一时难以概括，干脆开玩笑道："乌鸦太多。"他也笑了："其实，乌鸦多，正反映出我们北师大的宽容啊。想治理乌

最在乎的微信群

□ 肖遥

L小姐逐渐发现,她最不爱说话的群是高中同学群,在这个群里,她发现自己说话总是有点儿变形,有点儿夸张,有点儿不像自己。虽然L小姐审慎措辞,还是会心虚,会为说过的某句话感到后悔,会为发的某个表情感到脸红,也许因为太在意太慎重所以不放松。为了赴高中同学10年聚会,L小姐从妆容、礼服、首饰到鞋包都进行了精心搭配,准备得比参加公司年会还充足,而L小姐的舍友,那几个班上最作的女生,也以各自的方式狠刷存在感:A的表情有点儿僵硬,不知是故作高冷,还是打了玻尿酸;B还是打着官腔张罗指挥,提醒大家不要忘了她刚刚晋升了的职位;C一如既往,通过对B冷嘲热讽来秀智商晒眼光;而D依旧认定自己是晚会上的公主,姗姗来迟;L小姐宁愿相信她是故意的……的确,在这个群里,L小姐不怎么说话,也极少回应,不和任何人打情骂俏,但是这个群里每一条消息L小姐都不会错过,她不会在这个群里发广告,就像不忍心在某个地方丢垃圾。

有人说那是因为太在乎,毕竟人越小情感越纯真,倘若果真如此,那么小学同学的感情应该最真挚,可是在小学群L小姐却很放松,如今小学同学聚会,有兴趣的话,L小姐不等有人招呼她,她都会赶去参加,哪怕粗服布衣,好像刚从那个广场舞的场子上下来;没兴趣的话,无论他们在群里怎么撒呼,L小姐也会潜水,憋着不冒泡,L小姐根本不在乎同学们对自己的印象,也懒得对从前的形象进行任何逆袭或反转。小学的他们都没有定型,想象不了以后的彼此会是什么样子,L小姐所有的小学同桌都跟她打过架,或者说她都挨过他们的打,对他们来说,不论L小姐以后变成什么样子,都不会太奇怪,他们互相接受以后的对方就像接受一个崭新的陌生人。

L小姐在大学群也表现得很自然,大学时候,同学们已经学会把自己打磨得很光滑,L小姐甚至会很从容地在大学群里发广告,就像从前在晚自习教室里卖方便面,对了,广告最能反映一个人对待群的态度,如果一个人在群里肆无忌惮地发广告,那就是觉得,这个群里的人都不过是商业上的来往,猪往前拱鸡往后刨,谁也别嫌弃谁吃相难看。

约翰·伯格在《我们在此相遇》里说:"如果你非哭不可,那就事后再哭,绝不要当场哭!除非你是和那些爱你的人在一起,若真是这样,你已经够幸运了,因为不可能有太多的人爱你……"这种感觉实在很中二,高中的L们正是这样,情感敏锐度最高,感知力最强,憋着泪,也憋着笑,互相飙着劲儿,却都装作不在乎对方。

而成年的L小姐一进入高中群,当年那个无比自恋的中二女生又会成功附体,那时候的L们爱的时候不会戴盔甲,恨的时候也不会戴面具,互相陪伴也相互伤害。唯一没有的是交换,当商业的尘嚣吞没了他们和他们的爱恨,偶尔遥遥相望,以为自己还是青春年少,以为彼此还那么爱,那么恨,那么在乎,又装作毫不在意。

鸦问题太容易了,北师大只是不忍心而已。把它们赶走,它们就得重新寻找栖息之地啊。"如今想起这话,感慨良久,心里是柔软的、温暖的。

香港中文大学不忍心赶走栖息在房下的燕子,宁愿不辞辛劳地天天冲洗地面;北师大不忍心赶走无家可归的乌鸦,拱手让出校园供它们"涂鸦"。北师大的"天使路"太多,北方水资源又紧缺,固然不能像香港中文大学那样讲究体面,天天洗地,但两所学校的包容和仁爱精神竟如出一辙。

在路上碰到男同学就当没看见

□ 惠滢

老妈的衣柜里藏着一件大衣，它曾在西安的商场里待过，为18岁的老妈遮雪挡风，看着工作后的老妈嫁作人妇，看着幼小的我在衣柜好奇地翻翻找找，然后随着我们搬家住进新的角落。

那是大姨回山东娘家省亲时，花50块钱在西安买的。那时我妈正上大学，作为全家唯一的大学生，她获得了这份礼物。这大衣的价钱比老妈工作第一个月的工资还多得多。

18岁的老妈害羞又兴奋地穿上大衣，水汪汪的大眼睛喜得眯成一条缝，深蓝色的大衣衬得她肤白胜雪，在旁边连声夸赞的家人，完全找不到她之前又黄又瘦的影子。

20世纪80年代，考上大学就是干部身份，等着毕业分配工作就行了。老妈铆足劲儿考上大学后，心里的石头就落下了，加上姥爷和工作的姨们都给她零用钱，在没什么零食吃的年代，老妈经常买青岛钙奶饼干吃，而这种饼干我小时候还在吃。

穿上大衣，在流行扎两个辫子的时代束起高马尾，再瞅瞅脚底这棉鞋，怎么看怎么不顺眼。于是"阔气"的老妈去买了人生中第一双皮鞋。第一次打鞋油的经历也是好笑到过了30多年还没遗忘——没有经验的老妈以为把鞋油糊在鞋上就行，糊完之后，她想："怎么打上鞋油鞋越丑了？还不如不打。"

然后，往年冬天都穿大厚棉鞋的老妈，在头一回穿洋气皮棉鞋的冬天，把脚冻坏了。

不过，这可阻止不了一个18岁的姑娘臭美。那时候学生大多穿平底鞋，老妈瞧见工作的姐姐们穿高跟鞋，心中羡慕，就趁着周日放假悄悄买了一双。说是高跟鞋，其实只比平底鞋高两厘米，还是黑平绒的。平时上课老妈不好意思穿，只有到周日才"嘚瑟"一下。

学校每两周在广场放一次露天电影，老妈就蹬着这双高跟鞋，跟女同学一起搬着椅子去广场占位置。在路上碰到男同学，她们就装没看见低头走过去，互相不说话，青春的羞涩与期待只暴露在脸颊红晕和眼神中。

在这个全是黑白照片的年代里，男女同学很少因为私事聊天，就连在食堂排队打饭都是男生一队、女生一队。

情书是禁止的，是会被举报的，是会被老师当着全班骂的。但那朴素感情与风度就像黑白照片一样，透着一种不褪色的美。

那时，老妈所在班级经常去附近村庄帮助军烈属和困难户。班上只有6个女生，被分别分到6个组里。花样年纪的他们分组步行到村民家里，仍然严守男女界限。有一次老妈跟一个男同学一起晾地瓜干，干了一下午都没说话。

多数时候的情况是，男生们到了困难户家里就抢着干活儿，扫院子、挑水、收拾屋子。"我经常没活儿干，站一站就回来了。"老妈说。她这么说的时候，带着一种为男同学的风度而骄傲的语气。即便到了50多岁，老妈班上的同学仍在互帮互助。大概是被"惯"出了高标准，老妈特别看不惯那些没有风度的男生。

就在前几天，她看到两个同行的年轻人在使用公共自行车，男生上去就抢最近的一辆自行车，让女生去用离得远的那辆。女孩子不高兴了，老妈也看不过去，居然过去管闲事说："你是男的，得骑远的，男的要有风度、有担当。"

那个年代有那个年代的风度与美，我们现在虽然可以拍彩色照片，但黑白照片里的美却是难以比拟的。我时常沉浸在老妈的描述中，感受着那时的朴素之美。

翻看她18岁时的集体黑白照，里面有自然的神情、朴素的穿着和毫不扭捏的姿势。教学楼前，女同学蹲在第一排，与同排男同学隔了半个人的距离，后面除了坐着的老师，就是穿着相似、留着半长头发的男同学。再往后看，那时建筑的常用墙面装饰——海鸥在他们头上一飞冲天。

当时，高考恢复没几年，学校在照片里看起来还光秃秃的。那时，老妈和班上同学刚在教学楼前一起种下雪松，树苗细小，没人注意。30多年过去，老妈与同窗重回母校，发现它如今长得比教学楼都高了，一个人环抱不住。

看完照片，两鬓染霜的老妈又翻出了那件18岁时穿的大衣，"你看看，款式布料都不过时呢"。她准备穿出去，再臭美一下。

这食堂有你蹭卡也吃不到的味道

□斌斌姑娘

第一次被T大的食堂震惊是刚入学的时候，5块钱一大碗米线，上面还盖着一只完整的鸡腿。我和我妈盯着跟我脸一样大的碗面面相觑，半响才意识到，没去隔壁那所大学是选对了！从此，我就过上了5块钱能吃两荤两素的幸福生活，所付出的代价也是蛮重的——一学期长了10斤。

我在T大度过了幸福的6年时光，但从来没数清楚学校到底有几个食堂，关于食堂的往事倒是听了不少。比如，作为一个曾经男女比例悬殊的大学，只有女生宿舍边上的那个食堂才有可能遇到成群结队的女生，于是，那个食堂常常人满为患；再比如，学校食堂的豆浆、牛奶、冰淇淋、酸梅汤都是自制的，且远销隔壁大学，他们亲切地称我们为"奶妈"。

照理说，工作后时常出差，也算吃遍大河上下、长城内外，但有一种菜系只有在大学食堂才能相遇——被誉为"中国第九大菜系"的食堂菜。A食堂的滑蛋饭，B食堂的麻辣香锅，C食堂的涮羊肉，D食堂的港式茶点，E食堂的伪麦当劳……这些关键词甚至成为辨认校友的方式。

对食堂的怀念，是我回校的一个重要理由。然而，食堂过于价廉物美，一度吸引了周边商圈的白领前来蹭饭，学校无奈之下停用了临时卡，只能刷学生卡，连老师们都不能和学生抢食堂。对，T大食堂就是这么霸气，不是你花钱就能吃上！

于是，每次回学校，吃饭就成了一个问题。最初，还可以找认识的同学蹭饭，但随着离开校园的日子渐行渐远，我读博士的同学们毕业了，低我一两届的师弟师妹们也毕业了；后来，我的一个实习生保研到T大，靠她的学生卡支撑到现在。虽然她还没毕业，但我已经开始未雨绸缪，以后如何是好？

有前辈透露给我一个万用妙招，就是在你还可以背着双肩包去学校又不违和的时候，去食堂窗口点餐，对排在你前面的学生说，"同学你好，能帮我刷个卡吗？我给你现金。"这个方法的关键在于，你的周身气场还要适合食堂。如果你穿得西装革履，或者周身小香风，学校出门左拐就是繁华商圈，走好不送。

T大从建校至今，从上至下，对食堂都是极其重视的。每逢元旦、五一、十一等重要节日，学校会给每人发3元餐券，食堂则推出各种节日特餐，一个宿舍集齐4张餐券，再每人打份米饭，就能在食堂吃一桌盛宴。这一天，食堂里人山人海，充满快活的气氛。学生时代，我们都很容易满足。

不久前，我又回了一趟T大。学校最近大兴土木，除了兴建教学楼、图书馆，最大的项目当数一个建在教学区的综合性大食堂——T大对食堂的重视得到了很好的传承。正值中午，下了课的学生如野狗般拥来，莘莘学子会聚一食堂，占位置都来不及，我无法施展那个万用妙招。

不得已，我只好去了位于宿舍区的自助餐厅，学生15元，校外人25元，全场随便选。

菜色也还是原来的味道，可是，为什么我吃了几口就觉得有些失望？记忆中的美味并没有魂牵梦萦的那么美好。无论打着"淮扬菜""川菜"还是"东北菜"的旗号，所有的菜都是"食堂菜"的口味；饮料就是兑了色素的糖水；最大的卖点——肉，对我也没有了原来的吸引力。

花钱也吃不上的食堂，卖的是你蹭卡也吃不到的味道。

我们吃的不是食堂，大概，是青春。

当年的朋友圈

□ 秦文君

人生的奇妙之处，在于一直在改变。一路走来，人的境遇和时代风景，朋友圈都在变，回想往昔，有恍如隔世的漂浮感。

当年的朋友圈，友情的维系、增进，除了彼此见面接触，电话联系，还有写信。朋友圈的人数并不庞大，不像如今的上百，数千的。是真朋友，但联络不便捷，变迁也太大，常有人转学走了，搬迁了，下乡务农去了。有朋友换了联络地址，而圈里彼此却不知动态。有的朋友就此从朋友圈分化出去。几十年来，只十多个铁杆朋友留在朋友圈里。

我年少时迷恋写信，属于朋友圈内的写信高手。选择写信，除了擅长写写弄弄，字也算端庄，还另有原因，我受不了当年的电话，太折腾人了。

当时电信不发达，在自家安装电话的，须得有很高的级别，朋友圈里的同学少年，互相留电话，绝大多数是公用电话的号码。

电话打过去，接不通是常态，即使接通了，不意味着舒心，还有复杂的中间环节，以及漫长的煎熬在等着你。

公用电话一般安置在烟纸店，居委会这些人群密集处。

我们弄堂口的烟纸店负责传呼的阿姨，接通电话，会像派出所户籍警一样，问明你是何人，打算找何人，找的人住在何小区，何门牌号。放下电话听筒后，她颠颠地跑到对方的楼下，大声疾呼，高高的分贝，搅得四邻皆不安。

态度最忠诚，心情最急切的接电话者，十万火急跑，跑得上气不接下气，把电话抓在手里了，嘴里在急喘，过一阵才能慢慢同你搭讪。

就算电话接通，一切圆满，但双方照样不能好好说话。打电话的和那边接电话的，境遇差不多，不会自在，因为有人在后面候着呢，用殷切的眼神盼你长话短说，算是修养好的，有的人不耐烦，你说话，他在一旁插话。

烟纸店，居委会里人多眼杂，也有好事之人，喜欢竖起耳朵听小姑娘打电话。

我和闺蜜有心灵默契，涉及一些私密话题，一概用暗语，和地下党一样。有时暗语讲得过于隐秘，听电话的脑子不够用了，猜来猜去的，正话反听了。

写信不一样，想到什么，尽情写去，如此潇洒。信不超重的话，贴四分钱的邮票就寄到了。当年约中学朋友圈一起去老大昌吃意大利冰糕，约小学朋友圈借了凤凰自行车和海鸥照相机去黄浦公园拍照，都是由我写一封封信邀约来的。

17周岁，我第一次出远门，去黑龙江当"知青"，绿皮老火车开了四天三夜，下火车时，脚面肿得像馒头，走路要和同伴相互搀扶。初到的时候，40多个女生挤在一顶大帐篷里，四面透风，到了最冷的阴历年，大家轮流看守铁皮炉子，不让它熄灭，那好像生命之火，不然，帐篷里的温度是零下40摄氏度。

火光中的冥想，阅读，还有写信，是那段困顿生活中，给我的最大安慰。从遥远的北疆寄往上海的信要8分邮资，我买了几大版邮票才安心。信能超越重叠的山峦，春季泥泞的雪路，和我的朋友圈，和我所向往的外面的世界在一起。

我用一种原浆土纸，皱皱的，毛毛的，散发着树木的芬芳。那种纸仿佛附着树魂，吸纳天地之气，写信的时候，笔尖在土纸上行走，带来妙不可言的感觉。

阅读能让人拥有超越泥泞的现实的能量，但是我带去的那几本书很快被翻烂了。亲友们从四面八方把自己的藏书寄给我。我读后，寄还书的时候，会回赠一封信。信写得格外长，既写读书的感观，也记叙亲历的生活。写当地风情，写在物资紧缺的时代，年轻人如何寻找浪漫。写帐篷里开"地下音乐会"。写边远山林和都市文明的不同，也写我看到的和以往学生生活所不同的广阔社会面，写人的奇妙和复杂。

寒冬过去，我意外地发现，地域遥远的北疆，大自然构成了一个沉静的世界，当地的森林、原住民、风、野果子、动物、鸟类、山涧的纯水呈现迷人的风情，我把这些也写在信中。

亲友们称赞我的信，说明明是苦寒之地，在我的笔下的生活引人入胜，读起来仿佛是小说。有的朋友还说读信的时候，他们的心情比云还轻。整整8年，我给朋友圈的人写了很多信，也收到了他们很多的回信。

2017年年末，我大面积地整理书房，理出很多信。有的朋友的信珍藏了40多年，记载着时代和生活的深刻痕迹。那些信被安顿在不同的抽屉里，每次拉开抽屉，我能感受到特殊的含义，看到一段段微妙的人生历练。

现在写信较少了，动动手指写微信了，寥寥数语，或发几个表情，表示人心大快。写信的感觉和激情被这样的便捷消磨许多。过去写信是如此郑重，虽不必事先沐浴，更衣，但这是一种仪式：写着对方的名字，一字一句，悄然生根。写信寄托了情感之后，还要跑到邮局寄发，经过一只一只的手，把信送到想念的人手中。

落笔的痕迹里有生命的郑重，顽强又闪光，让我们没有匆忙地度过青春。

人间草木

□ 汪曾祺

★ 1 ★

昆明的美人蕉皆极壮大，花也大，浓红如鲜血。红花绿叶，对比鲜明。我曾到近郊一中学去看一个朋友，未遇。学校已经放了暑假，一个人没有，安安静静的，校园的花圃里一大片美人蕉赫然地开着鲜红鲜红的大花。我感到一种特殊的、颜色强烈的寂寞。

凡花大都是五瓣，栀子花却是六瓣。山歌云："栀子花开六瓣头。"栀子花粗粗大大，色白，近蒂处微绿，极香，香气简直让人有些受不了，我的家乡人说是："碰鼻子香。"栀子花粗粗大大，又香得摔都摔不开，于是为文雅人不取，以为品格不高。栀子花说："去你的，我就是要这样香，香得痛痛快快，你们管得着吗？"

★ 2 ★

昆明木香花很多。有的小河沿岸都是木香。但是这样大的木香却不多见。一棵木香，爬在架上，把院子遮得严严的。密匝匝细碎的绿叶，数不清的半开的白花和饱涨的花骨朵，都被雨水淋得湿透了。我们走不了，就这样一直坐到午后，我还忘不了那天的情味，写了一首诗：莲花池外少行人，野店苔痕一寸深。浊酒一杯天过午，木香花湿雨沉沉。

★ 3 ★

带着雨珠的缅桂花使我的心软软的，不是怀人，不是思乡。

★ 4 ★

冬天，下雪的冬天，一早上，家里谁也没有起来，我常去园里摘一些冰心腊梅的朵子，再掺着鲜红的天竺果，用花丝穿成几柄，清水养在白瓷碟子里，放在妈和二伯母的妆台上，再去上学。我穿花时，服侍我的女佣人小莲子，常拿着掸帚在旁边看，她头上也常戴着我的花。

★ 5 ★

樱花无姿态，花形也平常，不耐细看，但是当得一个"盛"字。那么多的花，如同明霞绛雪，真是热闹！身在耀眼的花光之中，慢耳是嗡嗡的蜜蜂声音，使人觉得有点晕晕乎乎的。此时，人与樱花已经融为一体。风和日暖，人在花中，不辨为人为花。

鲜艳的花季，细碎的流年，慢慢地收拢起每一片珍藏的过去，灌进墨里。

青苔小巷中的情书

□ 海男

收到生命中第一封情书，是在一个枯燥的寒假，情书不是从邮局飘然而来的，而是夹在一本发黄的书中，那本书好像是《青年近卫军》或者是《钢铁是怎样炼成的》。给我写情书的少年住在金官小镇的一条铺满石板、长着青苔的小巷深处。

我见得最多的青苔就是从那条小巷深处脱颖而出的，疯狂生长的青苔大概有许多年的历史了。给我写情书的少年那一时期经常跟我交换书看，当一本本发黄的书传递到我手中时，上面还留存着另一个人的体温。

而当我在书中发现一封叠成三角形的信时，感觉它仿佛是从云缝之中飘然而来的。他的呢喃声让我忽然想到了保尔和冬妮娅的爱情。然而，我还是战栗着，那是青春生活中从未被撕开的战栗。当我展开那封信的时候，结果是一阵心跳的肃静，一页白色的纸在微风之中战栗着，同我青春的、微绿的、惊奇的战栗一样，它继续着那种肃静。但无论如何，我已经看到了那封信，这意味着我拨开了青春期的一层迷雾，撕开了刻画着一种心悸、惊喜的色彩。

一封情书用可能的方式敞开着，一封20世纪70年代的发自一位少年的情书，飞速地驰过我所看见的山坡上的篱笆。被一个住在青苔小巷中的男孩倾慕着，被一个男孩那激动人心的钢笔字笼罩着，我第一次想象那个男孩坐在窗口的身影，我第一次散着步，在寒风中经过那片冬日的篱笆，然后独自横跨过去，这种体会中有一种朦胧的幸福，仿佛有人在等候我。情书，第一封被我撕开的情书，我读了几乎有100遍，我的眼睛因眩晕而荡漾着，一个写情书的男孩似乎把我引向一种美妙的舞步，然而，最终却把我引向了那条生长着青苔的小巷。

也许因为我饥渴，这种饥渴不是对情感的饥渴，那时候，情感还没有像疯狂的青苔一样从石板路上、从小巷中的墙壁上的缝隙中疯狂地长出来。我饥渴，是因为在那个男孩和我之间交换的书。不知道什么神奇的魔力，使书成了我们彼此交往的借口，如果没有那封叠成三角形的情书，这样的交往是明朗的。

然而那封情书出现了，我们的交往不免有些让人心跳。从那时开始，我便从场景和气氛中学会了掩饰。我掩饰自己的情绪，佯装没有看见那封情书，这样一来，那个少年开始着急了，他巧妙地问我有没有发现一张纸条。当时，我正置身在那条令人着迷的青苔小巷之中，青苔仿佛从我身体中长了出来，用来掩饰我的那种心慌意乱："纸条，什么纸条？我可没发现什么纸条。"我仰起头来看着墙壁上的青苔，仿佛因此能移过墙壁，到达一个我们没去过的地方。

少年低下了头，看着脚下的青苔不说话，那天中午，他跟我交换的书是《小城春秋》。我从他手中接过书，他的体温留在了发黄的封面上，而我的体温一定也留在了另一本书上。他给我的书中没有三角形的纸条、没有情书，从此以后，他就再也没有给我写过情书，也许我的满不在乎、我的故作矜持吓坏了他。

多少年后，我开始写情书时，我拉开了抽屉，那封最初的情书已经变成黄色。我的思绪已经跳动在别处，在异乡的车厢里，在指尖朝前移动时。当我开始写情书时，我才理解了那个少年，理解了他年少时期的幻想。我，曾经被他幻想过，萦绕在他的心灵中。哦，情书，曾经用我的手撕开过的情书，延续在一个忠诚的时刻，也必定会延续在一个决裂的时刻。

当那个住在青苔小巷中的少年随同父母迁移时，也正是我还书给他的那个时刻。沿着长满青苔的小巷漫步，我突然看见一辆小马车停在路中央，那个少年正在朝着马车移动，手中提着一只笨重的木箱。我想，制作木箱的那个木匠一定也很笨，那种笨显得很朴素也很可笑，那是一种轻松而沉重的笑。

少年看见了我，此刻他终于把那只笨重的箱子挪到了小马车上，他满脸汗水，惶惑地解释着这次突如其来的迁徙活动：少年的父亲经过了几年的努力，终于可以把他们一家调到外省去，所谓的外省就是他们的老家。

少年用一种留恋的目光与我的目光只对视了一瞬间，马车就要走了，少年的母亲叫他尽快上车，少年是最后一个上车的。我把书还给了他，他便迟疑着往马车上跳去，少年的迟疑使他的目光显得有些忧伤。

马车已经随着小巷中时明时暗的光线消失在我的视野，我仍然站在生长着青苔的小巷深处，绿色的、潮湿的青苔从此以后，仿佛在我身体中疯狂地生长着。我再也没有见过那位少年，从此以后，我们再也没有过任何联系。

我忠实地体现着那封情书撕开以后的生活状况。我约会，放低声音谈情说爱，我倾向于沉醉时会不顾一切，我被挫伤，但仍保留着属于我自己的气息，因为撕开了那封情书，我才发现了一个小小的无限。

在铺满青苔的小巷中消失的少年，到底影响了我什么？一个并不吸引人的少年，跌跌撞撞的少年，跟随父母迁徙的少年，通过一封情书让我总是回忆起那种生长在小巷中的青苔。

致我们单纯的小美好

□琦 惠

收到表白短信的时候,我有些犹豫,怕自己一辈子都遇不到最喜欢的人,却还拒绝这位"差不多男生";又担心一颗少女心总是不死,它根本做不到将就,暂时接受这份感情。天使和恶魔在我的脑海里不断地打架,心烦意乱中,我将手机抛在床上,开始追电视剧《致我们单纯的小美好》。

"我喜欢你。"

"我不喜欢你。"

"好吧,那我再想想办法。"

男女主角一边大扫除,一边进行可爱的对话。女生在望向男生时,一脸崇拜,眼睛里仿佛冒着无数的小星星,她完美地诠释了一种心情,叫作喜欢一个人,是藏不住的,像漫天炸裂的烟花。我被她傻气又单纯的样子逗乐,情不自禁地笑起来,但随后,又因剧情的发展而皱起了眉。在盯着级部主任"张士亮"这个名字五秒钟之后,我去看了编剧列表,心里那扇通往回忆的大门轰然被打开,因为编剧列表里的其中一位编剧就是我的高中学弟,级部主任的原型就是当年我的德育主任张士亮,连电视剧里的校服,都是我的母校曾有过的标准配置。这些似曾相识的人物,一下子就将我带回了16岁的故事里。

年少时,谁都曾是陈小希,我也不例外,也曾喜欢过一个很像江辰的男生,做过许多匪夷所思的事情。印象最深刻的是,我和陈小希一样是个戏精少女,曾自导自演过许多偶像剧里的情节。有一次数学月考,我拿了有史以来最低分,心情低落,便给他写了一封信,说:"我再也不能陪你从诗词歌赋谈到人生哲学了,因为我不想读书了。"我流着泪躲进了体育器械室,却没想到他为了找我,连晚饭都没吃。当他找到我,小声地说"别走"时,我的心里划过一丝自责,但更多的是开心,就像剧里的陈小希突然听到江辰说"不要转学"时一样,那些对未来的惊慌,都在与他对视的笑容中化为乌有。

我为此激动得又蹦又跳,还和闺蜜在课堂上传纸条讨论此事。结果,我被老师点名罚站、写检讨,继而错失了为他精心准备圣诞节礼物的宝贵时间,只得应付着折了99颗幸运星。还好,他没有嫌弃这份礼物,就像江辰没嫌弃陈小希为他准备的长到可以用来上吊的手链一样。可惜,我不如陈小希幸运,只过了一个秋天,就和自己的"江辰"在各种压力下渐行渐远。甚至到后来,他在众人面前只是将我们的感情定义为友情。

我哭了很久,真正要转去美术班时,还在心里默念那句和剧里的台词一样的话——"一辈子那么长,我才不会只喜欢你一个人呢!"他的背影伴随上课铃,慢慢地在我的视线里变成一个黑点。我转过身,红着眼睛准备离开,却突然听到了他再熟悉不过的声音:"报告老师,我想去卫生间!"他跑出教室,经过我身边时小声说:"白痴,这样我怎么能安心回去?"他故意从只有我才能看到的角度,绕到卫生间那边,又折回来,重新站在走廊的另一端望着我。

刺眼的阳光下,万物都在野蛮生长,他也如同一棵树遮天蔽日,却又隐藏着只有我们才懂的小秘密。如果一定要从剧中找一个对应的场景,那便是陈小希被怀疑得了禽流感而被关禁闭,江辰在广播站为她读《无人生还》,还偷偷添了一句"别怕"。毕竟,他们都同样口是心非,惹哭了喜欢的人,又绞尽脑汁地哄她笑。毕竟,时至今日,我还在做着这个有他突然出现的梦。是梦吧,清晨六点半的空气、单车丁零零的声音、小卖部里的香味、做不完的卷子以及喜欢的那个人,都是16岁之后,只存在于我梦里的美好。

可那又怎样呢?我的少女心就是不肯脱离自己的身体,它还是想等待"江辰"的到来。所以,那天,我像陈小希拒绝吴柏松那样,给"差不多男生"回复了一条信息:谢谢你的喜欢,却对不起你的喜欢。

白茶清欢无别事,我在等风,也在等那个像江辰的好少年。

被雨打湿的杜甫

□ 肖复兴

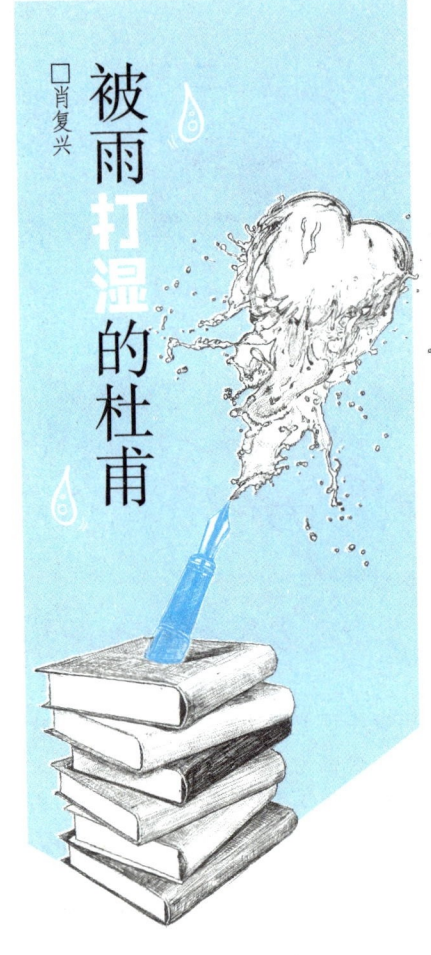

初三那一年，我们都是15岁的少年。暑假里，雨下得格外勤，哪儿也去不了，只好窝在家里，望着窗外发呆。看着大雨如注，顺着房檐倾泻如瀑；或看着小雨淅沥，在院子的地上溅起，像鱼嘴里吐出的细细的水泡。

那时候，我最盼望的就是雨赶紧停下来，我就可以出去找朋友玩。当然，这个朋友，指的是她。那时候，她住在我们大院斜对门的另一座大院里，走不了几步就到，但是雨阻隔了我们。冒着大雨出现在一个不是自己家的大院里，找一个女孩子，总是引人注目的，尤其是她所在的那个大院，住的全是军人或干部家庭，和住着平民人家的我们大院是两个阶层。在旁人看来，我和她，像是童话里说的贫儿与公主。

那时候，我真的不如她的胆子大。整个暑假，她常常跑到我们院子里找我。在我家窄小的桌前，一聊就会聊上半天，海阔天空，什么都聊。那时候，她喜欢物理，梦想当个科学家。我爱上了文学，梦想当一个作家。我们聊得最多的，是物理和文学，是居里夫人，是契诃夫与冰心。显然，我的文学常会战胜她的物理。我常会对她讲起我刚刚读过的小说，朗读我新看的诗歌。看到她睁大眼睛望着我，专心地听我讲话的时候，我特别自以为是，扬扬自得，常常会在这种时刻舒展一下腰身。

不知什么时候，屋子里的光线变暗，父亲或母亲会将灯点亮。黄昏到了，她才会离开我家。我起身送她，因为我家住在大院最里面，一路要迤逦走过一条长长的甬道，几乎所有人家的窗前都站着人，好奇地望着我们两个人，那眼光芒刺般落在我们的身上。我和她都会低着头，加快脚步，可那甬道却显得像是做几何题时画出的延长线。我害怕那样的时刻，又渴望那样的时刻。落在身上的目光既像芒刺，也像花开。

雨由大变小的时候，我常常会产生一种幻想：她撑着一把雨伞，突然走进我们大院，走过那条长长的甬道，走到我家的窗前。那种幻觉，就像刚刚读过的戴望舒的《雨巷》，她就是那个丁香一样的姑娘。少年的心思是多么可笑，又是多么美好。

下雨之前，她刚从我这里拿走一本长篇小说《晋阳秋》。现在，我已经完全忘记了这本书是谁写的，写的内容又是什么了。但是，我清楚地记得，是《晋阳秋》。《晋阳秋》是那个雨季里出现的意外信使，是那个从少年到青春季里灵光一闪的象征物。

这场一连下了好几天的雨，终于停了。蜗牛和太阳一起出来，爬上我们大院的墙头。她却没有出现在我们大院里。我想，可能还要等一天吧，女孩子矜持。可是等了两天，她还没有来。我想，可能还要再等几天吧，《晋阳秋》这本书挺厚的，她还没有看完。可是，又等了好几天，她还是没有来。

我有些着急了，并不仅仅因为《晋阳秋》是我借来的，到了该还人家的时候，而是为什么这么多天过去了，她还没有出现在我们大院里？雨，早停了。

我很想找她，几次走到她家大院的大门前，又止住了脚步。浅薄的自尊心和虚荣心，比雨还要厉害地阻止了我的脚步。我生自己的气，也生她的气，甚至小心眼儿地觉得，我们的友谊可能到这里就结束了。

直到暑假快要结束的前一天下午，她才出现在我家里。那天，天又下起了雨，不大，如丝如缕，却很密，没有一点儿停的意思。她撑着一把伞，走到我家门前。那时，我正坐在我家门前的马扎上，就着外面的光亮，往笔记本上抄诗，没有想到她会来，这么多天对她的埋怨立刻一扫而光。我站起来，看见她手里拿着那本《晋阳秋》，伸出手要拿那本书，她却没有给我。这让我有些奇怪。她不好意思地对我说："真对不起，我把书弄湿了，你还能还给人家吗？这几天，我本想买一本新的，可是，我找了好几家新华书店，都没有买到这本书。"

原来是这样，她一直不好意思来找我，是因为她在下雨天坐在家里走廊前看这本书，不小心把书掉在地上，正好落在院子里的雨水里。书真的湿得很厉害，书页湿了又干，都打了卷。

我拿过书，对她说："这你得受罚！"

她望着我问："怎么个罚法？"

我把手中的笔记本递给她，罚她帮我抄一首诗。

她笑了，坐在马扎上，问我抄什么诗。我回身递给她一本《杜甫诗选》，对她说："就抄杜甫的，随便你选。"她说了一句："我的字可没有你的字写得好看。"说完就开始在笔记本上抄诗。她抄的是《登高》。抄完了之后，她忙着起身，笔记本掉在门外的地上，幸亏雨不大，只打湿了"无边落木萧萧下，不尽长江滚滚来"那两句。她不好意思地对我说："你看我，在同一个地方摔倒了两次。"

其实，我罚她抄诗并不是一时兴起。整个暑假，我都惦记着这个事，我很希望她在我的笔记本上抄下一首诗。那时候，我们没有通过信，我想

小离别

□ 钟 墨

1

自从我看了《少年派的奇幻漂流》，我就觉得肖让就是那只老虎——一只让我有可能"死"在学习上的老虎。

最不可思议的事情是，今天老师宣布：我俩居然要被保送进同一所大学！我问老师能不能给我换个保送学校，老师不肯，他说换学校的事并不保准，眼前这个机会如果不好好把握就太可惜了。再说这个大学排名那么好，也不用参加高考，不好吗？省心省力。

不仅如此，他还把我和肖让安排在最后一排做了同桌。同桌十几天后的一个上午，肖让没来，我很诧异，第一个课间，我就问班主任，老师说他昨晚吃坏肚子请假了。

没有肖让的那天，我怅然若失，连做卷子的兴趣都丧失了一些。我回忆着上高一以来和肖让有关的一切，想到了他对我做过的一件事。

我喜欢过我班的林小毛。以前，我着了魔似的从微信上给林小毛发情诗。后来她把我拉黑了，我就隔两三天在纸上写一首，放到她课桌里。可是她居然在警告我不成的情况下，把我的行为告诉了老师。

班主任为了保证我们两个人的成绩不受影响，要找我家长。让我万万没想到的是，坐在第二排的肖让嘟囔了一句："这事值得找家长吗？他保证以后不写就得了呗。"同学们发出一片善意理解的笑声，把老师的愤怒彻底消解了。

最后，老师没找家长，我也没再写情诗给林小毛。是的，是肖让！是他让我成功地保持了优良的成绩，也让我没因早恋事件产生心灵伤害。

我和肖让在成绩上的竞争让我们几乎不太说话，即使现在同桌，也是互不搭理。我想了想原因，真不是一般人认为的嫉妒，其实我们只是不服输，好像谁主动说了话，谁就会在气势上矮了几分一样。

2

离别这事，不管你愿意不愿意，到时候都要到来。

在毕业班告别宴上，林小毛给所有人都准备了一份礼物，给我的是一本把十几张情诗纸片粘在一起的薄册子。大家都笑开了，林小毛一点儿也没有不好意思，我也是一副很平常的样子。

老师说："这事儿你真得感谢肖让，要不是他，我真找你家长了。你妈那么严厉，估计有你好受的！哈哈！"

我看见肖让一笑，又随即收起。我上前敬了他一杯："哥们儿，谢谢啊！"他赶紧站起来，痛快饮下却没表情，更没说话。

可能谁也没发现我的表情有点儿阴沉。我希望，肖让和我说点儿有感情色彩的话，真像哥们儿那样说句话，哪怕说"再见"这样的平常话也行。可是他没有。

那天我喝多了，几乎不能直着走路，同学们打车第一个把我送回家。

等到了我家门前，肖让附到我耳边说："哥们儿，你不知道吧？林小毛也是我的暗恋对象，可我没有你勇敢，一直没表白。"我被惊醒，"啪"地立正！

我看清了扶我上楼的人，分明是肖让！我的头脑也清醒起来，看着笑眯眯的他，不知道说什么好。然后，他又说："是我让她不要扔掉情诗的，那么宝贵的东西扔了，你可能就记不起来了。我理解你！"

要开学的时候，我收到肖让的短信："哥们儿，一起去吧！"

我赶紧回："加上微信，方便联络！"

留下她的字迹，留下一份纪念。那时候，小孩子的心思就是这样诡计多端。

读高中后，她住校，我和她开始通信，一直通到我们分别去插队。字的留念，不再是诗的短短几行，而是如长长的流水，流过我们的整个青春岁月。只是如今那些信都已经散失，一个字都没有保存下来。倒是这个笔记本幸运地存活到现在。那首《登高》被雨打湿的痕迹还很清晰，好像50多年的时间没有流逝，那个暑假的雨，依然扑打在我们身上和杜甫的诗上。

青春的符号老去了，但期待还在

□ 张 慧

2017年11月，美国《滚石》杂志和香港TVB电视台分别迎来50岁生日。

一个是以先锋叛逆著称的摇滚文化国际标杆，一个是开拓港片辉煌年代的造梦工厂，他们在半个世纪里承载了多少仰慕和赞美，知天命之年的转身就多么不甘和艰难。

时代变化太快，风流总被雨打风吹去，在一日千里的年代做个百年老店已经太难。

《滚石》在50岁生日到来之际，被挂牌出售，垂垂老矣的创始人扬·温纳用这本杂志给读者写了50年的情书，如今只能寄希望于找到一个"懂得《滚石》文化"同时"有很多钱"的买主。

TVB不甘坐困愁城，靠着旧人回巢、新血上位和作品北上，力图"华丽转身，迈步同行"。口号里流露出浓郁的80年代港剧风味。

然而随着内地电视行业的兴起和网络的迅速升级，TVB从人们的谈资中消失了。

那些命运曾与TVB紧密相连的人——汪明荃、米雪、赵雅芝、周润发、刘德华、梁朝伟已然被烙上时间的印记；那些曾因TVB剧而名动三地的人——欧阳震华、林保怡、宣萱、蔡少芬面对着人到中年的事业危机。

时间的公平和残酷在于并不对才华横溢的人高抬贵手。《滚石》和TVB逐渐沉寂，看它们长大的人，青春也像小鸟一样不回来。人们唏嘘曾经风头无两的文化旗帜终归没落，不外乎因为那些和《滚石》一同叛逆的臭小子、怪丫头已经不知不觉被生活锤炼成中规中矩的中流砥柱，肩上扛着公司的KPI（关键绩效指标）和国家的GDP（国内生产总值），想要向晚辈炫耀自己年轻时听摇滚有多酷，却发现年轻人已经开始玩嘻哈了。

被TVB港片"喂养"大的电视儿童，听到周华健唱"吞风吻雨葬落日未曾彷徨，欺山赶海践雪径也未绝望"内心仍会澎湃，聊起《射雕英雄传》《天龙八部》《壹号皇庭》《鉴证实录》还是眉飞色舞。当年轻人为小鲜肉杨旭文饰演的郭靖神魂颠倒，他们心底想着的还是黄日华的靖哥哥最具神韵。

和标记过青春的文化符号一起老去，其实是件美好的事。在潮流的冲击下，这些符号似乎具有人格，会老、会痛、会受挫、会奋起，一如我们人生的投射。

每个文化标签都有属于它的时代。50岁的TVB，也许回不到美丽从前，但仍然让人有新的期待。50岁的《滚石》深谙温润土壤培育不出摇滚的种子，选择在末日到来之前亲手终结神话。他们用香港式的进取和美国式的随遇而安面对着这场无法避免的中年危机，伴随拥趸的唏嘘、叹惋、鼓励或理解。

在最美好的愿望里，娇花常开不谢，盛宴常聚不散。在最残酷的现实中，承载过几十年的青春和梦想，刻画过一代人的集体记忆，至少也算不负流年，不负卿。

挽留时间

□ 王鼎钧

罗马不是一天建成的，也不是一天可以拆毁的。

小时候，在作文簿上写"光阴似箭""日月如梭"，以及"无情的时间像流水逝去"。现在想想，也许并非如此。

时间看似无情，却仍然可以挽留。如果你爱惜它，它就留恋你。如果用功读书，时间就留在你的成绩里；如果你锻炼身体，时间就留在你的健康里；如果你开朗

一生慢过

□ 贾 柯

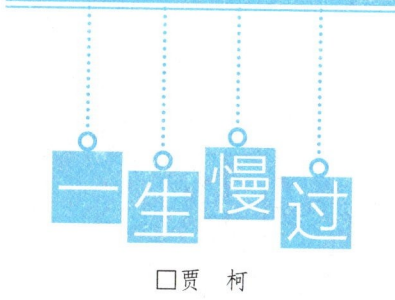

想起木心的那首《从前慢》。

一顿早餐敢慢,一把锁敢慢,一辆马车敢慢,一份爱敢慢。

那慢里藏着生命与生活的无限意趣,还有滋味。

不是不知道,万物有时,生命有限,时间有如朝露,今天的容颜老于做完,多少事,来不及。

所以,所以,才要慢。

慢于此时此刻,再下一个此时此刻。

如此循环,如四季,如星辰,如艳阳,如皓月,亘古行进在上天给出的时间里。

种瓜得瓜一样,种豆得豆一样。

所谓华枝春满,天心月圆,那样的圆满,是自自然然地来,不是晚来风急催成的,更不是剑走偏锋抄近路。从初一到十五,一定要过半个月,从枯枝到繁花,一定要过完冬,雪下尽了,才破冰生花,这些,都是要时间的。

很多路都是戛然而止的。

回过头看,我们称之为人生的,更像是一页页草稿,且无处复制,不可修复,再不重来。不可更改的草稿,加起来,就是我们拥有的全部人生。

所以,所以,才要慢。

有一种慢,是对生命时时刻刻怀着敬虔。

一口一口地吃饭,米的味道,就知道了,好米,叫白玉珍珠也不为过,单单米的原味,可敌味之万国。

一天一天地看花,包括空枝,包括骨朵儿,包括初蕊,包括怒放,包括枯萎,包括凋零,包括化土,一朵花的过程,涵盖了钱坤。

一天一天地爱人,陪伴有时,分别有时,共鸣有时,争执有时,甜蜜有时,忧愁有时,共享有时,分担有时,很个别的长长的爱里见得出弘毅。

不管做什么,终归落在时空里。细想,认真地慢,一天像过一生,一生像过一天。

至少,一生有一件事,必须慢慢地做好。

比如生活。

热忱,时间就留在你的人缘里。

"日月如梭",梭留在织成的锦缎里。

"光阴像流水",水留在工厂的电力、水田的禾苗、游船的行程里。

"杀死时间"的意思是使用时间,"不为无益之事,何以遣有涯之生"是打发时间,两者并不相同。中国人常说"消遣","遣"也是打发的意思,好像唯恐时间不走。错了!时间是一个匆忙的过客——只有它抛弃你,不是你驱逐它;只有它忽视你,用不着你敷衍它。你必须有"杀死它"那样的果决和敏捷才能使它为你所有。时间如鱼,怠惰的渔夫、漫不经心的渔夫、自暴自弃的渔夫,总是徒有一张空网。

哲人说:"时间留,我们走。"这句话可以代替所有的励志格言,也可以做一部文明史的总标题。

林黛玉为什么不喜欢李商隐

□袁小茶

《红楼梦》第四十回，贾母带着刘姥姥逛大观园，宝玉和姐姐妹妹们自然小心陪着。大观园里不仅有陆路，还有水路。于是行至荇叶渚，贾母提议坐船。一只小船坐不下，贾母带着薛姨妈、刘姥姥、李纨、凤姐等上了第一只船，而宝玉、宝钗、黛玉等未婚文艺青年们，上了另一只。

大观园里种了很多荷花，秋天，荷叶凋谢。在这只"文艺青年号"小船上，发生了这样一段有趣的对话。

宝玉觉得这些残荷碍眼，于是说："这些破荷叶可恨，怎么还不叫人来拔去。"宝钗打圆场，笑道："今年这几日，何曾饶了这园子闲了，天天逛，哪里还有叫人来收拾的工夫。"林黛玉却漫不经心地说了一句："我最不喜欢李义山（李商隐）的诗，只喜他这一句'留得残荷听雨声'。偏你们又不留着残荷了。"

贾宝玉是典型的可爱暖男，看到"女朋友"黛玉喜欢残荷，也不管自己听没听懂，就赶紧"对对对对对"地改口说："果然好句，以后咱们就别叫人拔去了。"说着，已到了花溆的萝港之下，觉得阴森透骨，两滩上衰草残菱，更助秋情。

为什么天天写诗的林黛玉，却说自己最不喜欢李商隐？又为什么只爱他的"留得残荷听雨声"？这就要谈到李商隐诗歌的晚唐美学了。

好多人不喜欢李商隐的晦涩难懂——他的诗不像李白、杜甫的叙事性，几乎是把所有叙事、具体事件和对象都抽离掉，只剩下所有生命共通的《无题》。什么是"沧海月明珠有泪"？什么是"蓝田玉暖日生烟"？如果你用考据学的态度去解李商隐，一定要考出这首诗是悼念亡妻……那首诗是哪个暗恋对象……最后就会陷入一个巨大的干涩的无底洞。

李商隐的诗，最好的注解，就是去看西方象征主义的画。如果一定要用一种色彩去形容一个诗人，李商隐写得最好的诗，画面几乎都是冷红色——"夕阳无限好，只是近黄昏"（你能感到夕阳的那种视觉依然灿烂，却是强弩之末没了温度的冷红色）；

"红楼隔雨相望冷，珠箔飘灯独自归"（从视觉到触觉的冷红）；"何当共剪西窗烛，却话巴山夜雨时"（夜雨红烛，温暖却透着凄凉的冷红）。

冷红像极了整个晚唐的色彩，时代依然是最伟大的唐，只不过气数将尽，已至黄昏。从此以后，再无"明月出天山，苍茫云海间"的灿烂烂的盛唐。

这是我感到的第一个层次的李商隐。第二个层次，是几个月前在北海。海边一块非常普通的碑，一看就是后人新刻的装饰用的。上面是李商隐的"相见时难别亦难，东风无力百花残；春蚕到死丝方尽，蜡炬成灰泪始干"。

表面看，这是生命最动人的情诗——丝就是"思"，这是一份《霸王别姬》式的"差一天、差一个时辰、差一秒钟都不是一辈子"的想念，直到临死最后一口气"丝"方尽了，"思"方尽。若这辈子像蜡烛，那我就一直在烧在哭，直到最后灯灭油枯了，眼泪才干。

我怔怔地看着北海的那块碑——这是对整个生命多大的热情，多么拼命地在"烧"。就像那句有名的话，"活得不苟且！不要怕！要用一百度热情去烧这辈子！"这句话，一千年前的李商隐就说吐了。

再看他的"夕阳无限好，只是近黄昏"，再看他的"何当共剪西窗烛，却话巴山夜雨时"，再看他的"蜡炬成灰泪始干"，哪一幅画面不是对生命的美好的无限热忱、不舍和耽溺。

这是我读到的第二个层次的李商隐——对生命有太大热忱，又对人间太过眷恋。

第三个层次的题解，反而在李商隐非著名的两首诗中。一首是《北青萝》，这是李商隐后期受佛教影响写下的诗,"残阳西入崦,茅屋访孤僧。落叶人何在,寒云路几层。独敲初夜磬,闲倚一枝藤。世界微尘里,吾宁爱与憎"。最后一句,我哈哈大笑。

很多人对此诗的评价不高,因为他不是李商隐最动人的冷红色的晚唐美学,又说他读佛也没读通,总之是没放下。"世界微尘里",这是《金刚经》说的"三千大千世界碎为微尘"。"吾宁爱与憎",这是《维摩诘经》里说的"于一切有情无憎爱"。而李商隐是读了一圈儿佛经,访高僧,然后苦笑一声,哈哈,若是于一切有情无憎爱,那我倒是宁可在三千大千世界里,明知人间是剧场,依然有爱有憎;明知红尘是苦,依然做个"有情众生"。

李泽厚先生研究中国美学,讲到很重要的一条"太上忘情,太下不及情,情之所钟,正在吾辈"。我觉得拿这句解释李商隐再好不过了。

李商隐临终前一年,写过一首《暮秋独游曲江》,里边说"荷叶生时春恨生,荷叶枯时秋恨成。深知身在情长在,怅望江头江水声"。"留得残荷听雨声""荷叶生时春恨生"……连残留的荷花都要听雨声,连荷叶一枯一荣都会动情的一个男人,临死前自嘲(自夸):罢了罢了,我这辈子是做不到"太上忘情"了,身在情长在,于是释然,平静地怅望江水。这算不算一个美丽的自我认知?

"身在情长在",安静接受自己无法解脱、无法忘情的事实——这是我读到的第三个层次的李商隐。

再回头说黛玉(或者说曹雪芹)为什么最不喜欢李商隐。因为李商隐和曹雪芹太像了。读义山诗,最疼的应该是曹雪芹——都是繁华落尽后散场前的挽歌,前者是辉煌的大唐,后者是富贵的曹家。鲁迅讲《红楼梦》是"悲凉之雾,遍被华林",如果《红楼梦》是曹雪芹抄家前所有繁华富贵的巨大回忆,那也已经是贾家"夕阳无限好,只是近黄昏"的年代,还剩一个"白玉为床金做马"的富贵空架子,暗地里"都要偷老太太的东西去当了",王熙凤都要去放高利贷东补西凑维持排场。曹雪芹看到李义山的"夕阳无限好,只是近黄昏",怎么不疼?

贾宝玉住怡红院,开诗社自称怡红公子,之前还有个号叫"绛洞花主"。什么是"绛"?绛就是一种视觉上的冷红色。"红楼隔雨相望冷,珠箔飘灯独自归",这是李商隐还是曹雪芹?

适宜方见其好

□潘玉毅

妻子爱吃"甜酒酿",听见屋外"卖甜酒酿"的声音响起,常常连鞋都来不及穿就跑出去了。前几日,我看到有人在朋友圈兜售自酿的甜酒酿,就买了两瓶,后来觉得两瓶不够又买了三瓶,结果发现妻子只是尝了尝,并未表现出多大的兴趣。

我问妻子:"这不是你最爱吃的东西吗?"妻子浅浅地笑笑:"再好吃的东西也经不住多吃啊。"对啊,这就好像某地的风景再好看,日日看,也就觉得寻常了。

没有听过蝉叫的人渴望听到蝉的叫声,没有看过下雪的人想要一睹雪的晶莹,可是蝉叫一夏,雪落一冬,若是天天听着、看着,它们非但会失去原有的"诱惑",还会令人觉得心烦,以至于难以忍受。

物以稀为贵,想要让一个人、一件事、一样物品保持吸引力,就得与其保持距离,避免它多到泛滥。世间的人事物,大抵离不了一个规律——适宜方见其好。

同一道美味不可吃太多,同一个美景不可看太多。偶一为之,可得十分滋味,一旦做得过了,就会失去原有的魅力。

刚刚好,最叫人欢喜。

清浅令

□ 谷 煜

天渐冷，叶子慢慢变黄，小城外的一片杨林，褪去了夏日的浮躁与烦琐，留下一层柔和的金黄。与友相约来看这片金黄，却被林外一条小溪吸引。

是的，我想到了一个词：清浅。清凉、浅淡，如一阕小令。

小溪的水透亮着，能看到溪底散淡的绿苔，间或有几尾小鱼，倏忽而去。林子的黄叶偶尔飘落水上，轻轻浮动，不在意去留的样子，眯着眼，慢慢走。跑到溪边，蹲下，撩一捧水，柔柔的，如母亲的笑。水珠打在叶子上，叶子打个旋儿，仍慢悠悠地漂浮着。

秋日的中午，亦是热的。我早上穿了厚衣服，此刻，身体开始阵阵燥热。而溪边的水，却让身体刹那透凉起来。

想起小时候，叶子落的时候，心就紧了：马上要穿厚厚的棉衣了，身子重了，上学骑自行车就成了一件考验人的问题。于是，就盼着春天，盼啊盼，春天终于来了！似乎是在一夜之间，其实是惊蛰之后吧，小虫子醒了，树也发芽了，风也轻了暖了，厚厚的冬衣，自然就穿不住了。换了单衣，真是爽啊，不用说骑自行车了，就是快走几步，整个人像要飞起来一样，每一个细胞都如同长了翅膀，带着身体飞。那样的轻松，那样的自如，那样的欢喜，有点儿不真实的样子，傻嘻嘻笑着，没人知道为什么。只有自己心里明白，是清爽，那样的清爽，妙不可言。

后来，看那些喜欢穿了一袭宽松袍子，行在风中的人，自是明了，她们自带一种芬芳，一种从骨子沐歌而行的洒脱淡然。

清凉是需要一些勇气的。邻家奶奶，七十多岁了，说话清脆利落，好多的趣味盎然。她说，三十多年前，查出乳腺癌，她以为自己要死了，怕得不行。她说，我还没活够呢，活着多好啊，死真是件让人讨厌的事情！结果，手术后，我活过来，这一活，三十多年。看，我现在这么硬朗，离死还远着呢，得清亮亮地活着，啥也不计较了！

我笑了，我喜欢她生动的表情，喜欢她坦荡地说怕死，喜欢她俗世日子里不计较了。她哈哈笑着说的时候，是真的让人感动轻松，仿佛在讲一个笑话，这样的心境，是给生命一个厚重的质感，盎然轻松。

是的，不计较了，所有的伤害，所有的疼痛，所有的难堪，所有的不忍，都不追究来龙去脉，只记一缕轻风，只记你坦诚的微笑，虽然，我已经忘记了，你上一次坦诚的微笑，是在什么时候。

浅淡是需要一些减法的。华是小城里的大家。那时，凡事她都要细致考究到不行，无论走到哪里，都要讲个招待排场。久了，忽然就烦躁起来，到底是将日子沉重起来。于是，脱了华服，卸了美妆，躲了排场，那样的眉目清秀，亦是光彩照人的。她开始喜欢那些杂七杂八的东西，木桌，光盘，棉布……淘来的老物，在她一举手一投足间，多了许多的情趣，屋子里竟有着无数暖意了。

放了小桌，摆了日常的零食，约三五好友，散淡地聊着天，高兴了，哼上几句。日子，在烟火流年里，删删减减，踏实稳妥起来。记得那日，偶然听得有人议论：某某真是自不量力，公司都定好方案了，她还要去提个建议，真是的……某某自然是我，听了也少不了一阵激动：我自己做的事，又不耽误工作，又不影响你的业绩，关你何事？张张嘴，终是低眉垂眼装作没听见，走开了。第二天，照常上班，各忙各的。

生活，这样轻如鸿毛，又重如泰山，其实，就看自己有什么样的心态了。只要保持着对时光且清且浅的一往情深，眼神会始终清澈的。小溪清浅，不过因为简单；生活清浅，也不过是因为简单。所以，心简单了，你就快乐了。

你是我炫耀过的美好

□张亚凌

我比你小，小两岁，两岁是完全可以轻轻抹去的微小差距，我们班有个男生跟门卫室的老爷爷聊得像老哥俩般亲近。每次，当我踮起脚尖故作很随便地将胳膊努力搭上你的肩头想赖作哥们儿时，你只是稍微晃晃，我就沮丧万分地被抖落下来。

"小不点儿，有点儿大小好不？我是你哥。"说话间你会轻轻点一下我的额头，而后语重心长地提醒道，"咱能不能淑女点儿，不要男人婆好不好？"我撇撇嘴，表示不甘，心里嘟哝：啥哥，只是我哥的同学罢了，才不叫我哥呢。其实不是我不会做淑女，而是怕自己做了淑女无法靠近你，只有装作女汉子才能没皮没脸趁机贴近你。在别处，我很……很害羞，才不会那么没羞没臊。

屡屡被你警告，可还是屡教不改贼心不死继续企图跟你勾肩搭背混作哥们儿。你知道吗？当你轻点我的额头时，我会闭了眼，酥酥麻麻的幸福感会遍布全身，会故意倒在你胸前。以至于有次我哥实在看不下去了，问了句："你是谁的亲妹啊？"

我哥每次外出去疯，我都会跟在后面追问"跟谁去啊"，他也总是满脸诡异抛一句："跟你亲哥啊。"

真想不明白，我哥老跟你混在一起，怎么他还是他，要么紧绷着脸，要么笑得没了形，一点儿也不受你影响啊，人咋可以不从善如流呢？真是没救。要是我见天跟你在一起，一定会成为第二个你：优雅而绅士。

妈妈有时对我犯的错很无奈，那时的她会很没辙地喊我"小冤家"，看我的目光是疼惜，是迁就，是无限的包容。看着你，不觉陷于柔柔软软的感觉里，你不也是我在劫难逃的"冤家"吗？

你喜欢踢足球，看着你的身影，我感受到的不是力量的迸发而是温和的洋溢，继而就沉溺于缠缠绵绵的遐思里。想象中，你揽着我的肩，满脸明媚地看着我。哼——你可以拒绝我的手臂搭上你的肩头，却无法拒绝我的目光将你缠绕，更不能拒绝我的想象。脚步不方便追随，就辛苦眼睛辛苦心啦。

我总能一眼将你从人群里提溜出来，瘦瘦高高，温存的脸庞，内敛至极竟也可以神采飞扬。看着你，心底就开了花，花瓣的软绵，花蕊的清香，都化作我的目光，泛滥在我的神情里，十足花痴。

我给人比画着说，我哥怎么帅气怎么厉害，当然是背着你吹嘘。要当面，你一定会说："打住打住，谁是你哥啊？你哥的同学！没记性，说句话都偷工减料。"

我也知道自己的浅薄，好像偷偷拿着别人的芭比娃娃第N次跑到不同的第三人跟前说：看，芭比娃娃，好看吧？那与自己又有什么关系呢？可还是按捺不住满心激荡着的虚荣，到处炫耀，似乎炫耀多了就会属于自己。

多年后，当你打趣我是黏人鬼时，我一瞪眼睛咆哮道，哪有啊。看看，还没淑女啊。你伸手想点我的额头时，收了回去。在你心里，我，长大了。

我们，都笑了。

在我年少的梦里，你就是头上有光环、背上长翅膀的，你不知道你缤纷了我多少年少的日子。

少年无敌是多么寂寞

□沈 溪

我高二那年,班里转来了一个南方姑娘。姑娘白白瘦瘦、安安静静,喜欢浅笑,一双眼睛波光潋滟尤其有神。更重要的是,她有一种本地小城姑娘所不具备的特别的气质,所以没过几天我就喜欢上她了。

当时,我们班最大的好处就是,老师从来不指定座位,谁想坐在什么位置可以自行调换。毕竟学习已经很辛苦了,所以在学习之外,班主任总想给我们最大的自由和舒适,只要一切是为学习服务就好。于是,我理所当然地找借口和她的同桌换了座位。

我没想到,看起来那么安静的她心里也有一团火,每天都能够跟我分享各种新奇的事,原来她去过很多地方。我们很快熟稔起来,我以为她是喜欢我的,因为除我之外,她几乎不怎么与其他人说话。

但是每天跟我说话之余,她总要拿起笔戳一下前排小个子男生的背,借一本书,或看一下他当天记的笔记。可是我的学习明明比那个男生更好,而且比他更活跃。那个男生太安静了,弱不禁风的样子,除了看乱七八糟的书、写乱七八糟的文字外,什么也不喜欢,和谁都不交往。我可以毫不谦虚地说,各方面我都比他强。

但是当他换了座位之后,我发现问题来了。我的同桌,竟然开始频繁地与他传起字条来。无论是刚睁开两眼的早自习,还是众生昏昏欲睡的午后课堂上。

他们传字条的必由之路上有一个我的好哥们儿,我把我的愤怒说给他听。隔天早上,哥们儿就暴跳如雷了,指责那个男生每天让他传字条严重干扰了他的学习。然后两个人打了一架。

我早猜到一切会弄巧成拙的。早自习之后,姑娘就搬到那个男生旁边去坐了。

那之后我才知道,传字条这件事在学生时代有多么强大的生命力。姑娘搬走后的第二天,我忍不住也开始给她写字条了。唉,有什么能阻挡年少轻狂的爱恋与思念呢?

只是这次,换作那个男生发怒了,他说字条每天从他头顶飞过,严重侵犯了他的"领空",下晚自习后他约我打了一架。以他的体格自然占不了上风,但他真的认真打了这一架。

这位同学,我不是侵犯了你的"领空",是侵犯了你们俩的感情吧?

但出乎我意料的是,很快文理分科,男生选择了文科,搬到了另外一座教学楼——他明明理科那么好。而女生在这之后离开了这座小城,回到了南方。

我先是没有了敌人,然后又没有了目标,一切以虚空收场。仿佛扔出了一枚手榴弹,坑还没砸出来,却偃旗息鼓,让人黯然。我一直以为他们会在一起呢!

我后来才知道,那个男生喜欢写小说,于是每天把自己写的内容第一个给她看。她也的确慢慢喜欢上了他,希望能够一直跟他在同一个班级,但是他毫不犹豫地就选择换一个班级,一副少年持重、绝不早恋的样子。

那么,我们曾经斗法的意义何在?

许多年后,我跟那个男生竟然生活在同一个城市,来往最为频繁。他告诉我,他曾约我一战并不是因为他也曾经喜欢姑娘,他只是觉得,我为了姑娘那么费尽心思地挑战他,他必须得配合一下。我越是觉得他喜欢那姑娘,他越要表现出与我争的样子,让我知难而退。一切不过是为了自己的尊严,不能敌人都拔刀了,你还连剑都不敢亮。

他与我相逢一笑泯恩仇,但是一直没有与我那位哥们儿和解,因为他知道那个家伙也喜欢那位姑娘,但为姑娘一战的时候,却打了帮助朋友的旗号,太小家子气。

不过我们一直都不知道,那位姑娘是否知道,在她背后发生了这么多幼稚的故事,全是因为她。

从特写到长镜头

□ 林 夕

查理·卓别林道："用特写镜头看生活，生活是一个悲剧，但用长镜头看生活，生活就是一部喜剧。"

这句话可视为励志，也可看成唏嘘。

把生活放得太大，纤毫毕现，遗憾自然无所遁形；把自己放得太大，得失心也自然重若泰山；把快乐放得太大，自然会担心快乐短暂，还怎么快乐起来？而这正是快乐本身的悲剧本质。

用长镜头看生活，看到的不只是自身，还会看到许多自以为是的烦恼，原来在人海中轻若浮萍。宏观来看，何止是喜剧，简直是靠泪水倒映出来逗笑的趣剧。

如果特写代表一刻，则生活处处有难关，不如意事十之八九，只看朝夕，不是嫌钱不够，就是被爱得不够。一时失恋，当然手持放大镜，把恋人的头发都看成丝绸，可是往丝路走下去，就变成长镜头，见闻广博下，一是觉得所有切肤之痛不外如是，不然就是发现了更具吸引力的新大陆，或是真的到了敦煌，被壁画启悟，看破悲喜。

最吊诡的是，时间并不会放过任何人。多少提心吊胆的脸孔，经不起久别重逢的考验，好看不看，荡气回肠的少，惊讶当年何故痴情若此的多。一时的悲剧，回头看来，遂成为余生都嘲笑自己鼠目寸光的喜剧。

可是近视是年轻时的事，老花得要把任何生活细节都拉成远镜才看得清楚时，已是百年身。

得到与享受

□ 佚 名

小和尚发现师父和大师兄都得到了6个馒头，而他自己只得了4个馒头，于是找到师父。师父把自己的馒头拿了两个给小和尚。小和尚吃得很撑，还说明天也要6个馒头。师父微笑着对小和尚说："明天你要不要6个馒头，还是等会儿再说吧。"

很快，小和尚觉得肚胀口渴，然后就去喝了半碗水。接着，小和尚的肚子比刚才更胀了，而且有点儿发痛。这时，师父对小和尚说："你多得了两个馒头，却并没有享受到它们的好处。相反，它们给你带来了痛苦。得到不一定就是享受。不要把眼光盯着别人，不要与人比，不贪，不求，自然知足，自然常乐。"

好好享受生活吧，每个人都是幸福的。

友谊这点味道，就像老干妈配棒棒冰

□傻哈哈

初中的时候，我有幸考上了县里最好的中学。在新班级里认识了娘娘，大抵又是我人生中的另一幸事（当然，我是花了四年的时间才明白的）。这家伙三年时间给我的印象就是：很酷，所以不讲话。娘娘其实有加过我好友，不过我比她更酷，偷偷把她删了。整整三年，她做她的大姐大，我做我的矮圆肥，我们几乎没有说过话。

缘分挺会捉弄人的，高中的时候，我又有幸和她做了同班同学。大概是因为在陌生的环境里，遇见叫得出名字的人，只要不出地球，就是我的七大姑八大姨。我一个喜欢宅家里三个月不出门、迷路了只会说我周围有卖吃的、喜欢看《名侦探柯南》的人，和一个不出门浪就难受、出门就是GPS（导航系统）、喜欢欧美恐怖片的人，莫名其妙成了闺蜜。

强势，是所有人给予她的评价。但我想说的是，人家男友力满级。我力气小，行李她搬，瓶盖她拧，零食包装袋她撕开；我不会骑自行车，又约她负责接送，甚至亲自上门跟我爸妈保证晚上十点前安全送我到家；我体寒，她把热水袋、手套、厚衣服全往我这里扔……怎么办？突然有点儿想她了。我们选择了不同的学校，此时此刻，我们有4114公里的距离，33摄氏度的温差；我吃着米饭，她啃着馒头。

人就是这么奇怪，越是亲近，越是肆无忌惮地伤害，因为对方给你的好成为你的理所当然。记得距离高考还有一个月的时候，我的心情特别烦躁，莫名其妙就不想见到娘娘。我拒绝和她说话，避免肢体接触，甚至要求换同桌，彼此分开冷静一段时间。娘娘刚开始是抓狂的，结果还是妥协了，任由我无理取闹。现在想想，她那会儿竟然没有下旨把我拖出去斩了，绝对是真爱。

我的矫情还没来得及结束，离别就到了。我们高考分数相同，却选择了相隔两个时区的地方。我留在南方以南的艳阳里，看不见大雪纷飞，她奔向北方以北的寒冬中，不知道四季如春。我还记得，她走的时候说："不知道我以后会遇见什么，只是害怕你被欺负了，我却不在你身边。"

有一段时间我皮肤过敏，反反复复一直好不了。隔着手机屏幕，都能感受到她的气急败坏。她说："你什么都敢吃，怎么不老干妈配棒棒冰！"我又痒又疼，忍着笑，想起她酸梅汁混柠檬汁喝的模样，啧啧，真凶残。

我容易迷路，有一次好不容易上对了公交车，结果还坐反了，把我带到了不知名的地方。跟她吐槽的时候，她很是诧异："你说都是公交车的错，你怎么不上天和太阳肩并肩？"

是的，虽然我们会互损，会吵架，会冷战，可是我们从没抛下过对方；虽然我喜欢吃棒棒冰，她喜欢老干妈，可是酸梅汁混柠檬汁的味道也会很好；虽然我经常迷路把自己弄丢，可是她精准导航会将我找到。

两个人就是两种味道，组合在一起的味道就是友谊。好的味道，需要生活琐事当作料，柴米油盐酱醋茶来调味，更需要将不同的味道不停尝试磨合。就像棒棒冰很冷，老干妈很辣，肚子疼是必须，可是棒棒冰有点儿甜，老干妈调味很好，搭配起来很不错。

愿每个人都能找到友谊，找到适合自己的、独一无二的味道。

愿你耳畔有清风，仰望有繁星

怦然心动，是多么诱人的字眼。它总是来得猝不及防，但又值得千百遍地回味。他眼神明亮，她笑容如初雪般光芒万丈，那一瞬，是时间无与伦比的美丽。

有人住高楼，有人在深沟，有人光万丈，有人一身锈，世人万千种，浮云莫去求，斯人若彩虹，遇上方知有。

十八岁的单车

□ 曾子建

1

不知从何时开始，我越来越在意邻桌的那个女生了。

她叫陈小米，人不是非常漂亮，但是很耐看，有许多男孩子都在追她，可是谁也别想得逞。她学习成绩很好，所以她不谈恋爱。因为这个缘故，我只能将对她的喜爱埋在心底，我不敢想象被她拒绝的场面和心情。

陈小米是走读生，她的家在城南，离学校不是很远，骑车十分钟就到，走路要半个多小时。陈小米有一辆很漂亮的单车，蓝色的车身，红色的配饰。我曾数次看到几个小地痞站在她单车边上，意欲盗窃。我不敢招惹那几个地痞，所以只能装成车主，走上去想推走，却发现被锁着，于是嘀咕一声："钥匙又丢了，又要等爸爸来接了！"

小地痞走后，我就飞速地弯下身去，将单车的气门芯拔掉，匆匆放入口袋。

放学后，陈小米发现单车的气门芯没了，急得团团转。我骑着单车从她身边经过时，总会刻意地停一下，再看看她。每一次我都想对她说："我载你走吧！"可是每一次这句话都不曾说出口。因为陈小米从未注意到我的存在，她急过之后，要么推着单车走，要么干脆将车子锁在保卫处边上，走路回家。

这个时候，总会有人大声喊道："陈小米，我载你回家吧！"

开始的时候，一听见这句话我心里就会一紧，慢慢地就不再介意了。因为我知道：陈小米不会搭任何人的单车，她低着头谁也不理，她宁愿走路回去。

明知道是这个结果，我却改不掉拔她气门芯的恶习。在那个青涩的年代，有些事情总是显得可笑而又单纯。很多时候，我会装成车子也坏了，不远不近地跟在她后面走着。看着她进入家门后，我立即飞速上车回家去，再晚天就黑了。

仔细想想，同班三年，我竟没有跟陈小米说过一句话。我很清楚，再不有所进展，我们也许就永远没有交谈的机会了。因为马上就要毕业了，陈小米的成绩非常好，她一定会去一个我无法到达的地方继续学习。

2

一节自习课上，我终于鼓足了生平最大的勇气，小心翼翼地折好一个千纸鹤，趁着同学们低头做功课，慌乱地扔给了陈小米。我随即低头做起了作业，天知道这个时候我的心里有多乱，可是我必须装出冷静的样子啊！因为我在那张纸上写着："小米，今天放学后我载你回家，好吗？"

我不敢抬头去看陈小米，更不敢想象她会做出怎样的答复。就在我胡思乱想之际，一只大手出现在我面前，轻轻地敲了敲我的桌子，什么话也没说就走了。我吃惊地看见，那只手里拿的分明就是我扔给陈小米的千纸鹤！

是我扔错了地方？还是扔的时候被老师发现了？或是陈小米暗示老师下来拿的？我脑子里出现了前所未有的混乱。毫无疑问，我将受到惩罚，因为学校明文规定：学生不得谈恋爱！

意外的是，老师并未找我的碴儿，只是在下课时轻轻对我说了一句："马上毕业了，别惹是生非！"我感激地点点头，再去看陈小米，她正低头写作业，一如既往地沉默！

那一天，我没有拔陈小米的气门芯，放学时经过她的身边，她正低头检查气门芯，在抬头的刹那，我发觉她满脸疑问地看着我。当下我的脸一红，慌乱地骑上单车走了。那个傍晚，我破天荒地早早回到了家。

我终于明白：喜欢上那个女生，注定是要自卑的，她是那么高傲而又孤独，她的心里唯有学业！

高考如期而至，考语文时，作文主题是青春无悔，题目自拟。我毫不犹豫地在上面写下了六个字：十八岁的单车！我将自己青春的伤痛毫无保留地写在纸上，写完后，我感觉自己的眼眶已然湿润。

那个暑假，我骑着单车逛遍了这个小城，却再也未曾遇见陈小米。在领取师范大学的录取通知书时，我才知道，一个多月前，陈小米已经随家人去了北京。因为她被北京的一所重点大学特招了，于是她爸爸在那里买下房子，她也开始了新的生活。

我也从此告别了单车。

3

再次回到母校，已是四年后的事情。我大学毕业，回到母校任教。看着学生们欢乐地骑着单车相互追逐，我想起数年前，自己竟将这些快乐时间全花在了那个女孩子身上，却不曾换来她的一句交谈。我心里酸酸的，但是一点儿也不后悔，是的，青春无悔。

一次同中学时的班主任谈起作文这件事，他笑呵呵地说："陈小米也写过一篇《十八岁的单车》。"

我怔了一怔，看着老师似笑非笑的表情，突然醒悟：他其实早已知道我那段朦胧的恋情。之所以会在那节自习课上，发现我写给陈小米的字条

指尖的烈焰

□ 陈志宏

朋友跟我说了一段她的尘封已久的往事，听来颇为动人。

20岁那年，她早早地披上婚纱。新婚前一天，上高中时班上的学霸托她的闺蜜送来一枚钻戒，央求她戴在右手无名指上完婚。她断然拒绝这一无理要求，将钻戒原封不动地退了回去。

她对我说："后来，每次想到他给我送钻戒，还提出那么荒唐的要求，总感觉有一股甜蜜的忧伤。"

这种感觉只属于青春。

之后，她和所有爱美的女孩一样，想尽办法把自己打扮得更漂亮一些，但是从来没戴过戒指。

问及原因，她说："不戴戒指，不是因为我不喜欢，而是那次之后，总感觉右手无名指上有团蓝莹莹的火。如果戴上，就会有被灼伤的危险，所以不想戴。"

朋友的感受，看似夸张，实则真实得要命。

年少时，我曾偷偷恋上一个正处于豆蔻年华的女孩，把火热的感情写在一张纸上，折成能保密的同心锁形，揣进裤兜，想伺机送给她。可是，在教室不好意思送，在她回家必经的路旁等候，见到她，又不敢递过去。机会多的是，却怎么也抓不住。

每每手指碰到那封信，我就感觉像被火烫了一般，只好把手放在外面，隔着裤子捂着。我一直傻傻地捂着，捂紧一张充满浓情的纸条，捂住内心滚烫的秘密。

在"2010中国——西班牙文学论坛"上，著名作家铁凝做了一场热情洋溢的演讲。其中就讲述了一个八路军女战士的暗恋故事，让人印象深刻。

那年，14岁的八路军女战士暗恋一个比她大几岁的小战士，却一直不敢表白，他也没有留心，两个人就那么傻傻地交往。一天，那个战士被派往前线打仗，她和其他战友去送行。此去凶多吉少，这一别，或许就是永别。她心里很清楚，却没有勇气说出潜藏在心底的爱和担心。

她心里有一种激情在翻腾，却一直隐忍不发。她挤在送别的队伍中，沿着村口一户人家的院墙走。那是北方农村典型的干打垒式土墙，她一路走，下意识地用手指使劲在土墙上划，一直划到土墙尽头，暗恋的男孩消失在茫茫原野。

后来，她得知他牺牲的消息，一个人跑到村口哭。看见土墙上被她划出的指痕，仿佛他还在，沉重的悲情汹涌而来。

多年后，年过八旬的她对铁凝说："每当想起初恋，指尖仍然升腾起一股灼热感。"那股灼热感来自初恋的激情燃烧出的熊熊火焰。

初恋是指尖的烈焰，点燃这团火的引信是心间初萌的爱。因为，十指连心。

遗憾的是，指尖的烈焰来得太快，蹿得太高，烧得太猛，其结局大都是熄灭得迅疾，且不易复燃。

初恋总是绝恋，无疾而终是它逃不掉的宿命，就像流星划破夜空，瞬间即永恒；又如指尖燃起的烈焰，灼热一生。

后，委婉地告诫我不要惹是生非，仅仅是因为他是一位懂教育方法的教师。

那天晚上我特意请老师吃饭，酒过三巡，我们又谈到了那节自习课上的那张字条。他笑着说："虽然只有两个字，可我一直都记着呢！"

"两个字？"我愣住了，忙问是哪两个字。

"'好的！'就这两个字，其实是陈小米传给你的，当时之所以没找她谈话，是因为她是女生，性格孤僻，成绩又好，怕影响她的学习，这点你不介意吧？"老师端起酒杯，满脸笑容。

我傻傻地笑着，心里仿佛打翻了五味瓶，说不出什么滋味。那个晚上，借着雪亮的月色，我骑上一辆单车，去了一趟城南，一路上，我想象着车后带着一个女孩子，一个叫陈小米的女孩子……一段时间后，我在校园报上发现了一篇散文，上面写着："……只是那个男孩从来都没有明白，为什么在他破坏了那么多次我的单车之后，我却从未想过换个他找不到的地方停车。为什么在单车'罢工'之后，我宁愿走路回家，也不让别人载。那是因为我也有一个期盼，偷偷希望有那么一次，他在弄坏我的单车之后，对我说：'上来吧，我载你回家！'"

文章署名是"陈小米"，顶部有着大大的三个字：名人堂。

我怔怔地看着，泪流满面。我知道，这些文章都出自往日学校骄子之手。但是我却一直不知道，我弄丢了十八岁最美好的事情……

我们暗恋同一个男生

□ 七月二童

高中时代的教室里,不用经过协商,就能一致发生的有趣现象是:几个要好的女生同时暗恋同一个男生。而这个男生通常不知情,或许永远都不会知情,但女生们在那段时间会抱团分享一切与这个男生有关的花边新闻。

比如:"我今天去楼下食堂吃饭时与他擦身而过,他刚打完篮球,汗珠都还挂在脸上,但我还是觉得他好帅啊。如果谁推我一把,我肯定去给他递纸巾。"

又比如:"我跟他在楼梯的转角处差点儿撞上,我们还看了彼此一眼,超尴尬的是不是?"

这些微小的、大多数都是自己想象出来的互动内容,足以支撑女生们一整天的胡思乱想。男生们可能觉得很平常,打篮球出汗不过是自然现象,差点儿撞上对方时看一下对方不过是表达歉意;而女生们就如同手捧珍宝,需要无数次地拿出来欣赏把玩。

她们靠着彼此毫无猜疑和攀比的分享离"男神"更进一步,她们同舟共济、携手共进地关注着同一个男孩。这份天真,成年后的我每每想起都觉得甚为可爱。

世上的爱情,大概没有比那个阶段的女孩子们建设得更单纯的了。

我也曾这样单纯可爱过。

高二的一天,跟往常一样,我准备迎接一整天毫无新意的学习生活。突然,我看见一个高大的男生走进教室,肩膀上斜挎着一只军绿色的帆布翻盖包——是那种复古样式的,翻盖上还印着闪闪发亮的红色五角星。刚开始大概谁都没注意到他,因为他走路太安静、太小心翼翼了。我猜想他是不想引起别人的注意,但一个大活人怎么可能不被人发现呢,只听见一个女生突然喊了出来:"哇,周杰伦啊!"

我闻声抬头,男生瞬间涨红了脸,迅速走到已经空了一周的座位上,端正地坐好,然后伏在桌子上,一只手左右摇摆,好像在告诉同学们,不要把目光集中在他身上。

但哪个女生能拒绝一张如同周杰伦复刻版的脸呢?

我们的那个时代,周杰伦有众多粉丝,在MP3(音乐播放器)有限的内存里,80%都是周杰伦的歌。大多数人都有一颗蠢蠢欲动想要见偶像的心,但没有鼓鼓的钱包来实践,做得最多的还是买周杰伦的海报和招贴画,然后贴满墙壁和桌兜。

我从来都不算同龄人中特立独行的那一个,所以她们做的事情、有的想法,我都一一有过。

忍不住大声叫出来的女生,我叫她玲子,是那段时期我最要好的朋友。她迷恋周杰伦的程度远超于我。自那以后,玲子就有了新的中意对象。她跟我传纸条说,她对他有好感。其实我也有,可我没她那么有勇气。她跟我传完纸条后,我就看到另一张纸条传到了那个男生手里。

我问玲子:"你就这样告白了?"

玲子说:"没有啊,我只是对他说'你长得好像周杰伦啊!我最喜欢他了,我们可以做朋友吗?'"她顿了顿,看我的反应有点儿迟钝,继续说,"你傻啊,我当然不会告诉他我喜欢他,女孩子还是要矜持。"说完还瞥了我一眼,那眼神好像在说:"你怎么连这点儿道理都不懂。"

好像在那个年代,没有捅破那层窗户纸的都不算真正的恋爱;没有那句"我喜欢你",所有的心意就属于暗恋的范畴。尽管已经明目张胆到跟他分享最私密的故事,但暗中隐藏的秋波却不像那句正式的表白一样可以盖章生效。

现在的我们虽然口口声声地喊着要过有仪式感的生活,但从来都是稀里糊涂、得过且过,明摆着一张凑合的脸,把生活过得四分五裂。

少年的时候有着棱角分明的可爱。

那段时间,我充当知心姐姐的角色,听玲子讲与那个男生发生的点点滴滴,玲子讲到情动之处,还把摞起来很厚一沓的纸条摆在我面前供我详细阅读。我了解到男生转校是因为他的前女友转到了隔壁的学校,而他觉得这两所学校的距离刚刚好,不打扰但最接近。这样的举动中满满都是"我就站在你身边默默关注着你"的感动。

我知道这件事后，一时头脑发热给他传了写有肺腑之言的纸条，大意就是：没有哪个男生可以像你这么痴情！你好棒啊！我会永远支持你！现在回想起来，觉得写得特别矫揉造作，好像想把所有美好的词语都赋予他，但文笔稚嫩，写出来的不过是朴实无华的大白话，但也是最真实的感情。

我自己明白，我不过就是找个由头去接近"男神"，纸条里的一字一句都透露着对他的崇拜与好感。不过，这种感情是隐晦的，起码在那个年纪是那样，搁在现在早就被识破戳穿了。

我装作漫不经心的样子，给玲子报了这件事，做到彼此分享，毫不心虚。她并不关心我写了什么，第一反应是："他怎么回你的？"

"他很礼貌，只回了一句'谢谢，很高兴认识你'。"

玲子笑了："哈哈，他对你没兴趣。"

我也笑了，含蓄地说："就对你有兴趣啊。"

"那当然啊，要不他怎么每次回我那么一大段！"玲子更加放肆地大声笑起来。

我敲了敲她的脑门："就你有能耐。"

其实，可以看出来，学生时代并不需要像成年人之间的谈话一样顾及对方的感受，我们谁都没有异样的小心思，哪怕是对同一个人有好感。

"如果我跟他好了，你真的不介意吗？"玲子突然认真地问我。

"不，我只会替你高兴！"

我想都没想就回答了，到现在我都还敢为这个脱口而出的回答发毒誓，绝对是真心实意的。

玲子说："放心，如果他喜欢你，我也会放弃的。"

我挽着玲子的胳膊说："陪我上厕所。"

我俩走过讲台的时候，不约而同地望了那个男生一眼，男生托着下巴也若有所思地望着我们。我们俩又看了彼此一眼，像是一起预谋什么勾当一样，弯着腰，忍住笑，"刺溜"一下跳出了教室，接着教室外面响起一阵爽朗的笑声。

但其实，我们两个始终没有勇气先迈出那一步。

后来，可能我觉得时间久了，没意思了，也可能是有点儿退出的意思，纸条传着传着就不传了。

玲子还是一如既往、不求回报地给予。男生似乎也没觉得有什么，毕竟这种情愫悄无声息，没有明目张胆到被叫到教导主任处，没有被批评教育请家长，那么一切看起来都很温和美好。

只是某天午休时分，男生的前女友意外地来了。

我们都看见，平时几乎不怎么切换表情的他，像个孩子一样蹦蹦跳跳地出去了。他们在外面聊了很久，也躲掉了很多次老师的检查，但躲不过教室里我和玲子特意关注的目光。男生手舞足蹈，十二分的愉悦都写在脸上，时而着急地想要表达什么，时而含情脉脉地盯着那个女生看，眼睛都不眨一下，那是我们第一次见男生这样。那个女生穿着一身白色连衣裙，站在离男生很近的地方，画面美得就像偶像剧一样。

玲子闷闷不乐，我安慰她："没什么大不了的，做朋友也很好啊！况且，你们现在不就是朋友吗？"说完还补了一句在当时的环境下，可以安慰任何一个失恋者的话——朋友比恋人更长久。

谁知她听了这句话反问我："我们的友谊会天长地久吗？"她有一点儿泪眼婆娑。我拍拍胸膛说："当然！"

她破涕为笑，转身就给男生写了一封绝交信，拿给我看。信上的文字一笔一画很工整："很多年后，可能你会忘了我，但这不重要，重要的是，现在我和你发生的故事，像此刻的阳光一样，照耀着我生命里的一段青春路程。谢谢你，朋友；也再见了，朋友。"

突然有一天，那个穿白裙的女孩又来了，正好与玲子迎面相撞，她一边探头向教室里看，一边拦着玲子问："我哥哥呢？"

玲子没搞清楚状况，刚想发问，男生就紧跟着出来了，摸了摸女孩的头，温柔地喊了一声"小妹"。

玲子迟疑了一会儿，仓皇而逃。

后来我问玲子："后悔吗？你可以跟他解释的啊。"

玲子一脸正经："就算没有那件事我也准备放弃了。我知道，如果我感动了他，跟他真的好了，你一定会祝福我，这一点我是肯定的，百分之百地肯定。"她好像觉得我不会相信，刻意强调了一遍。

我点头表示赞同。

"但如果我们一起出去吃饭，我总觉得会伤害到你，我不想这样。我们的友谊不能是一段，而是一辈子。我还想和你一起上厕所，一起传纸条谈论某个大帅哥。"

我哈哈一笑。

玲子接着说："其实，你退出时也是这样想的吧？"

我眼珠子一转，说："谁说的，我就是突然不喜欢他了。"

最后一句是谎言，我和玲子都知道。

文科重点班传出了一篇被称为惊世佳作的文章，名字叫《致我的铅笔少女》，只有她知道那个人是谁。

姐姐和乔杉在初中的时候就认识了。那应该是十一年前。

班级里人少，学生是单人单桌的。乔杉就坐在姐姐前面。姐姐对乔杉的第一印象就是，这人的形象和名字十分搭调——高大笔挺，简直像一棵杉树立在她前面。

乔杉太高，坐在姐姐的前面让她看不清黑板，姐姐经常用笔戳他的后背叫他弯腰，他都乖乖趴在桌子上。

后来两个人熟识了，乔杉就开始和所有青春期小男生一样故意惹女生生气，姐姐越是让他低头他就越挺直腰板，急得听课的姐姐只好揪着他头发让他把头低下去，他也只好低声哀号着告饶，事后一脸大男子气概地表示他根本不是怕疼，而是怕姐姐弄乱他的发型。

后来可能是班主任也觉得二人身高比例失调，便对换了姐姐和乔杉的座位。

姐姐说，上课时不见前面的那棵树，心里总觉得缺了点儿什么。

"乔杉学习非常好，只是有点儿……手贱。"这是姐姐的原话。

他经常有事儿没事儿地用笔轻轻点姐姐的后背，让姐姐以为他有事找她，等姐姐转头看他的时候他又一脸"我什么也不知道的表情"做自己手头的事情。

他是演技派，姐姐恨他恨得牙痒痒也不好说什么，只好愤愤地转回身生闷气。

姐姐实在想不出自己哪里开罪了这个万岁爷。

姐姐高而瘦，不少人私底下说姐姐是美女，可乔杉偏偏不这样觉得。

他说姐姐瘦得像铅笔，特别是一头长发绾成一髻的时候，让人感觉脑袋是红色的橡皮头。

姐姐半天说不出话，乔杉却大笑起来。

从那时起，姐姐就觉得乔杉心仪的女孩子应该是微胖的。

她开始习惯在吃饭的时候多吃几片肉。

后来乔杉有了女朋友，是邻班的，只与姐姐打过几个照面。

同班女生总是有意无意地拉着姐姐八卦："你有没有发现乔杉女朋友很像你？一样高高瘦瘦，一头黑发。"

姐姐就此奚落过乔杉，"你不是损我像铅笔吗？你女朋友不也是铅笔吗？"

除此之外，她并未多想。

再后来两个人都进了一中。

一个文科重点，一个理科重点，从此之后再无联系。

再一次听到乔杉这个名字，就是他的文章横空出世的那一天了。那篇文章被印刷出来发到年级每个人手里，平日里对作文最不感兴趣的姐姐耐住性子仔细地看完了整篇文章。

他说，曾经有那么一个女孩，有一头柔顺的长发，她转过身来的时候，他可以闻到她发丝间涌动的馨香。

他说，曾经有那么一个女孩，单纯善良容易相信别人，会被一个人的恶作剧欺骗很久很久。

他说，曾经有那么一个女孩，美得让所有人交口称赞，所有完美的句子都用光用尽，却没给喜欢她的少年留下可以送给她的哪怕单单一个词。

他说，机会只有一次，错过了就不必挽回。

他说，也许只有这样，她才会成为他记忆中最美丽的风景，才会做他一辈子的铅笔少女。

所有攥着乔杉范文复印件的女生都在八卦铅笔少女的原型可能是谁谁谁，只有姐姐把那张纸折好放到日记本里。

也只有姐姐，才知道谁是乔杉笔下梦里的铅笔少女。

也只有姐姐，才知道铅笔少女曾经趁着少年熟睡的时候，扯着他的校服袖子写下："我喜欢你。"

铅笔少女

□青果先森

细雨灯花落

□琦 君

在上海念大学时，中文系每月至少有两次雅集，饮酒时常常行"飞花令"。就是行酒令的人饮一口酒，先念一句诗或词，不论是自己作的，还是古人现成句，必定得包含一个"花"字；挨着个儿向右点，点到谁是"花"字，谁就得饮酒；饮后，再由饮者接下去吟一句，再向下点，非常紧凑、有趣。上的每一道菜，我们也时常以诗词来比配象征。例如明明是香酥鸭，看那干干黑黑的样子，却说它是"枯藤老树昏鸦"。端上一大碗比较清淡的汤，就念道："吹皱一池春水，干卿底事也。"遇到颜色漂亮的菜，那句子就更多了，"碧云天，黄花地"啦，"故作小红桃杏色"啦，"桃花柳絮满江城"啦。

有一位男同学，脑筋快，诗词背得又多，他所比的都格外巧妙。记得有一道用来夹烧饼的黄花菜炒蛋，下面垫的是粉丝，他立刻说"花底离愁三月雨"，把缕缕粉丝比作细雨，非常妙。他胃口很好，有一次把一只肥肥的红焖鸭拖到自己面前说："我是'斗鸭阑干独倚'。"引得全体拊掌大笑。他跟一位女同学倾心相恋，在行酒令时，女同学念了一句"细雨灯花落"，那个"花"字刚好点到他。原来，这句正是他所作《水调歌头》的最后两句："细雨灯花落，泪眼若为容。"这位男同学性格一向豪放，不知为什么，忽然"泪眼若为容"起来。他们二人相视而笑，我们也深深体会到，爱情总是带着泪花的。

记得有一次，几个人在咖啡厅里小聚，桌上摆着一盘什锦水果，中间有几颗樱桃。这位女同学就念道："留将颜色慰多情。分明千点泪，贮作玉壶冰。"眼睛望着她的心上人嫣然一笑。这首《临江仙》的作者是多情的纳兰性德，最后几句是："感卿珍重报流莺。惜花须自爱，休只为花疼。"尽现古典诗词含蓄之美，两人惺惺相惜，只需彼此唱和，而浓情蜜意，尽在不言中了。

遗憾的是，这一对有情人并未成眷属，战乱使他们各奔东西。"惜花须自爱，休只为花疼"，终成谶语。

古人有"剪烛夜谈"的情趣。现在都是电灯，即使有蜡烛，也没有那种能开出烛花的灯草烛芯；即使有那种灯草烛芯，也没有那份"剪烛夜谈"的闲情逸致。因此，一想起"灯花"，一想起"细雨灯花落"，连我也不禁要"泪眼若为容"了。

张爱玲

□李碧华

我觉得"张爱玲"是一口井——不但是井，且是一口任由各界人士四方君子尽情来淘的古井。大方得很，又放心得很。古井无波，越淘越有。于她又有什么损失？

是以拍电视的恣意炒杂锦。拍电影的恭敬谨献。写小说的谁没看过她？看完了少不得模仿一下。搞新派舞台剧的又借题发挥，沾沾光彩。迟一点儿也许有人把文字给舞出来了。总之各人都在她身上淘，然而，各人却又互相看不起呢，互相窃笑没有人真正领略她的好处，尽是附庸风雅，只有自己是十大杰出读者，排名甚前。

张爱玲除了是古井，还是紫禁城里头出租的龙袍戏服，花数元人民币租来拍个照，有些好看，有些不好看。她还是狐假虎威中的虎，藕断丝连中的藕，炼石补天中的石，群蚁附膻中的膻，闻鸡起舞中的鸡……文坛寂寞得恐怖，只出一位这样的女子。

郭靖与华筝的十年，与黄蓉的一天

□ 梁 萧

蒙古十八年，郭靖和华筝青梅竹马，还定了亲，却终究没好上。

张家口见面一天，郭靖和黄蓉成了知己。梅林雪舟见第二面，就此定终身。从此关山万里，塞北江南，高山大川，再难分开了。

话说，为什么呢？

蒙古十八年，华筝与郭靖的交流方式是：一起骑马射箭，看他练武功，招呼他去看射雕，帮着养白雕。

她喜欢郭靖，但最多也就是问郭靖："你不要我嫁给都史，那我嫁给谁？"

郭靖答不知道，华筝就啐他。

且说黄蓉。

张家口，郭靖与黄蓉的交流方式是：初见，郭靖请黄蓉吃饭。

黄蓉点菜点得花样百出五彩缤纷。郭靖服了。黄蓉聊天高谈阔论让郭靖大为倾倒。郭靖服了。

郭靖聊自己那些事，黄蓉听得津津有味。

不一会儿，果子蜜饯等物逐一送上桌来，件件都是从未吃过的美味。那少年说的都是南方的风物人情，郭靖听他见识渊博，不禁大为倾倒。郭靖受过师父嘱咐，不能泄露自己身份，只说些弹兔、射雕、驰马、捕狼等诸般趣事。那少年听得津津有味，听郭靖说到得意处不觉拍手大笑，神态甚是天真。他本来口齿笨拙，不善言辞，通常总是被别人问到，才不得不答上几句，可是这时竟说得滔滔不绝，把自己诸般蠢举傻事，除了学武及与铁木真有关的，竟一股脑儿说了出来。

那时，黄蓉与郭靖已成知己。

到最后，一锤定音的，是黄蓉这么出场：只见船尾一个女子持桨荡舟，长发披肩，全身白衣，头发上束了条金带，白雪一映，更是灿然生光。郭靖见这少女一身装束犹如仙女一般，不禁看得呆了。那船慢慢荡近，只见那女子方当韶龄，不过十五六岁年纪，肌肤胜雪，娇美无比，容色绝丽，不可逼视。

从此之后，改朝换代、天翻地覆、万里风沙，都改不了了。

许多人觉得黄蓉搞定郭靖的，是美貌。

殊不知美貌并非关键——在见到黄蓉的美貌之前，郭靖已经放不下她了。

黄蓉所知所学，远在郭靖之上，但并不以此轻看郭靖。对郭靖的一切，她从头到尾接受。全书她对郭靖所有的"傻哥哥"，都是爱称。

都说黄蓉挑郭靖，是仙女配傻小子，却漏了一件事：黄蓉，一个单亲家庭的孩子，又太聪明了，并不需要另一个不如她聪明的小聪明。

天下也再没人在机变聪慧上，胜过她爹了。

她接触的人们，或惧怕她是个小妖女，或垂涎她的美色。只有郭靖从一开始就大智若愚地判定"蓉儿是个好姑娘，很好很好的，很好很好的"。

她要的是踏实、真诚和善良，所以她跟了郭靖，是轻灵随厚重、风随树、水随土。白发如新，倾盖如故。这话在爱情上也适用，所以一天也许抵过十年。无他，彼此全心的欣赏与包容罢了。

卒子

□徐恒瑞

我和江潮是在象棋班认识的,那时候他别具一格,不爱车马炮,只中意那不起眼的卒子。我问他为什么,江潮昂起头,满脸风骚,说他就是喜欢这种一往无前的气势。那会儿正是黑帮电影大行其道的年代,江潮立志要当一个"古惑仔"。为此他呼朋唤友,可忙活半天,最后也只有我一人留了下来。

当古惑仔已成泡影,江潮的追求便只剩下吃了。短短两年里,他绷坏了五条裤子。江潮一脸哀愁地望着我,说他胖成这样,以后肯定再也泡不到女生了。但可惜的是,世界之大,总有瞎了眼的姑娘,那个姑娘便是谨初。她是初二时从城里来的转学生,酒窝、短发、一脸雀斑,我们都叫她麻子姑娘,只有江潮流着口水,说她脸上好多星星闪闪发亮。谨初果断沦陷了。

江潮对我说,这是故事里才有的好姑娘。我见他眼里满是深情,看得出他喜欢到了心里。江潮答应了谨初,两人要一辈子好下去。

可夏天还未过完,谨初就抛弃了江潮,跟着她父亲回到了城里。她走的那天,江潮正在和我下象棋,他落子时一直心神不宁。我不知道为什么江潮没去送行,只记得太阳快下山的时候,他才发了疯似的跑过去。回来以后他便把象棋给烧了,只留下个卒。谨初走后,江潮说他想好了,要进城去读书。

所有人都不看好他,可我们都没想到的是,江潮这厮悬梁刺股大半年,居然真的考了进去。

再见谨初,是在高一开学那天。她进了城里的重点中学,而我和江潮就在对门的职业高中。一年不见,谨初的短发变成了马尾,雀斑也不见了踪影,只剩下酒窝还在坚守阵地。这样的久别重逢让江潮很是兴奋,他告诉我他和谨初是注定要在一起的。

开学后没多久,江潮再次跟谨初表白了。结果这姑娘果断地拒绝了他,转身走了。江潮如释重负,嘿嘿一笑,说谨初刚才是跟他开玩笑呢。我好奇不已,问他怎么知道?江潮说这姑娘一说谎就要抖腿,没想到一年过去了,还是这傻样。我往手里哈了口热气,说那可不一定,这么冷的天,我冻得慌我也抖呢。

就这样,凭着这种莫名的自信,江潮追了谨初一年多,被谨初一一拒绝。直到高二下学期,这姑娘才终于有所触动,干净利落地找了个男朋友。江潮死也不信,谨初大手一挥,说:"你什么也别问,只管死了心就好。"

为了和谨初两人一辈子好下去,他披荆斩棘。只可惜才短短一年过去,谨初就昧着良心说不再爱他。我问他怎么办,江潮只呵呵一笑,说那男的一看就不靠谱,他们肯定长不了的。

一语成谶。我们俩见到谨初时,这姑娘正在面摊上吃面,她抬起头来对我们笑了笑,说今天老板娘盐放多了,真的好咸。江潮转身就走。谨初一抹眼泪,问他干什么去。我叹了口气,说应该是去找人家单挑了。女人就是容易因为感动而心生喜欢的物种,时隔多年,谨初再一次瞎了眼。

高考过后,谨初不负众望考到了北京,江潮揣着几千块钱便杀了过去。走的那天,我去校门口送他,蒙蒙细雨里,江潮对我说后会有期。我心生感慨,说为什么城里那么多学校,我们偏偏要来这里?江潮笑了笑说,因为只有这里才离她最近啊。

江潮在风里潇洒地远去。我看着他的背影,突然想起了初见谨初那天的光景。

那时的谨初落落大方,正在台上自我介绍,江潮从桌子底下给我扔来字条,说"我要娶她"。

我当时很生气,以为他是要抢我的凌波丽,却没有想到,他说的,其实是站在台上的谨初。原来从那一天起,他就认定了这个姑娘,于是一往无前,越过物是人非的沟壑,刺破千山万水的阻绝,也要前去见她。

就像颗卒子一样。

愿你耳畔有清风，仰望有繁星

□ 南小鸟

乔鹿娅在我眼里是处处特别的女孩。但在其他同学眼里，她只是特别爱迟到。

每个晨读一如既往，在铃声响过的第三百秒她姗姗来迟，被潜伏在走廊上的黑脸班主任老头抓了个正着。可迟到这种散漫的事，乔鹿娅从来不会面带愧疚，而是面带微笑。

当老头拿书卷敲她脑门时，她像个把糖果藏在身后的小孩一样收起笑容，回到座位上掏出课本正正经经地竖成一道屏障后，又兀自发笑。

春深时迟开的桐花飘落，大抵也是这样的光景。

迟个到有什么好乐的，真是够特别啊。

记忆里晃过许多个这般的早晨，耳畔是清朗的读书声，眼里是乔鹿娅的笑，我懒懒地趴在课桌上，枕着自己暗暗勾起的唇角。

春天伊始时新搬来的邻居送给我一盆风信子，是最惹人垂怜的鹅黄色。

我家里头就我和老爹两个男人，还都是毫无雅趣的"脑残球粉"，所以在我收到这盆植株的当天早晨就果断地把它带到班里，希望有善意的同学收下它。

哥们儿老程只瞟了一眼就说，养盆栽就跟哄女孩一样麻烦，不要。

乔鹿娅就在那个时候冲出来抱走了风信子，她说："宋司南我不怕麻烦，给我吧。"

风信子送给乔鹿娅后的某个午后，我却在校园某栋建筑楼前目睹了那可怜的植株被掩埋在破碎的陶片和凌乱的泥土之间。

蹲在旁边的乔鹿娅，眼泪一滴一滴掉在鞋面上。

我问，"发生什么事了啊？"

她微扬起挂着泪珠的脸来，沉浮的光影间显得楚楚可怜。

"鹿娅啊，不过是盆花嘛，你别哭得那么悲伤啊。"

也许乔鹿娅的悲伤不仅仅只是一棵植株的死亡，但就像我无法了解那天的风信子为什么会被砸烂一样，我无法解读乔鹿娅的悲伤。

我能做的只有厚着脸皮和邻居再讨一盆风信子，寻着教室空无一人时，把它摆在乔鹿娅的座位上。我信手拉开一旁的窗帘，她的座位上便洒满了我舍不得离开的温暖。

放学后同老程踢球，球场是绿茵连绵成的海，青草在风中柔软地生长。

"喂，你看球啊！看哪呢？"老程扯着嗓子喊。

乔鹿娅就站在绿海的那岸，风吹起她的头发、裙摆。她弯下腰捡起脚边的一个空饮料瓶，投进身旁的垃圾桶。

"看我的吧。"老程突然一把将我推开，一下射出脚边的球，目标正中那个垃圾桶。乔鹿娅听到动静转身时，垃圾已经撒了一地，几个空塑料瓶兀自被风吹远。

"你干什么啊？"我猛地揍了老程一拳，他痞笑着一边冲乔鹿娅吹口哨，一边向我比Well done（干得漂亮）的手势。

乔鹿娅小跑过来，老程却把我往前推："他干的，是他是他就是他。"

乔鹿娅便踮起脚尖用塑料瓶敲我的额头兴师问罪。和她目光撞到一起的时候，我一下子蒙了。

老程还在一旁厚颜无耻地卖乖，"乔美女啊，你又叉着腰娇怒的样子真可爱。"

老程不久便感受到了我的怒目而视，他搂上我的肩背过乔鹿娅小声说："兄弟我这是在帮你制造机会啊，哈哈哈。"

"宋司南你快点儿过来帮忙啦！"乔鹿娅在走远了几步后又回过头来喊我的名字，逆着风的头发有凌乱的美感。

顺带帮乔鹿娅倒了垃圾将功赎罪，回来时望见她正坐在草场上看流云，身后是夕阳染成玫瑰色的天幕。

我说："起风了，那个，不如一起走吧。"我把右手放在白衬衫的背后擦了几下，才终于鼓起勇气递向乔鹿

相比于色彩和画布的温暖，静物的清寂，更容易使人沉陷。

娅。

那个四月天里，仿佛所有浪迹天涯的风都各自寻了美丽的借口途经于此，它们带来草绳相结的缘分，它们渴望聆听故事。

那天夜里的台灯下，我摊开牵起乔鹿娅的右手，掌心里只静静地躺着一个草绳编制的手环。许是带上我的体温的缘故，它温热、发烫、熠熠生辉……厚脸皮的老程非得坑我给他带早餐，以表示我对他帮我制造和乔鹿娅相处机会的事感恩戴德。

早晨六点半的公交，玻璃窗上氤氲着一层水汽，我抬手抹去，乔鹿娅背着橘粉色书包的背影在指尖清晰起来。

乔鹿娅到拐角的奶茶店买早餐，我不由自主地跟随她，故意坐在最靠近她的位置上，却假装遇见如同晨光在她柔亮的头发上形成的光圈一样自然。

我说："早上好啊。"
她说："早上好。"

学生党的早晨仿佛总在疲惫和清醒两相为难中脚步匆匆，可乔鹿娅似乎异于常人，她很慢条斯理地吸着奶茶，很细嚼慢咽地啃着面包。

有时候她还会停下来，拿彩笔在一旁的留言墙上涂鸦。

粉色的大象，薄荷绿的鲸鱼，没想到她也有幼稚的时候。

我笑着观察她的一举一动，还真是没有时间观念的生物啊，难怪总是迟到呢。

乔鹿娅果然又因为迟到被罚值日了。

大课间时她默默擦着黑板，灵动的马尾随着她的动作左右轻甩着。

空气中轻渺的粉笔灰自顾自地沉沉浮浮，我突然地扯下同桌老程的耳麦说，我发现我好像喜欢上乔鹿娅了。

老程呛了我一句，"大哥你可真是后知后觉啊。"

然后上一秒还睡眼惺忪精神萎靡的老程突然从位子上跳了起来，他上前去抢乔鹿娅手中的黑板擦，隔着讲台和七张课桌精准而有力地抛向我。

喜欢你就去追啊！

于是我真的开始追乔鹿娅，像所有青春影片里懵懂的男主角一样，用很幼稚的方式，渴望得到"沈佳宜"的芳心。

她被罚当值日生的时候我便不厌其烦地和她玩抢黑板擦的游戏，粉尘飞扬间，我最喜欢看她露出那种不甘又无奈的委屈眼神。

"宋司南你为什么要帮我啊？"
"因为嫌你矮嘛。"

班里同学都在谣传，或许……你是不是喜欢我啊？

是啊，不可否认。

奶茶店的留言墙上，少女的心情涂鸦每天早晨都会多出一幅。

乔鹿娅昨天画了一个圆圆的烤番薯，我猜她想吃烤番薯了，却发现旁边还写着一行字——爱是烫手的番薯，触碰又放手。

我在下面添了一行——可我不想放开你啊。

夏天是从滋滋冒泡的汽水开始的。

并不是所有碰撞都像汽水撞上冰块一样令人心怡。比如我下定决心跟乔鹿娅正式告白却撞上了她下定决心与我疏离，这样的撞上只能酿成一场残酷的车祸，我的少男心被碾压成了渣渣。

草场上腾起层层的热浪，我请乔鹿娅倚在栏杆上喝冰饮。

她把冰镇西瓜汁一饮而尽后对我说："宋司南，你答应我，我们只做朋友好不好？"

"好啊，好吧。"

汽水罐被我扔在地上，只一声沉闷的撞击，便足够宣告我的单恋就此止步。

新班级将我和朋友们拆散，同样选理的老程和我隔着二十个班，选文的乔鹿娅则在另一栋楼，相见甚少。

回忆的沙漏无法倒置，无比相似的早晨我却再也回不去了。就像曾凝视着尘埃在日光中缓缓游离的时候，我伸手想要抓住虚无，却抵不住哽在喉头难受的沙哑感一点点真实的那种无力一般。

我在文科班的教学楼下，喊过乔鹿娅一次。

从我的角度望上去，她的头发垂在云上，有虚幻的蝴蝶落在她的肩膀，停在她的发梢。

旁边的人问她，"楼下那个傻愣子是谁啊？"

"老朋友啊。"

我听见了，温暖的光中她浅笑的声音。

我想起在奶茶店的留言墙上，我曾经偷偷在乔鹿娅的每一个小涂鸦旁写过的句子。

那些不着边际的话、那些断断续续的只言片语，是我在那段执拗的时光里头，给乔鹿娅写过的最好的情书。

"乔鹿娅！"

在教学楼下的树荫里这样喊我的人是宋司南。

一直记得童年时奶奶曾告诉过我，如果你无心伤害了你的朋友，请亲手编一个草绳手环送给他，这样他的伤痛会减轻一点儿。

我从很久以前就从宋司南清澈的眼睛里知道，他喜欢我。

可他却一直不知道，我有喜欢的人了。

听说送给暗恋的人风信子，他就能听见你的心声。

学姐说要替我转赠，我竟忽略了在明媚的春日下，她瞳孔骤然沉下去的暗灰色。

转身那瞬间听到破碎的声音，我的身体几不可微地颤了一下，看见在红砖地上哭泣的风信子时，脆弱的眼眶丝毫挡不住泪水汹涌的攻势。少年在那一刻出现了，他目睹了我卑微的喜欢沦为狼狈，却又执着地送了我一盆风信子。

风信子的另一个花语是：注定无果的深情。

宋司南，你在奶茶店里的留言我都看见了。

宋司南，感谢你曾经一尘不染的真心，愿你耳畔有清风，仰望有繁星。

有幸被你喜欢过的我，深知终有一天你会遇到的注定该有多幸运。

想恋爱的人，请先"背诵全文"

□ 卷毛维安

1

我曾就读的高中有3条"高压线"——作弊、偷盗、早恋。

毕竟到了春水初生、春林初盛的年纪，心不仅会跳，还会动。于是就要反抗，要发光发热，可除了和试卷厮杀，对着练习册犯难，偷偷翻看一下梦想大学的图片，还有什么事情可以激起我们强烈的热情和斗志呢？

大概是恋爱。

2

晨会结束是语文课，翻开课本，正好学到《西厢记》里的《长亭送别》："碧云天，黄花地，西风紧，北雁南飞。晓来谁染霜林醉？总是离人泪。"本来紧张的气氛更显压抑了，同学们愤愤不平：不允许我们谈恋爱，怎么课本上净是些情情爱爱的桥段？说不让我们早恋，那要我们学这个干什么？这不是自相矛盾吗？

可文科班向来"阴盛阳衰"，女生多的地方嘴碎却又做不出什么实质性的反抗。高中生再疯狂，也不过是戴着镣铐跳舞，虽然嘴上说得好，但胆子小，做事也是胆怯而教条的。历史课本上说重大事件总有一条"导火线"来铺陈渲染，那好啊，我们也打算做些什么，让这压抑而无聊的高二生活"爆炸"一下。

经过讨论，我们打算以其人之道还治其人之身，从班主任田老师身上"下手"。

之所以把田老师作为"靶子"，不是因为我们讨厌他，而是从客观的条件出发，是"具体问题具体分析"的结果。原因有三：

一是因为田老师脾气好，我们一般叫他"田哥"。田哥总是咧着嘴笑，胖胖的脸上挂着副眼镜，像干脆面包装袋上印着的小浣熊，只不过这只小浣熊已人到中年。他的笑点很低，情绪很容易被学生们的一举一动牵动，也基本不会批评我们，不死板、不摆架子，对学生很宽容，就算我们惹出什么事情，下场也不会太惨。

二是因为田哥教语文。所有科目中，语文是最浪漫的。数学的优雅在于严密而一丝不苟，英语则更强调一种流畅而热情的感觉，唯有语文是听得懂又看得见的浪漫。没有其他老师比田哥更适合做我们的目标了。

三是因为田老师有"背景"——这个憨厚老实的田哥也是个"情种"，有同学惊奇地发现，课间10分钟他常常站在走廊边，做"极目远眺"思考状。我们以为他的伊人"在水一方"，后来八卦纷纷扬扬，才知道他的目光落在十几步开外的理科班的生物老师阳老师身上。

阳老师让人印象深刻。男生都记得她那一头乌黑的长鬈发、白白的皮肤、细细的声音和苗条的身材。女生则更关注她那每天基本不重样的裙子，阳老师的穿衣风格很少女，蝴蝶结、蕾丝花边、百褶裙，有时候也会穿刺绣旗袍和欧式复古风的大衣。总之，总是踩着小高跟"嗒嗒嗒"的阳老师是我们心中严肃又可爱的"老少女"。

如果有八卦说"田哥喜欢阳老师"，大家不会觉得有什么奇怪，但八卦是这样表述的："田老师和阳老师是夫妻……"

所有人都惊呆了，原来阳老师和田哥早就结婚了。教了我们一年多，他都未曾向学生透露过自己的家事，这两个人不去做间谍真的可惜了。

3

有好事的同学心血来潮，想出了鬼点子，召集大家密谋一个"大新闻"。于是在一个晴朗的上午，课间操刚刚结束，教学楼前的广场上都是自由活动的学生，我们班的同学都有点儿紧张，表面上风平浪静，却时不时瞟着时钟。

我们的活动其实很简单，虽然简单却足够震撼。

小D跑到广播站去点了一首歌。这是我们特地选的一首情歌，为此还专门请教了班上那个喜欢听老歌的女孩子："你说田老师他们年轻的时候流行什么歌啊？"小D接过女孩写下的小纸条，从各种各样的歌名中选了一首看起来顺眼的。

小D选的是王杰的《不浪漫罪名》。真是个直白、应景、真诚的名字，像是对田老师和阳老师的"公开审问"。

这首歌在周杰伦的《牛仔很忙》之后缓缓响起，此刻田老师站在走廊边晒太阳，有同学刻意去和他搭话："田老师，这是什么歌啊？"田老师皱着眉头开始听。

班上的同学见状，开始起哄了，把教室里的广播调到最大声，王杰略带沙哑的声音通过有些劣质的室外广播传播出来，大家屏住呼吸，等待着歌曲播完：

为何不浪漫亦是罪名
为何总等待着特别事情
从来未察觉我语气动听
在我呼吸声早已说明
什么都会用一生保证
……

此刻广播员的声音传了出来，是温柔的女声："高××班将这首歌送给亲爱的田老师和高××班的阳老师，希望你们能够多秀恩爱，祝你们白头偕老，恩爱一生。"

这是学生对老师的"全校通报批评"。

皱着眉头仔细听歌的田老师忽然慌了神，显然没想到我们会来这一出。他的脸涨得通红，赶忙快步逃回教室，到讲台上假装低头摆弄教案。我们乐了，跟着他追问："田老师，这是什么歌啊？"

他想假装生气，但脸上只写得下不好意思的表情，于是埋怨："你们啊！整天不好好读书，脑子里在想些什么？"

上课铃响了，接下来是语文课，我们继续翻开《西厢记》。今天大家都听得格外认真，想看看田老师对这一出"恶作剧"有什么反应。

大家都做好了面对惊涛骇浪的准备，谁知道田老师沉默了一会儿突然把课本合上了，给我们讲了一个细水长流的故事。

他抹了抹眼睛："我认识你们阳老师很多年了。那时候刚来到这所学校，是10年前吧，我不是班主任，也没什么钱，你知道的，我更不是什么帅哥。但你们阳老师是美女啊，那时候更漂亮。我喜欢她，但我不敢说，就只能默默对她好。陪了好多年啊，她忽然成了我妻子。"说到这里田老师开始傻笑起来，我们也跟着傻笑起来。

"说实话，我是一个嘴笨的人，也不是一个浪漫的人。我们结婚的时候条件一般，婚礼特别简单，但是她从来不抱怨。我们在一起很多年，其实我对她是有愧疚的。"此时，田老师的语气已经从之前讲课时"大江东去"式的干脆不知不觉过渡到了"在水一方"式的缠绵，"现在生活条件好了，我就想着什么都要给她最好的，我们有一个上幼儿园的孩子，一家三口很幸福。但我还是很感谢同学们，帮我给了阳老师一个浪漫的告白，以后我也要更浪漫一点儿……"田老师又傻笑起来，穿着他那件朴素的网球衫。他总共就那么几件衣服来回穿，但他很开心，不在乎。

个别女同学感动地落泪了，大家有些沉默，沉默过后是热烈的掌声。年过五旬的教导处主任闻声赶来，把我们和田老师一起训了一顿，说应该加强对学生的思想教育。田老师的脸瞬间就沉下来，严肃地说："好的，好的。"教导处主任一走，田老师的脸就恢复了平和的神色。他清了清嗓子："我的故事讲完了，但你们也要接受惩罚，那就罚你们背课文吧。"

"又背……背什么啊？"抱怨声此起彼伏。

田老师严肃地说道："那就《长亭送别》吧，背诵全文。"

行，背就背吧，反正我们的目的也达到了。

虽然被罚背课文，但我们挺开心的。大家貌似都忘记最初是为了"反抗"，那种自以为是的小情绪在田老师的故事面前消失不见。

如今我高中毕业已经3年，也经历过一些感情，偶尔和老朋友坐在一起回忆当年，都唏嘘不已，高中的知识点都忘得差不多了，唯有《长亭送别》勉强能背出来。我终于理解当时田老师说的"背诵全文"另有意图。当年的"早恋先锋"们如今早就过了早恋的年纪，那时候情窦初开，我们都以为自己很成熟，活得很透，看得很开，其实我们都错了。

其实谈恋爱，就像是背诵全文，是一个缓慢而深入的过程，是需要一生才能搞明白的。

"背诵"是一种从陌生到熟悉、从了解到领悟的过程，而"全文"不是只有几个花哨张扬的词句片段，而是品味、理解、包容彼此长长的一生。

反复琢磨，这是当代人缺少的一种耐心，也是爱情最迷人的光环。

我第一次写情书，是写给我最好的兄弟——H。

在一段微妙的停顿之后，你可以继续听我说下去。那时候我还在上初中，情窦未开，文思先涌，每逢写作文都爱兜售一些酸不拉唧的句子。偏偏语文老师也很吃这一套，屡次拿我写的破文章当范文念给全班听。同学们虽然心里反酸，面上还是对我钦佩有加，尤其是我的女同桌。

联系上下文不难猜到，我的女同桌，迷上了我的好兄弟H。那时候，初中生还比较单纯，或者说比较穷，还会相信情书这种老土的东西。女同桌决定给H写一封情书，表达心意。无奈文采有限，又尚不能接受"我很喜欢你，我们交往吧"这种简洁日系的告白便条，所以就拜托我代为捉刀。

一开始，我是不太能接受的，总感觉这事儿有点儿突破道德界限，而且在文字里幻想如何与一个男同学谈情说爱，的确不在我的能力范围之内。女同桌就告诉我说，这件事你能做，理由有三：第一，情书夹叙夹议，你记叙文议论文都写得不错，不在话下；第二，文学都有虚构成分，女生视角你总要尝试下吧，这是一次练笔的好机会；第三，你是最了解H的人，写给他的情书，你不写谁写？

说实话，她这三条理由事后想来都是胡说八道，应该被归入教唆犯罪的范畴，但当时的我的确被触动了，尤其是第三条。

情书高手

□ 张寒寺

用了两节课时间，我写出了一封深情款款的情书，以一个直男的视角把H从头到脚夸了个遍。我至今记得，最后一句我是这么写的：

我常常想象，已是情侣的我们手牵着手，走在夕阳下的放学路上。

你看我这贫乏的想象力，约会限定于放学，互动止步于牵手，实在是愧对"青春"二字。

女同桌又用了一节课的时间誊抄全文，郑重地署上自己的名字，我这篇原名《记一次爱情》的作文版权就转让给她了。

临到放学，她托我转交给了H。H默默地看完，什么也没说。我心想，好歹你得有个表示吧，就问信写得怎么样？他说，酸得很。自以为妙手著文章的我，得到了人生第一个一星差评，还来自朝夕相处的好友，真是自取其辱。

这事儿在写作上给了我两点教训：第一，女性视角的东西不好写，直男要慎重；第二，轻易不要当乙方。这么多年过去了，我时不时还要写点儿女性视角小说以至于被某些读者错认性别，为了糊口也还在接受剧本委托创作，天天被作为甲方的制片人和导演折磨，两点教训我都没有吸取。女同桌说得对，我就是个傻瓜。

爱情跟写东西发生关系，在我的写字生涯里至少发生过三次。第二次开始写故事，是为了我的前女友。

刚开始追她的时候，我经常翻她微博，看到她发过一条，写的是"征一个能讲睡前故事的男朋友，在线等"。

睡前故事我讲过。在很小的时候，我在奶奶家过暑假，一家人睡在天台上望着黑漆漆的天的时候，我会复述白天在广播里听到的方言笑话，其他人听着听着就会睡着，唯独奶奶会认真听完，并且夸我"讲得好"。

有这等辉煌的过去，我自然信心爆棚。我和前女友都上晚班，下班就是11点了，所以我自告奋勇送她回家，在路上搜肠刮肚把以前的所见所闻都说给她听，添油加醋，眉飞色舞。听得她最后不想回家，我们就坐在通宵营业的快餐店里面，一聊就聊到凌晨两三点。

在一起之后，也许是见识太少，经历又过于匮乏，我已经没有真实的人生故事讲给她听了，就像才尽的江郎，过快地掏空自己，反而在热恋期间有点儿没话找话，横生尴尬。于是我就开始编故事，编上古神话，编逸闻野史，编奇妙物语，编怪力乱神，写在我们两个的博客里，只给她一个人看，她看得开心，我也写得乐意。

有一个文学观点说，作者就像开车的司机，读者是这辆车里的乘客，他们只会坐一段路，总要下车的。前女友是我的第一个读者，也是那时候我唯一的读者，所以，当我们分手之后，这辆车也就空荡荡地开在路上，不知道该去哪里。

直到有一天，我突然想通，她不要私家车，我还不能开公交车了？

于是，我把那些故事通通发布到网上，然后就有了我的第一本书——《猫饭奇妙物语》。

留住那啖少年气

□ 七堇年

"少年"二字，谈何容易？

有一部英国的青春片叫作《潜水艇》，片子非常美，很幽默。

有个情节令我印象深刻：男主角是个15岁中学生，觉得自己是天才，每天喜欢幻想。当时，他暗恋一个女孩。但女孩的母亲身患癌症，将要离世。男孩很想关心，安慰一下她，却又不晓得说什么好，很纠结。

有一次，他看到一本书上说，要给小孩子养一个宠物。这样，当宠物走失或者去世的时候，孩子们会领会到"丧失"的意义，也会对现实生活中的"去世"等事件有免疫，形成心理准备。

男孩得到了启发，于是就去把女孩的宠物狗弄死了……他觉得，这样女孩提前体验过"失去"，等到母亲走的时候就不会那么难过了。

这情节简直让我哭笑不得。

灰色幽默啊——这是真正的，少年的心性，少年的逻辑，少年的纯真与恶，少年才写得出来的东西。

导演兼剧作者已经是个成年人，而对于创作者来说，要写出这么妙，这么幽默的东西，意味着他需要保持着一份跨越年龄的天真。

这种"天真"，在充满房贷、工资的庸常生活中，百无一用。但在创作的生涯里，它是关键。

当我后来了解到"无数作家都是靠着早年的倾诉欲，才铺垫起写作生涯端倪"这个常识之后，我才舒了一口气。

倾诉，不难。难的是，然后的事。

写东西，只是因为心里的困惑。

我没有什么想说的命题，因为许多时候我觉得展现比阐释可能要好。何况很多问题都没有答案。作家都是厨子，偶然得到了一些食材，于是就做了一道菜，至于好吃与否，各人有各人的口味，不好说。受偶然了解到的事儿启发，产生了写一个故事的兴趣。但经验所限，弄到的食材就只有这些，众口难调，不妨尝尝看。

写作的标准菜谱都是一样的，但每个厨子做出来的菜都不同。

十年时间，说长很长，说短也短，拙笔本来不成书，写得多了，也就渐渐成了书。偌大宇宙，生死很薄，人们只是把生死之间的琐事，铺陈得比较厚实。

毕竟，院子里的寒花啄雪。

你怎知道，那是意味着上一个春天已逝，还是下一个春天未来？

后来，我喜欢上了一个不喜欢我的女孩。这种事大概在每个人身上都发生过，相互喜欢本来就是小概率事件，如果爱情太容易，人们就会不珍惜，这世上也不会有那么多情歌和情诗。

那一场暗恋里，我默默地喜欢她，竟然学会了写诗，就像另一个人格在身体里复活一样，他借着我的手，写下"星辰常在，苍穹不老"；写"我迷恋的现在，是你浅浅的微笑，是相遇的下一句，道别的上一秒"；也写"星河在上，波光在下，我在你身边，等着你的回答"。

你看多肉麻。

虽然我最终没有问出口，她也没有给我回答，要麻也是我一个人在那麻。但至少，很多读者喜欢它们，愿意把它们抄写下来，给存在或者不存在的恋人看，这就够了。如果真的会有一千个被安慰的灵魂，我不介意做那个自我折磨的人。

为了隐藏这些诗，不让熟人知道我如此骚包之后笑场，我又把它们包裹在了十几个故事里，署名"莱特昂·布兰朵"，就有了我的第二本书——《不正常人类症候群》。

我的公交车里不仅稀稀拉拉坐了些乘客，车身上还刷了押韵的句子，想起来也挺酷的。

事到如今，我年纪也不小了，所以才能躲在"已经有些爱不动"的世界里告诉你们，大胆地爱，就算爱不出一段故事，也能爱成一首诗，不也挺好的吗？

那个为我嚼过艾蒿的人，我追认你为初恋

□ 姚鄂梅

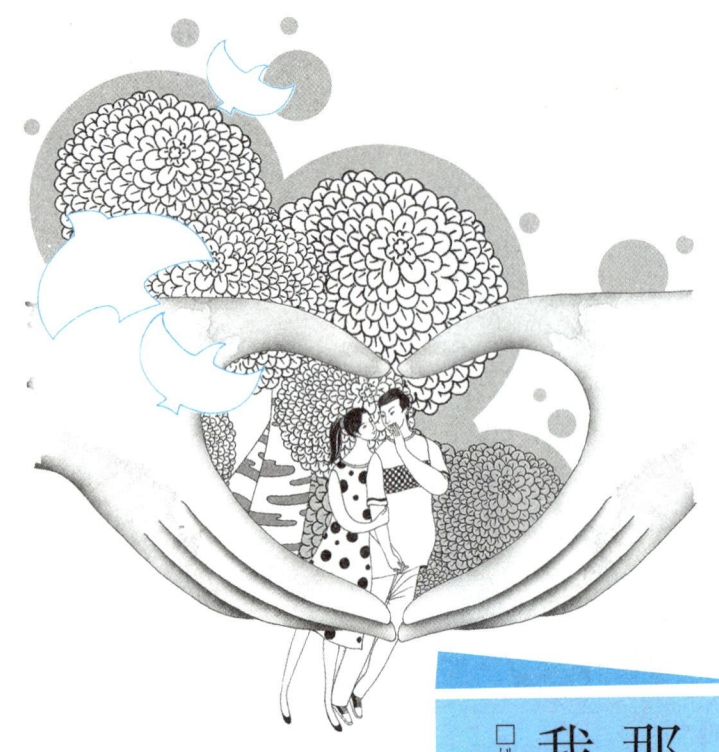

这么多年，不知怎么就过去了，仿佛它们从未存在过，我的意思是，当凝重的黄昏驾临，当一段搓揉肠子的音乐响起，当一阵寒风刮走掩饰暴露出最深处的微温，竟没有几件配得上心情的往事。

我可以说说最初那件事吗？很早以前发生的一件小事，然后就忘了，一忘就是许多许多年，然后不知是在哪个时刻，哪种情形下，猛地一下从天外跳进脑海，又或者它一直沉睡着，但某天突然睁开眼睛，忽地坐起。

那时我还小，十岁左右，没有同龄的玩伴，跟在哥哥们后面寻找机会邀宠，我们一路逢山过山逢水涉水，整支队伍最后扎进一条半干涸的小河里，抓捕壳子还没变硬的小螃蟹，不是为了吃，螃蟹还太小，无可吃之处，仅仅只是抓着玩儿。小螃蟹们被我们惊着了，四下里惊慌逃窜，我们像练梅花桩一样，踏着水面上的石块歪歪斜斜行走，不时弯下腰来，一手掀起石头，一手及时伸向石缝里黄褐色的机敏爬行物。我们很快漫过了半条河，所之处，露出水面的石头统统被我们翻了个个儿，又干又白的一面泡进水里，水淋淋的青褐色底部仰面朝天。我知道这又是一个表现的好时刻，我总是力求用上好的表现去拉平与哥哥们的年龄差。我的个头比他们矮，弯腰的幅度因此不必太大，只需微微哈下腰就行，不像他们，一直一弯之间，螃蟹早已仓皇爬出好远。而且我的手天生比男孩们灵活，再说我也不怕被螃蟹夹，它们的钳子还没有变硬，跟小奶猫的爪子差不多。

最成功最兴奋的时刻总是伴随着眩晕感，我忽略了一个基本的事实，觉得自己瞬间长大，足够跟哥哥们一样，只用一只手就可以掀开石头，这之前，我都是用两只手轻轻挪开，假装根本没有注意到那只突然暴露在外的螃蟹，等它彻底放松警惕时，才唰地扑上去。

那块被我单手掀开的石头端端直直砸上了我的脚，被水泡得又白又软的右脚顿时变成了两块石头间的橡皮泥，我相信我的脚趾肯定断了，我看到血流出来，漫过石头，流向河水，一道红色的线向前流去。

哥哥们直起腰来听了一会儿我的哭声，很快做出判决：谁叫你不小心点儿的？然后又去抓螃蟹，傍晚将近，螃蟹又那么多，再不抓天就黑了。他们卷着袖管，低着头，像一片杂色的云朝前漫去。

只有一个男孩蹚着水朝我走了过来，看个头，他应该是哥哥们中略小的一个，也是最不起眼的一个，我之前甚至都没注意到他，他移开压在我脚背上的石头，发现了血迹。他环视一番，去河边捋了几把艾蒿叶子，塞进嘴里，费力嚼了起来，我闻到了艾蒿被碾碎时发出来的苦味，又苦又臭，令人作呕，难怪到了夏天我们都用艾蒿熏蚊子。我很惊讶他不但没有哕出来，反而咯吱咯吱越嚼越快，浓绿的汁液顺着他的下巴一条条往下流，很快就盖满了整个下巴，他停住咀嚼，朝手心吐出口里的渣，是一大团墨绿色泥状的东西，他用两根手指轻轻压成一块小饼，蹲下来，仔细敷在我的伤脚上。

艾蒿是止血的，他说。然后掬起一捧水，漱了漱口，向前面的哥哥们追去，那里有我的亲哥哥，就是刚才对我做出判决的那位。

血果然止住了，而且有股清凉而舒服的感觉。

回家第一件事，就是告诉大人我在小河里受了伤，以及那个哥哥口嚼艾蒿为我敷药的事，他们很感动，同时批评了我哥。他们认为这事本该由我哥来做。我哥说："我根本不知道她受了伤。"

晚上，奶奶给我洗澡，双脚踩进水里的瞬间，剧烈的疼痛让我失声尖

叫起来。奶奶仔细一看，在我脚底那一面的无名指跟部，一道深深的口子，像小动物的嘴，正饥饿地大张着。

哎呀，方向反了，他把药敷错地方了。我把他敷药的地方指给奶奶看。

奶奶看看脚，又看看我，两只老眼越睁越大。

奶奶去找来家里的备用药，把我的伤脚抱在怀里，边敷边说："可怜的，那得多苦啊，我活了一辈子，都没嚼过艾蒿。"

那以后我经历了很多事，升学，搬迁，再升学，再搬迁，一再搬迁，我没想到老家是这样一种东西，一旦你离开它，以后你每走一步，都是离它更远的方向。

后来，借踏青之名，回去过一两次，当年抓螃蟹的小河已经泯入地下消失不见了，想打听那个敷药的男孩，却怎么也想不起来他的名字，去问哥，他也不能确定，在两个可能的名字之间摇摆。而最最令我痛心和自责的，是我连他的长相也回忆不起来，就记得他穿一件褪色严重的蓝布上衣，头发微黄，前面一撮硬硬地翘起，像有段时间流行的莫西干头。

抓蟹队伍中的绝大多数留在老家，娶妻生子，辛苦工作，沉默平淡，我怀揣自己的小意图，逐个去面对他们，果然，那些开始混浊的眼睛告诉我，他们从来没有做过那种事情，他们永远都不会做那种事情。艾蒿怎么可以入口？它可能有毒！

又一年，无意中听说，老家一个当年的男孩，后来很奇怪地在一个月圆之夜发了疯，从此音信全无。与此同时，我的记忆神奇地复活了，几乎可以肯定，他就是那个敷药男孩，他的确有过一件褪色相当严重的蓝布上衣，他所有的上衣都褪色严重，他连头发都褪色严重，他还那么小，就跟他的衣服一样，很旧很旧了。我怎么把他给忘了。

一定是他。能发疯的人必定是心底柔软之人，心底柔软之人，才会对薄暮之中放声大哭的受伤女孩动起恻隐之心，丢下坚硬如铁的同伴们，像尝百草的神农般往嘴里塞进大把艾蒿。

我欠他的，这辈子都无从报答了，当年得到的刹那间的怜悯，被多年的遗忘发酵，足以膨胀成一条命的沉重。

命若流星，唯有记忆永恒。不知名亦不知面目的敷药男孩，如果我正式追认你为我的初恋，你可有不同意见？

每朵花都是赤足走向春天的

□刘继荣

六百年前，日本人吉田兼好说，人心是不待风吹而自落的花。

花是世界上最柔弱的事物，无金石之坚，无蒲苇之韧，无流水之宛转。花来这风雨尘世，不披盔甲，不执矛刃，偶尔有刺也不会长在花瓣上。它捧一颗晶莹心，赤足走往乍暖还寒的春天。

有人说：繁花似锦，这锦绣做不成华衣美裳蔽体；花开如海，这花海载不了小舟渡你至彼岸。

是的，它只尽情释放美与善，释放毫不掩饰的爱与诚。每朵花，都是一个小小的屋子，如同小王子的星球，自有朝阳与落霞。无论外界电闪雷鸣，抑或风疏雨骤，在这小小处所，有着令你内心坚定的美好。

人心柔软如花，我们盛开时招摇彼此，并治愈彼此。我知道人生有少少传奇，有多多平淡，花不能常好，月不能常圆，时有波澜，时有逆风，时有一脚踏空。正因为有那些花儿一样明净的心灵，我们才能在摔倒之后，抓起门牙继续往前跑；在火焰熄灭之后，钻木取火也要重新点燃；在河水干涸之后，再挖一口井。即便灵魂长出皱纹，也能有勇气将之抚平。

它虽柔软之至，可从未被毁灭。你看那满世界的花儿，何曾因为战争、洪水与地震而消失？美好的事物自有其来路与归程，自有其强大的力量。我们来这人世，多半是因为这里有教人不舍之处，有美映照双目，有爱照耀灵魂，有温暖滋润梦想，教我们不绝望，不孤单，即便在哭泣之后，也不会忘记怎么去笑。

尼采告诫世人，尽管万象流动不居，生活本身到底是牢不可破，而且可喜可爱。

不错，这是个漂亮的世界，地球46亿岁了，依然有蔷薇色的云彩，有流动的风和云，教人一见就不挣扎。那么，让我们盛开得久一些，开得更好看一些。即便是赤足走往春天，也能拍手作歌，将生命唱得一路盛开，将黑夜唱至晨曦乍现。

愿我们彼此听见。

所有美丽，不及初见

□水生烟

1

冯洛洛知道纳豆，是因为电影《小森林》。电影中，市子和母亲一起制作纳豆糯米团子，市子将煮熟的大豆用稻草包起来，在适宜的温度和湿度下，稻草中的纳豆菌发酵、扩散，特有的黏度和味道便产生了，空气中如有甜香。食物能够承载的温暖，远比冯洛洛想象中的要多得多。而了解纳豆有溶解血栓、防止骨质疏松、改善肠胃的功效后，冯洛洛更想尝试手工制作。

寒假第二天，冯洛洛就去了乡下的小姨家里。那晚下了整夜的雪，将稻田和道路都覆在了厚雪之下。太阳升起，阳光与白雪交映，犹如童话世界。冯洛洛走了很远，才找到了稻草垛。她小心地抖掉白雪，想要挑选出最整齐、洁净的草束。落雪簌簌，冯洛洛没有注意到身后的脚步声。一个脖子上挂着相机的男生，猜不到她认真端详草束的用意，忍不住问："你干吗呢？"

冯洛洛吓了一跳，回过头，支吾了一声，没有回答。于是，男生大步跨过积雪中仍旧高低有致的田埂，问："为什么答不上来？理亏了吗？"他笑着说，眼眸明亮得如同这时刻的日光与雪色。冯洛洛却觉得他很话痨，与颜值不符。男生又接着问："我看看你有没有尾巴？你是小山羊吗？不然为什么要拿人家的稻草？"冯洛洛哭笑不得，拍了拍身上、手上的灰尘、碎屑，轻声道歉："对不起！"她伸出食指，小心翼翼地问，"我只要一捆，行吗？"男生笑了起来。

远处被积雪堆满树枝的老树，歪歪斜斜地伸着手臂，冯洛洛的白色羽绒服映衬着白雪地，像是从天而降的精灵。"别动！"男生说，他快速地举起相机，将冯洛洛圈进了取景框中。"小山羊，照片归我，这里所有的稻草都归你了。"男生边查看相机里的照片，边说，"我叫吴伦，口天'吴'，无与伦比的'伦'。"冯洛洛"扑哧"一声笑了。

2

交谈后得知，他们同读高二，只是冯洛洛读的是以文科见长的A高，吴伦读的是以理科著称的B高，两校相隔不过500米。吴伦好奇稻草对于冯洛洛的用处，冯洛洛不想告诉他，却又对他手中的相机充满好奇，她说："把你拍的照片给我看看，我就告诉你。"

"你以为我不知道你想做什么吗？"吴伦笑起来的时候，因为迎着光而微眯起眼睛，睫毛映下密密的阴影。吴伦看见冯洛洛伸出的手掌，因为抓握稻草接触了冰雪而冻得通红，于是，他从棉服外侧的口袋里掏出自己的手套，放在冯洛洛摊开的掌心里，说："戴上吧，小山羊。"冯洛洛气得直跺脚，却因为踩在松软的白雪上而显得没什么气势。

他们一前一后地往家走，脚下的白雪咯吱咯吱地响，冯洛洛就踩在吴伦的大脚印上，轻松地前进着。她听见吴伦在轻声哼着："我穿过金黄的麦田，去给稻草人唱歌。"那首歌她也很喜欢，正想跟着轻声和唱，转念又想到自己的照片还留在一个陌生的男生的相机里，似乎不太妥当，因此，冯洛洛忍不住又问："你把我的照片删除好吗？"吴伦突然转过头来，冯洛洛来不及停住脚步，差点儿撞到他身上。吴伦夸张地挑着眉说："我都没好意思多拍几张，连这唯一一张你也好意思让我删除？"

冯洛洛说不过他，索性大步向前走，不再理他。只是没有吴伦的大脚印踩着，她走得比刚才吃力，脚陷进深雪里，松散的雪沫总想要灌进她

愿你耳畔有清风，仰望有繁星

葡萄藤记得我曾经的期待

□ 李毅楠

我最喜欢老家那棵高大的梧桐树了，整个春天都弥漫着梧桐花的芬芳。淡紫的花瓣打着旋儿落下，风一吹，似一场盛世花雨。

梧桐树的旁边就是一棵葡萄藤，葡萄藤下的泥土已经干裂，枝干也如朽木一般。家里的人多次要移除它，却不知为何，迟迟没有动手。于是，那棵濒死的葡萄藤就被遗忘在了一旁。

今年夏天，我回到老家，发现家里的那棵梧桐树已因为拆迁而被移走，而那株濒死的葡萄藤却结出了许多串黑紫黑紫的葡萄。

童年时，我曾无数次希望能吃到这棵葡萄藤结出的葡萄，许是记忆太久远了，我已忘记这棵葡萄藤是否也曾生机勃勃，又是否也曾结出过那样酸甜的葡萄。只是如今，当它又用它饱经沧桑的枝干结出一串串葡萄时，我已没有当年那样急切等一株葡萄开花结果的心情了，也品尝不出那种快乐的滋味了。

就像老家的院子里不再有梧桐花的芬芳，我也不再像小时候那样蒙昧无知。我体验了物是人非，也明白沧海桑田。从前对于于老家的向往已化作对自由的渴望。

那曾芬芳了我整个童年的梧桐花，那饱含了我所有期待的葡萄藤，终成为永恒的记忆。只是下一次，当我再看到梧桐花与葡萄藤时，我会记得，曾经我家，也有过这样的美景。

的靴筒里。眼睛的余光里，冯洛洛看见吴伦和自己的影子长长地映在雪地上，始终不远不近地隔着两米远。冯洛洛突然停下脚步，转过身问："如果我告诉你稻草的用处，你能把我的照片删除吗？"吴伦笑起来，说："你倒是先说啊。"

冯洛洛告诉吴伦，自己是因为了解了食用纳豆的功效，想要动手用稻草培育纳豆菌的想法。冯洛洛还告诉他，自己的爷爷是因为脑血栓去世的，受了很多苦，她希望奶奶能够保重身体，长命百岁。冯洛洛说着，泪珠已在眼底了。吴伦看见她的鼻尖和两颊呈现出兔子耳朵一般的粉红色泽，却又不知道怎样安慰她，只好转移话题："我家里的白兔刚好生了小兔，送一只给你吧。"冯洛洛欣喜地抬头，眼底仍有泪光。

那天下午，吴伦把小白兔送给了冯洛洛，却食言了另一件事——他没有删除冯洛洛的照片。相反，他的相机里留下了更多她的身影，安静的、笑着的、回眸的。等到冯洛洛和小白兔混熟了，自然也和吴伦混熟了，便作势要抢他的相机，并大声质问："为什么不把我的照片删了？""好看呗。"吴伦说。冯洛洛的鼻尖和脸颊，再次呈现出小兔子耳朵一样的颜色，真的很好看。

冯洛洛不知道怎样的温度和湿度才算适宜，而电影《小森林》也并未讲明裹着熟大豆的稻草包，要在雪下埋藏几天才会生成纳豆菌。她把这些困惑说给吴伦听时，吴伦笑着问："你都不知道在某宝网上，只有想不到的，没有买不到的吗？"冯洛洛恍然大悟。

在等待纳豆菌和纳豆机到货的日子里，吴伦和冯洛洛每天都一起做习题、看电影、天马行空地聊天。在冯洛洛做了一百多遍"保证不删除一张照片"的承诺之后，吴伦很犹豫地将相机递给了冯洛洛，却因为担心她食言而紧挨着坐在她身边。冯洛洛紧张得指尖沁出汗来，将相机向他怀里一塞："不看了，小气！"吴伦如释重负，小心翼翼地将相机装回包里。这时，吴伦的几个朋友来找他，当一个叫小雅的女生要求看他新拍的照片时，吴伦却笑着将相机递给了她，这让冯洛洛很不开心。

冯洛洛和吴伦的朋友不熟，于是发起呆来，只是依稀听到了他们的对话。小雅说："原来吴伦的人像摄影技术这么好啊。"吴伦笑着回答说："那我开个视频教程，专教人家怎样给女朋友拍照片吧。"而小雅的笑容却有些僵硬，起身时竟带翻了桌子上的果汁，洒了冯洛洛一身。冯洛洛用吴伦递过来的纸巾草草擦着衣服上的果汁，觉得自己此时像极了稻草包中的大豆，那些从未有过的情绪正在发酵，让她感觉难过、酸楚，却又夹杂着一丝说不清道不明的甜意。

那天深夜的微信里，吴伦终于坦白，他相机里所有的人物照，冯洛洛是唯一的女主角。他诉说了自己初见冯洛洛时的怦然心动，不由自主地开启话痨模式时的莫名紧张。冯洛洛写写删删，隔了很久，只回了他一个小小的笑脸。第二天，冯洛洛没有等纳豆菌到货，就离开小姨家，那些慌乱的情绪，她需要细细地梳理。

两天后，吴伦找到冯洛洛，带着一大沓冲印好的照片，照片中全是有她的风景。吴伦的语气显得小心翼翼，说："要不下次尝尝我做的纳豆？"他的眼神明亮，笑容如雪色中初见时那样光芒万丈。冯洛洛生平第一次知道，怦然心动的感觉有多好。

而如果那一瞬，吴伦刚好和自己的感觉一样，便是这世间无与伦比的美丽。

我总是轻易地忘记自己对自己的承诺，日复一日地对自己催眠。

暗恋

□ 七 毛

去看《我的少女时代》，不得不再次感叹，台湾校园片拍得清新自然让人心头一暖。"老土到丧心病狂，感动到一塌糊涂"。旁边一个阿姨边看边哭，我看着难受，也跟着哭起来。我既羡慕平凡路人女主林真心能同时被校霸徐太宇和校草欧阳追求，又不禁伤感起自己毫无声色的少女时代。

每一场暗恋都是相似的，可结局却各有各的不同。

那时最爱升国旗和课间操，从下楼梯那刻起，总能在第一时间找到他。他还是漫不经心地做着不标准不费力的动作，一脸不耐烦，腿也伸不直，腰也抬不起，糊弄糊弄就想快点儿结束。我最爱每一节的转身动作，可以明目张胆理直气壮地看向他的背影。总期待偶尔有那么一次，他那双世上最好看的眼睛，也能看上我一眼。喜欢看他打篮球。每周三下午，他都在西区球场。我会躲在一群少女后面跟着偷偷叫喊。我根本看不懂什么三分球两分球前锋后卫盖帽，我只想看他。他的红色球服还是那么耀眼，他的投篮动作还是能引来女生的尖叫，他奔跑的身影还是会一次次出现在我每晚的梦里。

想摸一摸他放在球场座位席上的外套，可我不敢；想在中场休息时给他递上一瓶矿泉水，可我不敢；想在他突然摔倒时像英勇帅气的电影女主角一样冲上去陪他，可我，还是不敢。

为了多看他一眼，可以每节课间跑去上厕所。走过他们班窗前，总是能第一眼扫到他的位子，他不是趴在桌上睡觉，就是在做题，有时候会跟前后座几个讨厌的小女生嘻嘻哈哈讲笑话。能够多看他一眼，多看他一秒，我都能开心一上午。他要是也扫了我一下，我可能会脸红一整晚，失着眠给自己幻想几十种玛丽苏剧情。

偶尔他会站在走廊上看向远方。我或低头飞快跑开，或跟身边女生大声说笑。他白色的衬衫还是那样干净迷人，他那让人捉摸不透的侧脸时而阳光时而忧郁，世上怎会有这么这么好看的脸呢！跟他靠近时，除了眼睛，我全身上下都在打量他。

听他喜欢的歌，从BOBO的《光荣》、吴克群的《为你写诗》到周杰伦的《青花瓷》。把这些歌的歌词抄了厚厚一本笔记本，比我整理的数理化笔记还要认真。还会在歌词本画上各种小图案，期待有一天他能借去看。去广播台央求站长播他喜欢的歌，看着他在课间跟着广播轻声和，我感觉我这灰暗的人生开出了明媚的花。

我始终为他而紧张，为他而颤抖，可是他对此毫无感觉。他从来都没有认出过我，他从我身边走过像是从一条河边走过，他踩在我身上如同踩着一块石头，他总是走啊，不停地走啊，却让我在等待中消磨整个青春。

为了引起他的注意，我会努力把名次考到最前面。他当然不会知道，每次他在我面前说："哎呀！这次又是第一厉害啊！"我多想多想告诉他"都是因为你啊"，为了引起他的注意，我会报名参加运动会，因为他也会参加。虽然终点没有他，虽然最后会跑到差点儿断气，但我知道他就在那个角落，我一圈圈坚持下来就是为了能经过他，听到他那一声又一声哪怕是礼貌性的"加油"。

我这平凡无聊的青春也有了狗血的转折，突然收到了他递来的小纸条："嗨，歌词本借我看下不？"简短的十个字把我整个青春都照亮了。鼓足勇气给他回了封长长的信，为了显示我的文学造诣，抄了肉麻的歌词、泰戈尔的诗和连我都看不太懂的英文。趁着教室空无一人，将纸条和歌词本偷偷塞到他的抽屉里。

我不知道那个紧张不安到快要窒息的下午是如何熬过来的。晚自习他经过我的位子，我都不敢抬头，不敢说话，连呼吸都不敢用力。下课后他把歌词本递给我就走开了。我脸红心跳悄悄打开，然而什么都没有。

后来一个月我每天翻看歌词本几十次，总奢望能找到什么蛛丝马迹，然而还是什么都没有！伤得我强迫自己三个月不去看他，我那不可一世的热情和自尊就在自己跟自己赌气中慢慢耗尽。后来我又喜欢上了别的男生……

每一个我喜欢过的人，身上都自带光环。我总可以最快在人群中找到他的位置，找到他在哪里。仿佛他在哪里，光就在哪里。

我喜欢过爱穿白衬衫弹得一手好吉他的学霸校草欧阳，也喜欢过球打得行云流水、架打得惊天动地的学渣校霸徐太宇。可他们都不喜欢我，甚至不认识我。我是林真心，土肥丑无人问津的平凡少女。我不是林真心，我的青春没有配合电影剧情发展，既没给我配上两个校园风云帅哥，也没

一个人身边的位置只有那么多，你能给的也只有那么多，在这个狭小的圈子里，有些人要进来，就有一些人不得不离开。

1945年的美好初恋

□ 屠岸

我跟董申生于1945年4月相识，当年秋天，我们的恋爱就结束了。这真像一场美丽的梦，但初恋的感觉影响了我一生，让我觉得人生是一个美好的存在。

有一次，我买了音乐会的票，约董申生到兰心大戏院听音乐会。我提前到场入座，右边的空位是留给董申生的。乐曲前奏快开始时，穿着一身白衣的董申生像天使一样走进来。我们那晚听的是柏辽兹的《幻想交响曲》，其中一个乐章是《死亡进行曲》，讲述的是至死不渝的爱情。我沉醉在音乐里，身旁坐着我的天使，幸福感使我眩晕。

不敢说"我爱你"，我该怎么表达我的感情呢？我写在日记里，然后把日记拿给她看。

有一两次，我到她家去，在门外透过窗户看到董申生在阅读。她低着头在看我的日记，淡红色的发结散发出异样的光彩。我看到她在笑，觉得那笑容像蒙娜丽莎的微笑一样。

有一次，我写了一张字条给她："我想拥抱你，亲吻你一下。"字条是装在信封里的，我散步时交给她，让她回家看，但第二天见面时我就不敢吻她了。那真是一种遗憾！我85岁时还觉得那是一种遗憾，但当时的青年就是这样的。

还有一次，我约她到文庙玩。文庙是祭祀孔子的庙堂，庙堂里有水池，水池中有高低不平的石头。我走在前面，她跟在我后面踏着石头前进。她走到中间，石头在晃，我走过去想要扶她，她却已经跨过来了。我没有扶住她，她也没有倒在我怀里。我为什么害怕身体上的接触呢？大概是怕唐突了她吧。

我到今天仍有刻骨铭心的感觉，因为和董申生的初恋，让我第一次感觉到女性的美。

我和董申生最后一次见面是在古今书店。那是1945年的秋天，我跟麦秆正在谈书的事，董申生来了。我和她没有说话，因为已经确定分手了。她身穿一件黄颜色的大衣，站在书店门口。阳光在她身后照着她飘动的头发，发梢是金黄色的，她被裹在一种圣洁的金光中。我看到她眼中宁静、平和的神色，也包含着无奈、惋惜。她没有进书店，而是微笑着说"再见"。然后她就走了，这个"再见"就是永别。

一直到我妻子妙英于1998年去世后，我才跟董申生恢复通信。妙英临终前跟董申生的妹妹董龙生讲，她走后希望我跟董申生结合，希望我有一场黄昏恋。我做好了准备，如果与董申生结婚，我愿意放弃写作，不再做翻译，只和她做伴，共度晚年。我跟孩子们说了，他们都表示理解和支持。可是董申生在美国，她不愿意回来，我也不愿意去美国。此后，我们再没有通过电话。

2005年，董申生去世，但我对她的记忆永远定格在那遥远的年代：1945年，我21岁，董申生17岁。

给我林真心的勇气和运气。

我爱的男生们都会不约而同喜欢校花陶敏敏。在做操时他们偷瞄的是陶敏敏，在打球摔倒时冲上前去关心他们的是陶敏敏，在运动会他们站在终点敞开怀抱迎接的是陶敏敏。而我，没有向前的勇气，哪儿来被爱的运气。

多年以后当我在影院一边哭一边羡慕别人的少女时代时，我那经常打架逃课翻墙通宵上网的徐太宇已经结婚生子开始晒娃每天群发鸡汤测试别人删没删他；我那爱穿白衬衫爱听周杰伦的欧阳已经不知道跑到那里做着什么工作过着什么生活；我那让人羡慕了整个青春的校花陶敏敏早已为人妻在朋友圈做起了代购卖起了保险晒起了大浓妆。

而我，都没能来得及对我的青春说一句"我喜欢你"，也没能说一句"好久不见"。电影落幕后，我偷偷擦了擦眼泪，牵着男友的手走出影院，想着今晚吃什么好呢。

我不喜欢夏天，却年年回味那个在夏天发生的青涩故事，如果再给我一次机会，我一定不会对一个女孩的爱落荒而逃。

三年前的教室走廊外，蝉鸣声终于轰轰烈烈地掀起了这个带着香樟树味的盛夏，我刚要抬手抹去额上的汗水，却发现什么时候签字笔的墨水沾到手指上都未曾发觉。经过隔壁的文科班，下意识地监视着那个小小的身影，窃喜间还来不及撒腿就跑，身后就传来了熟悉的脚步声。

没错，我又被跟踪了。

那一个月内，我们上厕所的时间点总是那么巧合，巧合到我开始反省是不是自己的臭脾气得罪过这位小姑娘。

我讨厌那个女孩

□ 归 苏

她真的是小姑娘，不到一米六的个子，胖嘟嘟的，擦肩而过的时候，扬起的清爽短发只能蹭到我的胸口，我在心里更喜欢叫她矮冬瓜。

她或许是仰慕我的。证据是每次眼神交汇时，她躲闪又雀跃的目光，还有那像是被人捏了一把的红耳垂。

我一点儿也不了解女生，更不能感同身受地去品味这个莽撞女孩的酸涩心事，我从来没有见过这样一个女孩，不害臊，将喜欢表达得如此炽烈奔放。我害怕这种勇往直前的冲劲，我只能忍气吞声般地见着她便绕道而行。

我向周围人打听她的来历。

矮冬瓜是文科班中的佼佼者，作文总是被复印分发到各个班级作为参考。我从书桌里找出最近的那团作文纸，如果我不认识她，或许会觉得她是一位长发飘飘清尘脱俗的画中女子。

可是她是个矮冬瓜啊，想到厕所门口她塞进我手中的那张餐巾纸，即使她能细心到发现我手上的墨水，我还是抗拒她，或许是因为截然不同的属性，她率真勇敢，我别扭沉闷。

我从未接受过告白，也未曾知道一个女孩能为爱痴狂成这样。

在一个月黑风高的夜晚，我便被她堵在了厕所门口。在我转身要逃离的时候，她拉住我的袖口大声说出了那句话。

在她看不见的黑影中，我用力地拉住了书包的带子，深吸一口气，然后夺路而逃，我不想伤害一个女孩，即使我终于发现了她很可爱。

我知道逃跑是很不负责任的行为，但我确实没办法面对听到告白后居然勾起嘴角的自己。我什么时候变得不讨厌她了？我稍不留神，她就能将我拉下那条叫爱河的地域。

我喜欢的是长发飘飘的美人坯子，怎么会对一个矮冬瓜另眼相看呢？我狠狠摇了摇头，却在下一次的作文里找到了那句藏头的话。

孔壹，我恨你。

这个矮冬瓜，居然能在作文里悄无声息地骂我，我却没办法在我的数学卷子里回击她，偏科的后果就是即使我的数学能考满分而被当作范卷，我也不知怎么为她写一首诗，但我最起码还能写一个函数，我将那个心形的函数写在我的名字旁，希望她的数学能争气点儿。

可是毫无动静，她再也没有在走廊上堵过我，也没有在作文里藏话。

我的内心充满挫败感，竟然泛起她为何不多坚持一会儿这种责怪性的话语。才子多风流，她也不例外，我像是一个被心上人抛弃的多愁善感的少女，看着她小小的背影咬牙切齿。

当我们不再刻意相逢的时候，我终于找到了她身上的不寻常之处。比如在体育场上，别的姑娘总是轻轻柔柔地打着羽毛球，她却挽起袖子，用乒乓板与男生大战三百回合。更可怕的是，每次买饭的时候，她的餐盘总是堆得高高的，怪不得她脸上有着婴儿肥，捏一下手感一定很好。

我终于开始做她曾经做过的事情，就是像雷达一样，只要可能，便监视着她的一举一动，不由自主地想要了解关于她的更多，年轻的心跳包裹着炽热的情愫，把我烤得外焦里嫩。

你是不是喜欢上她了？在我喋喋不休向同桌讲着她的趣闻时，同桌突然不怀好意地抛出了这颗定时炸弹。也对，平日里闷不作声的我一改常态，甚至有点儿手舞足蹈起来，这点儿小心思旁人一看便知。

我的脸上一热，将脑袋埋在书堆里，视线望着那个蹦蹦跳跳去洗水果的身影，不知道为什么，突然笑起来。

同样的地点，只是季节换成了冬天，在冷风中我瑟瑟发抖，将她堵住了。我哆哆嗦嗦地酝酿着措辞，问她夏天的那句话还算不算数，她冷笑着给出了否定答案，让我不必羞辱她，她有自知之明。正要鼓起勇气表达自己心意时，她却被一个前来寻找她的男生拉走，那个高大的男生恶狠狠地盯着我，警告我不要欺负他的美美。

她叫苏美，我却从来没有开口叫过她美美。

从此井水不犯河水，我以为阴差阳错间，我们还是走失了。

高三的日子总是很忙碌，我也渐渐说服自己不再关注她。她长高了也瘦了，头发扎成高高的马尾，笑起来露出两个酒窝，眼睛像是天上闪耀的星。同桌拍了拍我，说你看，她真的长成了漂亮的姑娘，我瓮声瓮气地给了个答案。或许这样也不错，没有我的干扰，她照样活得精彩，像是白杨，所有的美好与爱，她都值得，不值得的是我，没有珍惜的也是我。

毕业前夕，我偷偷摸摸打听到了她的高考志愿，虽然与我的志愿山南海北，可我还是愿意继续走在她的身后跟随她去天涯海角。

拍毕业照的时候，全校人流涌动，那日拉走她的男生摸了摸后脑勺和我道歉，说是为了保护自己的妹妹，所以情急之下，才对我恶语相向。

我发了疯似的到处找她，可惜人潮涌动，我感觉不到她。我在她教室的黑板上画出了那个函数，将她的名字写在里面，我想她会懂，可是她再也没有出现过。

高考后我一个人孤零零地拎着箱子去她心仪的大学报到，心中的缺陷再也没有人能填满，只留下遗憾。只是有一天我在食堂吃饭时，面前突然出现了一个巨大的碗和一张熟悉的脸。

她好像自来熟一般，平静地吃着饭，而我却在她给的餐巾纸中泪流满面。

她说高考后她摔断了脚，为了逃避军训等，故意在家休养了半年。我不想知道前因后果，我将食指放在热乎乎的番茄蛋汤里，画出了那个心形。她"扑哧"一声笑出来，说她哥哥将黑板上的那个一模一样的图案拍给她了。我终于也对她说出了那句话，她将泼墨般的长发扎起，狼吞虎咽地专心吃饭，我像是个小媳妇一样只敢小心翼翼地蹭蹭她，她一脸不耐烦，催促我吃完再说。我想她已经翻身做主人了，从我喜欢她的那一刻起。

年少的爱恋总是那么青涩而煽情，我不止一次地想如果我能更加勇敢一点儿有多好，却又感谢着那些成长，让我们都长成更好的人。更成熟地去面对这个世界，面对错失与泪水，坚定不移。

我想我会一直讨厌她，再也不会孤单。

花费时间和浪费时间

□ 林清玄

李小龙尚未成名时，在好莱坞教授武术。有一天教完武术，他和他的弟子，有名的剧作家史托宁·施利芳一起喝茶聊天，谈到了"花费时间"和"浪费时间"的不同。

"花费时间是把时间花在某件事上。"李小龙首先开口，"在练功夫时，我们是花费时间，现在谈天，也是花费时间。浪费时间则是糊里糊涂或漫不经心地把时间消耗掉。我们有时把时间花费掉，有时把时间浪费掉，至于是花费还是浪费，全靠我们自己的选择。但无论如何，时间一过去，就永远不会回来了。"

"时间是我们最宝贵的财富。"史托宁同意，"任何人偷走我的时间，就等于偷走我的生命，因为他正在取走我的存在。当我年龄变大时，我知道时间是我唯一剩下的东西。因此，有人拿着什么计划找我时，我就会预估这项计划将花费我多少时间，然后问自己，因为这个计划，我愿意从我所剩的少数时间内，支取几个星期或几个月吗？它值得我花费这么多时间吗？还是我只是在浪费时间呢？如果我认为这计划值得我花费时间，我就会去做。"

"我把同一尺度用在社会关系上。我不容许别人偷走我的时间，我不再广交天下豪杰，我只结交那些能够使我过得愉快的朋友。在我的生命中，我空出若干必要的时刻，什么事也不做，但那是我自己的选择。我情愿自己选择如何花费时间，而不盲从于社会习俗。"

史托宁说完后，李小龙望着天空，一会儿才问，是否可以出去打个电话。

当李小龙回来时，他微笑着说："我刚才取消了一场约会，因为对方只是要浪费我的时间，而不是帮助我花费时间。"然后他很诚恳地对史托宁说，"今天你是我的老师。我第一次知道我一直在跟某些人浪费时间，以前我从没想过他们是在取走我的存在。"

我一直很喜欢李小龙的这个故事。我想，李小龙之所以以少数几部电影就令人念念不忘，是因为除他的电影和无数荣誉外，他还有敏于深思的习惯。

你终会遇到那个彩虹般绚丽的人

□萧卡娜

某个夏天，二年级的小男孩布莱斯一家搬到一个小镇，成为朱莉·贝克一家的邻居。朱莉前来帮忙，对于那一天，她的记忆是："我遇到布莱斯·洛斯奇的第一天就怦然心动了，他的眼睛，那双明亮迷人的眼睛吸引了我。"这是电影《怦然心动》的开场白，无数人记忆最深刻的一场戏。

电影讲述了一个两小无猜的故事，一对小孩，一棵树，简单又微妙的爱恋，却足以让人明白，原来生命可以这样美好。

小小年纪的朱莉对布莱斯一见钟情，认定了他就是她生命中的白马王子。可布莱斯却觉得朱莉是一个怪人，尤其是开学后他发现自己和朱莉竟然在同一个班级，而这个女孩一直围绕在他的身边，想方设法接近他，这让他避之不及。

直到小学毕业，布莱斯也没有对朱莉产生任何好感。初中时，两人又成了同班同学。朱莉依然黏着布莱斯，为了逃离她的接近，布莱斯拉上了肤浅的校花的手，这让朱莉非常伤心，但她坚持认为布莱斯最终会离开那个"愚蠢的女人"。

朱莉始终虔诚地坚信三件事：树是圣洁的，尤其是她最爱的梧桐树；她在后院里饲养的鸡生出来的鸡蛋是最卫生的；以及总有一天她会和布莱斯接吻。

她邀请布莱斯跟她爬上梧桐树看风景，她说："我爬得越高，风景就越迷人。"可是没过多久，因为街道施工，梧桐树要被砍掉了。朱莉誓死捍卫，并希望布莱斯可以和她并肩作战，可他却无动于衷。

即使这样，朱莉还是将自家的鸡蛋送给了布莱斯，满心欢喜地以为对方会喜欢和接受。但她没想到，布莱斯因为家人嫌弃鸡蛋不卫生，偷偷将这些蛋都扔掉了。

不仅如此，他还嘲笑朱莉家的院子，他附和朋友对朱莉那个有智力障碍的叔叔的冷嘲热讽，他不敢反抗狂妄的父亲对朱莉家的偏见。

一次次地突破底线，让朱莉彻底伤透了心。这时她想起了父亲说过的话："有些人整体大于部分之和，而有些人则不是。"一直以来她都坚信布莱斯一定是整体大于部分之和的人，但随着这个女孩的成长，她渐渐地体悟到了家庭、生活、情感，她开始质疑起自己当初的想法，或许布莱斯并不是那个可以和自己并肩看风景的人。

她越来越觉得布莱斯和其他人一样，那双好看的眼睛不过是徒有其表而已。她决定再也不要理睬布莱斯了。

当这个每天都出现在自己身边的女孩突然消失了，布莱斯却发现自己开始在意起她来，渐渐地对她怦然心动。他被朱莉家庭的温馨氛围所感染，他意识到朱莉是如此与众不同，她热爱生活且个性独立，能从一棵梧桐树、小鸡孵化这样的小事中感受到生命的美妙。

此时，布莱斯才深深体会到了外公的话："有一天你会遇到一个彩虹般绚丽的人，当你遇见这个人后，会觉得其他人只是浮云而已。"

日久生情，然后情深义重。布莱斯突然意识到自己可能正在失去生命中的最爱，于是他带着惊慌，勇敢地承认喜欢这个独特的女孩。在一个金色阳光的下午，女孩从自家的窗户里看到，那个有着好看的蓝眼睛的男孩，正在院子里种下一棵她心爱的梧桐树。

什么样的人会让你心动？或许是他的眼睛，或许是他的微笑，或许是他在你困难时伸出的手，又或许是他一个不经意间的玩笑和一个突如其来的关心。

电影的结尾，他们终于化解了误会，双手再一次重叠在一起。相视而笑的那一刻，就像初次相遇，怦然一心动。

多幸运，在一厢情愿地喜欢着布莱斯的时光里，朱莉一直都没有放弃成为更好的自己。最后在曾经的误会与错过面前，她选择了再次拥有那双明亮而澄澈的眼睛。

朱莉在爱里学会了自尊，布莱斯在爱里学会了勇敢。"有人住高楼，有人在深沟，有人光万丈，有人一身锈，世人万千种，浮云莫去求，斯人若彩虹，遇上方知有。"

无论遇到什么，都要一直毫不动摇地坚信，愿你最终也会遇到那个如彩虹般的人。

真正的人生，是不拒绝成长的邀请

　　成长是一个破茧成蝶的过程。年少的轻狂，白日放歌、纵意，随着尝遍世间"毒草"而克制、温润、收敛。不再向似水流年索取，而是向光阴贡献渐次低温的心。那些稍纵即逝的美都被记得，那些暴烈的邪恶渐次遗忘。与生活化干戈为玉帛，任意东西，风烟俱净，不问因果。

　　文字有暮色，心还如少年，多好。心里，一直开着八九十枝花。

李健：赖在青春里不走

□李健

很多人说，谈论青春是非常危险的，因为容易流于心灵鸡汤。

其实，还有一种危险的情况，即谈论青春会引起误会。一般人们认为，青春已逝的人才会谈论青春。可我的青春没有逝去。

青春并不是指年轻，而是指一种很好的状态。现在很多年长的企业家去爬山，做一些年轻人做的事情，他们就很青春。村上春树的书中有很多细腻的情感描写，他有一颗敏感的心，他养猫、听音乐，他现在的状态和大学的状态差不太多，他的这种状态就很青春。

我还赖在青春里不走。因为在青春里，能体会更多的乐趣。借用美国作家凯鲁亚克的一句话来说，便是"愿我们永远年轻，永远热泪盈眶"。

今天，我比在座的同学年长10岁甚至20岁，但我还和你们一样有青春的状态，有时还会为一些小事"计较"，这就是一种青春的状态。

青年时代容易迷茫，迷茫是自我认知的开始。我在中学的时候，基本没有太多的想法，真正迷茫是在来清华之后，我开始寻找真正属于自己的乐趣。后来，这种乐趣成为我的职业，成为自我依靠。

我在大学时怀疑过自己，写这么多歌有什么用呢？后来恰恰是这些作品，逐渐给了我自信。刚上大学的时候，我也考虑过出国，畅想一下未来。但后来，我发现在清华这样高手如云的地方，人的天赋差距很大，光靠努力不是完全有用。每当我遇到挫折，我总会找一些我所拥有的其他东西来安慰自己，类似于唱歌。当时我认识了一些校园歌星和一些"野生"的音乐家，这让我窃喜。

在大学的后两年，我找到了属于自己的生活方式，我发现自我乐趣才是最重要的。我想，每个人都要拥有自己热爱的生活，拥有自己的乐趣。热爱生活从而寻找乐趣，拥有了乐趣从而热爱生活，二者是相辅相成的。

大学毕业后我在广电总局工作过几年，那时候的一些苦闷，我都是通过乐趣自我削减了，我喜欢弹琴和锻炼身体。后来做歌手，我也有一段"沉默时期"，支撑我的还是这些小乐趣。当时很多人为我担忧，但我恰恰拥有自我安慰的方法，乐趣削减了我的压力。如果没有这些乐趣的支撑，我也许很难沉下心来写一首歌，而做音乐需要很纯粹、很专注。

在这个大时代里，个人对生活的经营似乎显得尤为重要。我想每个人真正的乐趣并不会太多，但要看重它，要对之经营和投入，尽量把它培养成更大的乐趣。我一直都很看重自己的乐趣，可能也正是因为悉心地经营这个乐趣，才会让我成为一个歌手吧。作为歌手，我是这样经营自己的乐趣的，比如，我给自己定了一把吉他，但是它需要很久才到，这段时间支撑我的就是这把吉他。当我演出累了，有烦恼了，我会想想过些日子我的吉他就要到了，就释然了。

我的乐趣一直是我的支撑。我曾经在一个四合院里住了5年，冬天时特别寒冷，让人很不好过。但生活的小恩小惠，便可以化解它。比方说，在四合院里我弄一个小锅炉，研究一下锅炉的运作方式；再研究一下水泵，如何将水泵放在水管里。在最冷的时候，我会写一些抗拒寒冷的歌曲，我写过一首歌叫《温暖》。多年以后很多人问我为什么写这首歌，原因非常简单，因为我住的地方太冷了，温暖是我当时的渴求。所以说，真正的智慧来自生活，生活是真正的艺术家。

我们会羡慕那些把自己生活经营得风生水起的人，在我看来，这些人都有着青春的状态和属于自己的乐趣，因为即使他们深陷困境，他们所拥有的青春状态和对乐趣的探寻，都会减轻他们所经历的苦痛。有人可能会认为，年岁的增长会磨灭这样的状态与乐趣。我曾唱过《当你老了》，其实我觉得老了并不可怕，在我看来，最可怕的是老无所依——精神上没有了依靠。

当年，我和卢庚戌一起弹琴。他问我："李健，你有钱了想干什么？"我说："我有钱了想去秀水买衣服，买高领毛衣和皮靴，我还要买唱片机——"这些幻想给我很多快乐。后来我有了粉丝，我幻想在北展、工体开演唱会。当这些幻想实现的时候，那就是生活给予我的馈赠。

三大心态

□ 尤今

来到了阿塞拜疆西北部的城市舍基，下榻于民宿。

这座石砌的古老屋子，有五个大房间。房东在花香和果香氤氲的庭院里，设了桌椅，让倦游归来的房客歇息。每回我们一坐下，热诚的房东依格尔便会为我们沏一壶热茶，与我们聊天。

40余岁的依格尔，说英语时，不但用词漂亮，而且文法准确。

在英语不通行的阿塞拜疆，这是很不寻常的。让人费解的是，他从来不曾在任何语言学校接受过正规的教育，他究竟是如何把英语练得如此炉火纯青的呢？

他表示，学习语言，必须具备三种心态，那就是猎人心态、蝙蝠心态和蜗牛心态。

"猎人心态"至为关键，他说："地上的走兽、天上的飞鸟，都不会自动扑到猎人的枪口上。猎人必须主动出击呀！"

在语文学习的道路上，他这个"隐形猎人"所要积极猎取的，是机会。他说："我不放过任何一个即使是最细微的机会。"

年轻时，依格尔在一所学府的食堂里当助手。忙完厨务之后，其他人打盹休息，他可不。征得学府管理层的同意，他到课室里当旁听生，从零学起。这堂课听完了，他便溜进别的课室，继续听、继续学。

"我不想一辈子待在厨房里与炊烟纠缠不清。"他说，"我一直有个梦想，我想拥有一家旅馆，与来自世界各国的游客打交道，让他们来到阿塞拜疆有宾至如归的感觉；而要实现这个梦想，我就必须先以英语来武装自己。"

原来，追逐梦想是他学习最大的驱策力啊！在猎取到了难得的学习机会后，他便积极发挥"蜗牛心态"了。

"蜗牛每天顶着沉甸甸的硬壳，坚持不懈地爬行。当来到一堵高墙壁前面，它们选择的不是打退堂鼓，而是勇往直前，攀爬而上，那种顽强的斗志，是很好的学习楷模。"依格尔滔滔不绝地说道："学习语言，最忌讳的便是三天打鱼，两天晒网。就算学习的速度比蜗牛还慢，依然必须坚持每天学习。"

他进一步指出，如果光靠坚持而没有爱，学习就会变成一大苦差；一旦撑不下去，便溃不成军。

对依格尔来说，广播、电视、电影，全都是"寓娱乐于学习"的大好教材。他反对"苦背字典"的刻板方式，他说："一个字一个字地学，太枯燥了；再说，单字是为词汇服务的，倘若我们连词带句地学，不但可以学到文法，还可以兼而学到优美的表达方式。"

在学习的过程当中，依格尔讲求的是"蝙蝠心态"。

"蝙蝠，是所有的哺乳动物当中听觉最为敏锐的。蝙蝠的耳朵，具有非常精细的超声波定位结构，它分辨声音的本领很高。"他口沫横飞地解释道，"一开始学习语言，我便养成了像蝙蝠一样的习惯——屏气凝神地听，聆听对方的讲话内容，也仔细分辨对方的口音。如此经过多年的自我训练，现在经营旅舍，不管下榻者是哪一国人，也不管他有啥地方口音，通通难不倒我！"

谈到这儿，几名来自美国的房客回来了，他飞快地站起来，说："我给你们沏壶茶！"

把茶端来之后，他急切地问他们对舍基这地方的看法。

他把每一名房客当成他的老师，他把每一次交谈看成是他的语言课。

我在他灼热的眸子里，看到了猎人扑向机会的敏捷，看到了蝙蝠心无旁骛的专注，也看到了蜗牛匍匐而行的坚韧。

巴黎左岸的一家传奇小书店

□孙道荣

去过巴黎莎士比亚书店的人,一定会注意到,书店通往二楼的逼仄楼梯上,写着一行行诗句:"当你身陷孤独或黑暗,我希望我可以让你看见:你自己生命的惊人光芒!"

这句诗,出自14世纪波斯伟大的抒情诗人哈菲兹。它被醒目地书写在莎士比亚书店红色的楼梯台阶上,每一个进过书店并登上二楼的人,都会一眼看到它,它像一道光,让俯身攀登的人眼前骤然一亮。

一家小小的书店,能成为巴黎的一处文化地标,莎士比亚书店本身,就具有惊人的光芒。

美国有句谚语:"人死后去天堂,美国人死后去巴黎。"可见作为世界文化之都的巴黎,在美国人心目中的地位。

莎士比亚书店的两任店主,就都是美国人。

第一代莎士比亚书店,由希尔维亚·毕奇于1919年创办。毕奇在自己日后写作的《莎士比亚书店》一书中,描述了自己当初在巴黎寻找可作为书店的店铺时的场景,她和朋友艾德里亚娜费尽周折,终于在奥德翁路拐角的迪皮特朗街,找到了一家等待出租的房屋,以前它是一家洗衣店。

谁也不会想到,就是这个看起来纤细得弱不禁风的毕奇,将一家小小的书店,建成了作家们在巴黎的家,一处文化的摇篮。

书店开业之初,亦是一战刚刚结束不久,"迷惘的一代"刚经历炮火与杀戮,对人类社会充满失望与怀疑,他们纷纷来到巴黎,试图寻找答案。海明威、乔伊斯、毕加索、庞德、斯坦因、艾略特,来自世界各地的作家,齐聚莎士比亚书店。

海明威在《流动的盛宴》中回忆:"在那些日子里,我没有钱买书。我从莎士比亚书店借书看……在一条刮着寒风的街上,这是个温暖、愉快的地方,冬天有个大火炉,满桌满墙的书籍,橱窗里全是新书。"

让莎士比亚书店真正奠定它在文学史上地位的,是毕奇冒险帮助作家乔伊斯出版了在美国和英国都被列为禁书的《尤利西斯》。当时,困顿的乔伊斯,走投无路。连载《尤利西斯》的报刊都遭到了美国当局的打击,杂志被扣押和没收,甚至对出版人提出了起诉,英国也视《尤利西斯》如洪水猛兽。就是在这样艰难的背景下,毕奇决定冒着被打压和破产的风险,出版《尤利西斯》。这部皇皇巨著,这才得以出版,并轰动世界。

虽然莎士比亚书店被作家们亲切地誉为"左岸银行"和"邮政总局",但它的生存依然是艰难的,几次濒临倒闭。"二战"时,巴黎沦陷,书店在纳粹的一次次威胁之下,不得不关闭。美国弱女子毕奇一生致力的事业,就此画上句号。如今,莎士比亚书店的旧址上,只有一块小木牌,上面写着:"《尤利西斯》在这里出版。"

1951年,另一个美国人,38岁的乔治·惠特曼在巴黎左岸拉丁区又开了一家英文书店"Le Mistral"。1962年,希尔维亚·毕奇将"莎士比亚书店"这块沉甸甸的金字招牌,交给惠特曼使用。惠特曼从毕奇手中接过的,不仅是一个书店名,还有它的精神。

像毕奇一样,惠特曼的第二代莎士比亚书店,从创办之初就十分注重与作家们保持良好的关系,积极参与巴黎的文学活动,并为拥有作家梦的年轻人提供场所,鼓励他们创作。惠特曼将书店二层辟为图书馆,书堆间还有床铺,供"风滚草"(一种无根植物,会随风滚动)一样的作家、艺术家和知识分子,到书店里生活、交流和创作,这个公共项目至今已使来自世界各地的超过3万名"风滚草"们受益,其中不乏"迷惘的一代"代表作家艾伦·金斯堡、格雷戈里·柯尔索、亨利·米勒等。

坐落在塞纳河左岸的一家普普通通的小书店,成为巴黎的一个文化标杆,一代代的"朝圣者"慕名而来,并不是偶然的。它的惊人力量,不仅仅在于它自身的光芒,更是让每一个在困顿、迷惘之时走进它的人,发现、找到他自己生命的惊人光芒。

世态从来炎凉，但你要笑着讲出来

□ 甘北

朋友喝醉了，跟我讲他家的兴衰史。

九十年代，父亲经商，赚了一大笔钱，盖了楼，买了车。一时间门庭若市，几百年不串门的亲戚，都眼巴巴地跑上来。

那几年过年，家里永远是闹哄哄的，到处都是亲友，一份一份红包往他手里塞。

没过几年，生意做不开了，家里经济一天不如一天，洋楼掉了砖，汽车剥了漆，倒是别人家兴旺起来，楼一栋比一栋高，车一辆比一辆贵。

人呢，自然也往别人家去了。

那年春节，他跟堂兄一起玩耍，有人走过来，往堂兄手里塞了个大红包。他就站在跟前，那人回头望他，狡黠一笑道："哟，不知道你也在呀，今天红包派完了，赶明儿再给你。"

见过世态炎凉的孩子都早熟，他笑着摆手："您客气了，客气了。"就这样又过了几年，互联网经济一夜崛起，父亲又赶上了热潮，赚得盆满钵满。洋楼翻新了，轿车换代了，人呢，自然又回来了。

大家脸上带着笑容，好像中间那几年不存在似的，依旧欢欢喜喜地拜年。朋友的父亲坐在中间，开开心心地泡上一壶茶，气定神闲地说："大家都过来了，不容易啊……"

拜高踩低，原是天性使然。《儒林外史》里的名篇《范进中举》，对这四个字的诠释精妙透了。

范进中举前，向丈人胡屠夫借钱，被"一口啐在脸上，骂了个狗血淋头"。中举后呢，胡屠夫说："如今中了举人，就是天上的星宿。"范进要怎么办？中了举，狠狠地揍胡屠夫一顿吗？

不。范进说："方才费老爹的心，拿了五千钱来，这六两多银子，老爹拿了去。"私以为，这一段，才是《范进中举》中写得最好的。

一个人穷酸落魄过，又飞黄腾达了，就已经是两生两世，隔了一世的愤懑、憎恨、痛苦，早就不值一提。

为什么？因为他已经翻盘了。你受过的白眼，在落魄时是屈辱，在风光时，却变成了勋章。

马云也好，刘强东也好，谁都曾有求助无门的困苦经历，但如今的他们，会将它视为屈辱吗？不会的，他们会出自传，会做讲座，大谈特谈这段经验。

你看，世态炎凉这种事，还是成功了说起来比较好听。

富在深山有远亲，穷在闹市无人问。我七岁的时候看《增广贤文》，就牢牢地记住了这句话。

当时只感慨世态炎凉。但如今，我看到了这话里的另一层意思：你在闹市中发出的贫苦之声，是没有人愿意倾听的。

你要努力，再努力，再努力。

直到有一天，可以站在人群中央，云淡风轻地说一句："哦，上一世的事了，谁还在意啊！"

那才叫牛爆了。

在天堂喝下时间

□ 毕淑敏

初到南极，你以为冰只有一种颜色，那就是纯白。看得多了，才发现南极冰的奥妙。冰川渗出幽蓝，如梦如幻。

那些刚刚从冰川口的"冰舌"上分裂下来的"新生冰山"，是凶猛的冰山婴童。它们重心不稳定，容易发生翻滚和倒塌。我们到南极时正值夏季，冰山消融变酥，塌落崩裂，轰然作响，掀起巨大涌浪。远眺之下，胆战心惊。

"金字塔"形的尖顶冰山，水下体积庞然。登陆艇无声滑过，冰山潜藏水底的部分历历在目。它们并不隐藏自己的狰狞，如无大风，它们也不会主动出击，只是寂静地守候在那里。你若远离，便也相安。

依我目测的结果，水面上的冰和水下冰的体积比例，有很大不同，有的是三五倍，有的几乎相当于十倍。

天堂湾是三面为巨型冰山环伺的海湾，冰山像巨型蓝宝，折射七彩阳光，深邃神秘。

南极的冰，为何有如此妖娆的湛蓝？

尽管我年轻时戍边，守卫过号称世界第三极的青藏高原。那里的冰雪和南极比，从体量上说，实为小巫。在中国南部城市中长大的孩子，常常以为冰箱里冻着的规整块状物，加上冰激凌冰棍，就是冰了。人造冰场的平滑冰面，便是冰的极致。以为白色和半透明，就是冰的全部真实和本质。到了极地，你才豁然醒悟，冰是一种多么伟大而凶猛的存在！它们或是无边海水凝冻而成，或是从南极冰山崩裂而下，身世显赫规模宏大，傲然不可一世。

冰变成深蓝色，需要4000年。变成近乎墨色，则至少需要10000年。关于冰山的水下水上体积比例，有说九倍，有说八倍，还有说三倍的。海明威著名的冰山原理，指导着他的创作方法和艺术风格。大文豪认为：一部作品好比"一座冰山"，露出水面的是八分之一，剩下的八分之七则在水面之下。作为写作者，你只需表现"水面上"的那部分就足够了，剩下的八分之七，让读者自己去想象吧。

我向随船的极地专家，请教冰山理论。他说，那要看冰的籍贯和历史了。

我乐了，说冰还有出身论啊。

极地专家说，是的。最古老的形成于陆上的冰体，曾被剧烈压缩过，它们中间所含的空气很少，黑冰就属这类。它们一旦落入水中，大部分都会沉没，甚至有90%潜藏水中。那些年轻的海水中冻结出的海冰，质地比较疏松，所含空气较多，甚至只有二分之一沉在水中。于是这个比喻各执一词，从十分之一到二分之一都是正确的。

我说，明白啦！海明威取了折中之法。

专家继续道，冰对南极极为重要，如果没有浮冰，南极就不会有冰藻、浮游生物，鳞虾将无从觅食灭绝，企鹅也随之将陷入灭顶之灾，南极的整个生物链随之崩解。

他有些忧郁地补充道，现在，世界上很多淡水资源缺乏的国家，已经在琢磨如何把南极冰山拖回自家了。在可以想见的不远的未来，人们瓜分南极冰山的企图可能会变为现实。

骇然！南极冰啊，你可会有背井离乡被人拐走的那一天？

橡皮艇在天堂湾漫无目的地游荡。专家手指不远处道："布朗断崖属于南极大陆延伸出来的一部分。"他又指指另一侧，说："从理论上讲，我们从那里一直向南走，突破无数冰山，便可直抵南极点。"

我半仰头，极目眺望。南极冰山已修炼成自然界中最纯净的固体，浩瀚巍峨，昂然高耸至天之尽头，无际无涯。极远方连绵不断的冰山，给人无以言说的震慑感。冰山，统一单调，除了令人窒息的惨白色，没有一丝色彩装点其上。它严酷壮烈，无声地烈焰般喷射着拒人千万里的森冷。它屹立在寻常人等所有的想象之外，以顶天立地的旷世遗存，统摄我们卑微的灵魂。

执掌冲锋舟的探险队员，专门把船停到了一丛浮冰当中，我们如踏入水晶宫殿的围墙。我摘下手套，用手指尖轻触了一下冰川尖锐的棱角，立时冰得痛彻心扉。

专家说，请大家放下手机和相机，谁都不要说话，闭上眼睛，静静地，静静地，倾听南极的声音。

我先是听到了呼吸声，自己的，别人的。然后听到了心跳声，自己的。在熟悉了这两种属于人类的声音并把它们暂且放到一边之后，我听到了南极独有的声响。洋面之下，目光看不见的地方，有企鹅滑动水波的流畅浊音。洋流觥筹交错，在相互摩擦时发生水乳交汇般的滑腻声。突然，我听到一声极短促极细微的尖细呢喃声。

我以为是错觉。万籁俱寂易让人产生幻听。无意中睁开眼，看到极地专家。他好像知我疑问，肯定地点点头，以证明在此刻，确有极微弱的颤音依稀发生。

冲锋艇此刻正位于布朗断崖之下。它高达745米，陡直壁立，几乎可说直上直下。濒临天堂湾这一侧岩石，有锈黄色和碧绿色的淋漓之痕，在黝黑底色映衬下，甚为夺目。无数海鸟在岩峰盘旋飞舞。

什么声音？我忍不住轻声问，怕它稍纵即逝，我将永无答案。

是刚刚孵化出来的蓝眼鸬鹚宝宝在呼唤父母，恳请喂食……专家悄声解说。

我赶紧用望远镜朝岩壁看去。那声音细若游丝，我以为蓝眼鸬鹚是画眉般的小禽，却不料在峭壁如削的布朗断崖上，两只体长约半米大的鸟，正在哺喂一只小小幼雏。亲鸟背部皆为黑色，脖子、胸部至腹部披有白色羽毛。它们可能刚从冰海中潜泳后飞回家，羽毛湿透未干，似乎还有水滴溅落。它名叫"蓝眼鸬鹚"，双眼突出裸露，呈明媚亮蓝色，在略显橘色的鼻部映衬下，艳丽醒目。它们英勇地把巢筑在高陡岩壁上，下方百米处，海水荡漾。

我分不清正在喂雏的亲鸟是雄还是雌，只见它大张着喙，耐心等着小小雏鸟把嘴探入自己咽部，来啄食亲鸟口腔内已经半消化的食物……雏鸟在吞咽间隔，偶尔撒娇鸣叫，索求更多哺喂，恰被我等听到……人们渐渐从静默中醒来，神色庄重，似有万千感触不可言说。短暂的南极静默，会在今后漫长岁月中，被人们反复咀嚼回味。

天堂，第一是安静。

人间太喧嚣了。我们已经忘却了露水凝结的声音，花蕊伸展腰肢的声音，青风吹皱春水的声音，蚯蚓翻地促织寒鸣的声音……有的只是键盘嘀嗒、短信提示、公交报站、银行医院排号点名，当然还有上司训导、同侪寒暄、不明就里的谣传、歇斯底里的哭泣与嘶喊……各种人工制造的声浪，无时无刻不在围剿撕扯着我们的耳鼓，让人心烦意乱纸醉金迷。

聂鲁达的诗陡地浮上脑海。

"我喜欢你是寂静的，仿佛你消失了一样，你从远处聆听我，我的声音却无法触及你……"

老聂写的是一首情诗，追怀一名女子。此时此刻想起这诗，似乎有点儿不着边际。不过我们喜欢一首诗，有时只是喜欢其中一句话。这一句话，如同咒语，将无以言表的心绪捕捉。

那么现在，让我重复这箴言似的感叹——我喜欢你是寂静的……你的沉默明亮如灯，简单如指环，你就像黑夜，拥有寂寞与群星……海冰专家俯下身去，从海水中捞起一块冰，说：它的年龄足有一万岁了。把它含在嘴里，你就在天堂喝下了时间，从此做人就有了更广博的尺度框架。

和着笨人的鼓点前行

□溶溶水畔

对外界保持善意，但也不盲目迎合，而是更享受与自己、与自然的对话。

有次读到亦舒的话——"如果不介意脱节一点儿，落伍一点儿，那么绝对可以维持真我直到永远"，我心想，嘿，我还真的不介意。如此真的省下了很多患得患失。

借用修道者词汇，这是一个"入定"的过程。

入定这件事可能对笨一点儿的人比较容易。在《射雕英雄传》里，黄老邪在欧阳克和郭靖之间挑女婿，有一回黄老邪吹箫，让二人跟着击鼓。欧阳克很快被箫声乱了心神口吐鲜血，而郭靖却把鼓打得徐徐有致。前者是因为通晓音律才会被带跑偏，而后者恰恰是因为啥都不懂，叫他敲鼓，他的眼里心里就只有鼓。

"笨人"没那么活络变通，没那么多聪明法子，但总会在自己那个有点儿落伍、有点儿脱节的小世界里找到合适的鼓点。

演员袁泉在话剧舞台上塑造不同的角色时，会用不同的气味将自己带入情境，演《青蛇》会用外放偏香的香水，演《活着》会用香皂洗净双手，好让自己闻到最日常朴实的味道。这是专属于她入定的方式。

其实我们想成为什么样的人，想活在什么样的情境，也可以从一些小细节入手，把你的世界打造成你想象的样子。别小瞧了自己对世界的影响力，因为这个世界终究是由我们心底发出的投射。

1991年的少女，今年依然24岁

□ 林一芙

曾经有段时间，我和我妈的关系很差。

那是刚刚上高中的时候，我开始陆陆续续在报刊上发表文章，极爱读海子的诗歌，似懂非懂地把"海水点亮我，垂死的头颅"挂在嘴边。

"少年不知愁滋味，为赋新词强说愁。"我当时大概就是那样一种状态，假装离经叛道，可骨子里还是个小孩子。

我妈批评我在书桌前"磨洋工"，我就偏要反驳一句"你只知道说我，自己当年为什么不用功一点儿读书"，总之不反驳心里就不痛快。

青春期撞上更年期的飞扬跋扈和互不相让，在我们家愈演愈烈。

那时我妈40岁刚出头，突然变得很怕老，每天对着镜子担心自己的眼角纹和皮肤的松弛。

年岁还小的我并不能理解女人意识到自己老了是一瞬间的事，只觉得她越来越啰唆，还突然开始喜欢怀旧。她开始回忆当年《排球女将》火遍全国的盛况，更免不了要说她年轻时最爱看的"琼瑶剧"。

我妈年轻那会儿，台湾的偶像剧在大陆风靡一时，尤以琼瑶作为编剧的"三朵花""六个梦"系列最为火爆，被观众称为"琼瑶剧"。电视剧的主题曲《梅花三弄》是当时最火的歌，连三岁小孩都能够清楚地背出其中的念白"梅花三弄风波起，云烟深处水茫茫"。

可是到了我懂事的年纪，琼瑶剧已是老旧的回忆。那时的"日韩流"正异军突起，时尚杂志上全是日本的模特，留着栗色的鬈发，穿着性感的吊带裙。

我背着我妈偷偷地买了电卷棒，自己在家卷头发。一次，因为技术不精，烫到了后颈，留下一块黑疤。当时疼得不行，只能拜托我妈去买药，被我妈大骂了一顿："漂亮的人就算披头散发都好看，你看那些琼瑶剧里的女主角，清清爽爽地穿白色连衣裙多好！"

我们的母女关系开始陷入一种死循环——我觉得我妈所谓的流行早已过时，而我妈认为我现在关注的东西都是糟粕。

当时我们班转来了一个长得很好看的男生。

班上人数太多，在原本四列课桌的基础上，又在中间加了一列小桌子。班主任为了保护学生的视力，每两个星期会按从左到右的顺序换一次位置。坐在中间一列的同学因为不好安排就不进行调换。那个男生就坐在最中间的一列，和我同一排。因为这样的安排，我每隔两个月就能在那个男生旁边坐两个星期。

别人看不出来，但我自己心里在数着日子，就盼着那一天快点儿到来。

好不容易等到了，可是两个星期实在过得太快了，一眨眼又到了要换位置的时间。

虽然我自认是一个要"关注人类命运"的人，不能在这样的小事上斤斤计较。可是心里又喜欢得不得了，每天回家嘴里就像长了个漏勺似的，不经意间说出一些关于他的信息。

比如说，物理课我们两个被分到同一组了，或是化学课时我们一起做化学实验了。

我还假称自己上课没来得及做笔记，借来了他的英语笔记，特意拿给我妈看，夸他的字好看。

我卷头发的次数越来越频繁，偷偷地在校服里面穿花边衫，这些都被我妈看在眼里。有一天，她假装不经意地问我："你天天说的那个男孩子，到底长什么样啊？"

我吓得赶紧矢口否认："我哪里有天天把男孩子挂在嘴上。"

但这给了我一个很好的借口，我以"我妈想知道你长什么样"为由，约了那个男生去拍大头贴。两个人在遮光的大棚里鼓捣了半天，终于拍出了一小袋照片。

我兴高采烈地拿去给我妈看。她当时正在看CCTV怀旧台，指着电视屏幕问我："你还记不记得你小时候陪我一起看过？那时候你还说'这个姐姐有小熊，我也要小熊'，还问我东北是什么样子的，闹着让我带你去看下雪。"

电视上正播的是《望夫崖》，一部1991年的"琼瑶剧"。我看了几眼，确实挺熟悉的，女孩子扎着两个小辫子，穿着传统的秀禾服，男生穿长衫马褂。

我鬼使神差地坐了下来陪她一起看。一方面是想找一找童年的回忆，另一方面大概是迫不及待地等她结束，来看我新拍的大头贴。

小时候看《望夫崖》，印象最深的就是开篇时，刮着大风的山崖上站着穿一袭红嫁衣的女主角。于是我一直以为这是一个关于等待的故事，直到这次我才真正看懂了情节。

那段时间，我和我妈的对话奇迹般多了起来。

她边看边说起高中时喜欢看琼瑶的书，常常在语文课上偷偷地放在膝盖上看；她说高中时想嫁给海军，喜欢高仓健那样高大威猛的男子；她说她上学时邓丽君的歌是被禁的，可是几个

如何忘记一个人

□夏正正

传说森林里有条神秘的路,名叫"句号",这条道路在很久前被施了咒语,要是有人在"句号"上跑一圈,就能忘掉他跑时想着的人或事。没人知道那条路是怎样的,如果真的存在,也许已经被杂草覆盖了吧,路上长出棵大树也不一定,那就永远没人可以找到了。

忘不掉一个人真的会痛苦得难以自拔,因此每天都有人在寻找这条道路,她们专门成立了小组,每个人分享自己跑过的路线,然后排除。小组的名字没人知道,可能是叫作"一群可怜的蠢货"吧。也许这群蠢货阴差阳错地获得一种救赎——流了那么多汗,就再也不用流泪了。

如果你不喜欢跑步的话,酒也可以忘记一个人,至少暂时可以,所以狐狸阿北的酒馆每晚都不缺光顾的人。

猎豹先生最近每天晚上都会尝试不同的酒。"跑得快有什么用!能把记忆甩在身后吗?"他趴在吧台问阿北。"不能,但是肯定可以把我甩在身后,所以你不要逃单。"然而这天晚上猎豹先生没有尝试新的酒,他说:"调昨晚一样的,也是五杯。"

"因为今晚的心情和昨晚是一样的吗?"

"因为昨晚的醉意刚好可以梦到她,我喜欢那个梦。"

所以也没有很想忘掉啊,狐狸阿北边调酒边想。

当然吃也可以暂时地忘记一个人。长颈鹿目里曾经找到过一种花粉,如果加在蛋糕里,可以让人忘掉一些难过的回忆。

但是这种蛋糕开卖的第一天就有一个女孩哭惨了。"这个味道让我想起我们第一次约会的时候。"女孩子说。

当时开心的事情,却成了现在最难过的记忆,而且花粉无能为力。目里从此再也没做过那种蛋糕。所以目前只有松鼠一灰找到了可以忘记一个人的方法。

他说:"很简单,爬树就行。"

"可我不会爬啊。"

"所以有机会从树上摔下来,从此失忆。"

女孩子还是忍不住跑去邻居家偷听。

"我当时就想,世界上怎么有这么好听的歌啊!"她陶醉地告诉我。

这一刻,我和1991年的少女彼此遥望,甚至忘记了她是我妈。

她还破天荒地谈起和我爸的相识。我妈是个城里姑娘,初识我爸时,我爸刚刚从老家考到城里读书。

那时候,农村的各方面都比不上城里。虽然外婆外公不是迂腐的人,但我妈还是同家里拉锯了一阵才得以顺利地同我爸结婚。

婚礼接亲的那天正好遇上下雨。老人说结婚时下雨兆头不好,来看婚礼的乡亲围在旁边议论:"怎么可能会好?一个城里姑娘是多没出息才会嫁到我们这儿来!"

村里没有铺路,她一个人走在泥泞的路上,听着沿途的风言风语,抱着在城里租的西式婚纱的大裙摆,硬生生把眼泪憋了回去。

长久以来,我都习惯于母亲生来就是母亲。

我和很多年轻人一样,不加了解就随大流地贬损着不属于我们这个年代的东西。

我将我妈年轻时喜欢的东西全部归为迂腐、老旧。我以为她不懂爱,我以为她没有过青春,却没想过曾经的她甚至比今天的我还要勇敢。

我发现了一件我从未发现的事:原来我妈是可以了解我的。我开始同她分享一些私密的少女心思,包括那个坐在中间一列的男孩子。

开家长会的时候,我听到我妈央求老师把我换到中间那列,说是发现我总在斜着眼睛看黑板。我羞得斜眼看她,她却一扭脸,给了我一个狡黠的坏笑。

从那时候起,我妈开始变得格外可爱。她在楼下看到那个男孩子,还会特意上楼叮嘱我:"别让人家等得太久!"

我时常打退堂鼓,她知道后就给我打气:"交个朋友也好啊,你要是畏畏缩缩,以后连朋友都没得做。"

有时候我在想,我们用光影留住的到底是什么呢?或许,它存在的意义就是让我们跨越时间和地域,去了解自己生存维度以外的人与事。

我开始感觉到,我妈的过去就在我的身体里滋长,只是以一种不一样的方式和状态。1991年坐在电视机面前幻想着未来的可爱少女,变成了如今的我。

我和那个男孩最终也不过是止于友情。后来在同学聚会上,我们谈起这一段,都觉得那时候单纯得可爱。

可有个道理却是历久弥新的:所思在远道,身未动心已远,不如即刻起身,自己备好辔头鞍鞯,长鞭一挥,管他北上南下,谁还挡得住你去追寻!

因为将就，我渴望的人生推迟了5个年头

□ 杨熹文

我进入二十岁的那年，就常听见这种话，"我这待的什么破地方，以后要去个四季如春的城市，只过春夏，再无秋冬……"语气凿凿，像已买好去海南的机票，明日醒来即有柳莺，踩在阳台栏杆上唱不完的春日。

北方天气干燥又极端，夏日炎热浸肤，冬日寒冷刺骨，养得人脾气粗暴，性格分裂。这些年我们一起骂着风雪，然而将近10年过去了，90%的人还活在同一种天气里，盼着春夏，忍着秋冬。

我们养成另一种逆来顺受的脾气，冬日里流着鼻涕发着烧都能挤两个小时的地铁，"还有什么不能将就的呢？"憎恶的工作，无爱的婚姻，失去乐趣的生活……忍着吧，就像这已经习惯了的鬼天气。

我在悉尼的街头暴走，每五分钟走错一条路。这是住在新西兰5年后第一次海外旅行，久违了的视觉刺激让我想起10年前在冰天雪地里吹过的牛，"我要去更远的地方看一看，做个江湖行者，脚步永恒不歇"。那时我以为二十八岁是个极大的年龄，我早已玩遍欧洲，在南美洲一个不知名的城镇晃荡，操一嘴变调的西班牙语，和街边小贩砍价。

事实上，多年来我的护照清冷，驻足过的地方寥寥无几，连新西兰的探险也失去兴致。在陶朗加住了2年的日子变得乏善可陈，靠不足20万的人口撑起的城市，逛超市已是消遣之一。

买不到烹饪用的某个材料？随便放点儿别的吧；毛衣起球了看起来脏兮兮的？将就一下嘛；家具颜色不搭配？没什么所谓呀；最近生活很无聊？哎呀活着就好啦；想去西班牙？还是想想吧……人在跳离平日圈子时才可客观评价从前的生活，悉尼街头已是另一个世界，男人西装革履，女人妆容精致，城市的人口密度之高，遥遥照在我虚假满足的日子里。我自觉寒酸，我一个本自由奔放的青年，活得像个装在套子里的中年人。

是不是我们大多数人的生活，已经习惯将就？

这次为期一周的悉尼之行，除去参加书展，也用来探了探爱彼迎的美妙。原本预定住四处，最后只去了两处。第一处民宿与一姑娘同住，整个房子干净规矩，姑娘也热情友好，但细节折射出生活的本质——厨房里报纸铺在地面，客厅里餐桌伤痕累累，家具随意搭配着，露出疲惫的特征。缺乏绿色的空间，了无生气可言，似乎一切摆设只为供人落脚，齐齐喊着"别碰我别碰我"，催我快快走掉。

另一处地方住下当晚我就果断取消了剩余两个住所。这是一个法国男孩的租处，他大方地展示给我他的生活：早些年游遍欧洲，又在印度住了几年，最后来到了悉尼的出租屋，开始了爱彼迎租房营生，多年漂泊中修炼的安宁，全部投放到八十平方米的空间里。

这栋房曾经受学生的摧残，他替房主粉刷了墙壁，让阳台上的植物起死回生，又从二手店搜刮来很多奇特的装饰，挂在清冷的角落。我的房间，有舒适的床铺、好看的吊灯、可以插小旗帜的世界地图，还有贴心的电暖气。暖色调的柜子上摆着植物，香熏和小巧的蜡烛，转过头即是一面书架，除去书籍，还有从咖啡到棒棒

高级的美，看来也是普通

□ 庆 山

喜欢那种单眼皮的眼睛。眼睛似笑非笑，内在的聪慧，不是聪明。说话不多，说出来的可寻味。有时显出隐藏的忧郁。收敛得仿佛有许多心事的人，觉得他们像一本好看的书。有些人聪明外露，吵吵闹闹，说话多余，在一起觉得累。

有些人似笑非笑，自在，脑袋清楚，会说幽默的话。经常逗人发笑，也不觉得自己特别。可惜这样的人很少，大部分是盲目的自傲。

看到容貌好看而干净的人，心生欢喜。但高级的好看，必然和心地联系在一起。人有各自清楚的能量场，初见时感受强烈，相处久便慢慢习惯。好像山里走很久，也不觉得空气有多新鲜美味。高级的人相处长久，看起来也是普通的。

美的事物一定需要被别人发现和承认吗？事实上，只有同种属性的心，才会觉得它美。不需要任何吸引、刻意、徒劳、维系，出现在彼此面前即是相认。

只需要静静地等着。

好像藏在橡木箱子层层叠叠丝缎之下的一颗珍珠，不用示人，也心里踏实。不必时时拿出来看。心无怀疑，知道珍贵的东西一直都在，这是富有而安静的心境。

糖甚至卸妆水的物件。

我说："真好，想把所有的东西原样搬回家。"

他笑笑："都是从宜家买的，很便宜。"

不需要很多钱，就是一份用心，我探进厨房，大大小小的调料罐子整齐地摆在一角，上面贴有细小的标签，另一面的窗沿上种有罗勒和薄荷，绿汪汪一片，烹饪时可随手采摘。走进卫生间，不禁笑出声来，这样的幽默，总来自热爱生活的人。

第二天早上醒来，把所有我喜爱的细节拍了照，用来提醒以后的自己，不将就，这才是该有的态度。

这些年我也认得几个朋友，真正过得坚持。有人11月飞回南半球，5月飞去北半球，只过春夏；有人写诗作画，为清贫的梦想欢欣；有人常年单身，也始终相信爱情；也有人走走停停，实现着我当年的梦想……"不能将就，一点儿都不能。"这些年没少有人为她们操心，然而她们才是一直幸福的人。

在悉尼的最后一晚，我鬼使神差地从商场拎回一个巨大的门垫，我叫它"不将就的门垫"。然后花半个钟头，把它塞进行李箱。

我能想象到，每天踩上去的时候，也许就会想起，今天我不许自己将就着过，我去过远方，我会去更远的地方。

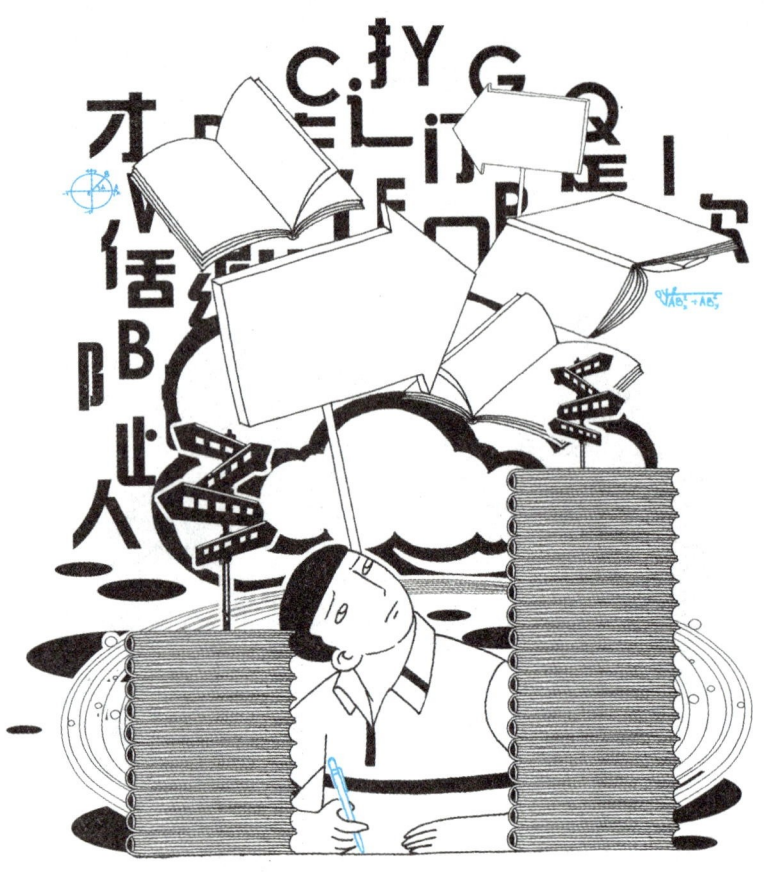

一个墨点染黑了一生

□ 清风慕竹

机巧，智商之高令人惊叹。俗话说一心不可二用，一个人能做到左手画方、右手画圆就相当不错了，可史书上记载刘炫却能一心五用："左画方，右画圆，口诵，目数，耳听，五事同举，无有遗失。"他读书一目十行，过目不忘，天生是一块读书的好料。照说以他的能力，出将入相都不是什么问题，可事实上，他的一生却让人大跌眼镜。

刘炫因为才华出众，出道很早，并且直接被地方官举荐到中央做事。他先是发挥自己的特长，修过国史，订过律历，又先后在尚书、门下、内史三省工作，都是一些重要部门。然而奇怪的是，他却一直没能谋个一官半职。那时公务人员收入不高，他养家糊口都很费劲。

生活窘迫，国家规定的税赋缴不起，以致地方官跑到他家去催讨。无奈之下，刘炫只好硬着头皮，找到自己的上司内史令诉苦，请求给他个官职，提高待遇。内史令很同情他，就亲自送他到吏部，说明情况。

吏部尚书韦世康工作很忙，没时间亲自考察，就让刘炫自己写个自荐信，说说自己都有什么学问。吏部尚书这一问，正好问到了刘炫最引以为傲的地方。他提起笔来，洋洋洒洒，把自己的能耐毫无保留地罗列了出来："《周礼》《礼记》《尚书》《公羊》《左传》《孝经》《论语》，孔、郑、王、何、服、杜等注，凡十三家，虽义有精粗，并堪讲授。《周易》《仪礼》《谷梁》，用功差少。史子文集，嘉言美事，成诵于心。天文律历，究核微妙。至于公私文翰，未尝假手。"大意说自己儒家经典无所不通，天文律历无所不晓，公文写作更是手到擒来。

刘炫话说得很大，但并非信口胡说。他与隋朝另一位大学问家刘焯是同窗好友，他们曾经先后师从多位大儒，不仅学习刻苦，而且"闭户读书，十年不出"，生活艰苦，但他们却毫不在意，只以读书为奠定了他们坚实的学识基础。现代历史文澜先生评价，隋代能称得上儒学大师两个，即刘炫与刘焯。可见刘炫的表白单纯的自我吹嘘。

而吏部尚书韦世康却不喜欢刘炫自恃才高、目中无人的样子，随手将自荐信扔到一边。后来，在很多同僚的说情下，才勉强给刘炫一个"殿内将军"的职衔，可过了没多久，就因为一件事，再次将他免职。

鉴于前朝纷乱，南北分离，图籍大量流失，隋文帝颁布了奖励政策，在全国范围内收购古代遗留下来或已散佚的书籍：凡献书一卷，奖缣一匹。这一政策立刻调动了人们献书的积极性，捐献书籍者络绎不绝。一天，"殿内将军"刘炫也来献书了，书为《连山易》《鲁史记》，数量达百余卷。主管的官员查验后，发现果然没有收录，便收下了，当即发放了赏钱。

刘炫因为此事，发了笔小财。可他还没来得及高兴，就被人检举揭

连物理都搞不懂，还妄图搞定世界

□ 陈三和

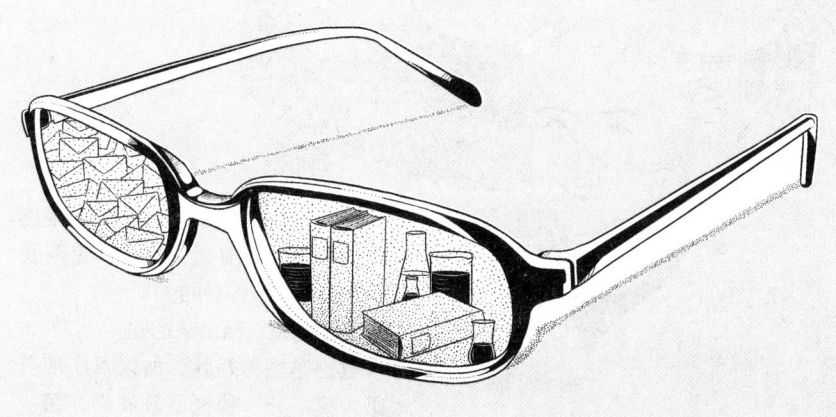

高考成绩出来，刚过线，很尴尬。我明白这已经是上天的恩赐了，因为在我身后，还有无数双渴望的眼睛。可人都是贪婪的动物，永远都无法满足。特别是当好朋友拿着我渴望的分数找我哭诉时，内心的嫉妒犹如猛兽，一个不留神就会跑出来。我故作镇静地安慰她，开导她，然后在夜半无人时用眼泪安慰自己。

我最大的实力，就是能认清自己缺乏实力。我拿着姓氏起誓，说，要练得一手好字，要考六级、学法语……少年总是豪言壮语，却也总会随风而逝。年轻时总觉得自己可以搞定全世界，可后来才发现，自己竟然连个物理都搞不定。这时才明白，"知耻后勇"这四个字如何难写。

虽然现在的局面很不好，但我不打算复读。当初的痛苦、无奈，深入骨髓，不眠不休地提醒我不要重蹈覆辙。可是我也该感谢那段时光，它给我一个最好的成人礼，让我明白运气仅是锦上添花，实力才是让火焰燃起的那把炭。

我的语文不错，老是第一。在老师的夸奖下，有同学起哄，喊我女神。我不知所措，因为明白，运气占的成分更多。于是我在害怕、不安中等待下次考试。高分、低分，如同过山车。也正因如此，才造就了这一次的遗憾。

当一切沉淀下来，我又有些释然。遗憾，其实是一面镜子。

佛曰：这是婆娑世界，婆娑即为遗憾，没有遗憾，给你再多幸福也不会体会。

发，说他的书都是伪造的。官府立即着手调查，发现果真如此。原来这些长达百卷的书，都是刘炫凭借自己的聪明才智，亲自撰写编辑的。刘炫用它来冒充古书，骗取政府的奖励。

这下可好，"殿内将军"的位子还没坐热，刘炫就被拿下，还差点儿丢了小命。后来虽然免于死罪，却也被开除出公务人员队伍。

刘炫丢官之后回老家教了一段时间书，隋炀帝想起他的才学，又起用了他，让他负责修订律令等。熬了几年，刘炫升为太学博士，显现出光明的前途。在此期间，刘炫提出了很多建设性的意见。隋炀帝想远征高丽，群臣一片附和之声，而刘炫却上书《抚夷论》，指陈利弊，反对用武，但其言只如风过耳。结果三次征伐都以失败告终，弄得国库空虚，民不聊生，各种起义风起云涌。多年以后，人们想起刘炫当初的预见，不得不佩服他高远的见识。

刘炫的才学有目共睹，他也直言敢谏，隋炀帝准备重用他，提升他的官职。此时又有人提起他伪造书的事儿，结果官没升成，反倒以品行卑下而被辞退。此时，他的太学博士才当了一年多。

刘炫晚年十分感叹当年一着不慎，终生难洗清白，空有满腹学问，不能得以施展。他的晚景更是凄凉，时值隋末战乱爆发，饥寒交迫中，一代大儒最后竟被冻饿而死。

所以，有学问，更要有修养，否则一个墨点就可能染黑一生！

我就是那个画画最好的姑娘

□ 绒绒

我从小最怕和别人比。

无非是比谁穿的衣服好看，谁的零花钱多，谁家亲戚又从一个很远、远到不知道叫什么的地方寄来了礼物……小时候，我家的生活不宽裕，又没有一个住得这样"远"的亲戚，所以我总是那个在一旁羡慕其他人的、性格有些孤僻的小女孩。

有时候我挺讨厌这样的自己——既对这种无聊的攀比感到不屑，又暗自难过于自己着实没有一项可以拿得出手的东西去和他人比。

后来我终于发现自己有一项别人都比不上的技能——画画。小时候我也没上过什么特长班，就是在美术课上跟着老师一笔一笔地学出来的。

后来，美术老师看我在画画上颇有天赋，就让我帮他做一些事情。比如，学校的公告栏需要经常换板报，下午放学以后，老师就带着我把原来的板报擦掉，用各种颜色的粉笔画一版更加多彩、漂亮的板报出来；再比如，学校里举办一些小型的美术比赛，老师会让我过去帮忙画画海报。

慢慢地，我发现自己再也不是曾经那个只会躲在角落里羡慕别人的小女孩了。每次画完学校的板报，同学们第二天一早看到跃然于黑板上的画面，就会像他们曾经讨论衣服、零花钱和礼物一样，围到我身边，追问我是如何画得这么好看的。

究竟是怎么画出来的呢？

也许是因为好胜，所以每次的美术课，我一分一秒也不敢放松，每一笔线条仿佛都在我的脑袋里构思了半个世纪。放学以后，我会买彩色画笔和绘画本画画；绘画本画完了，就偷偷趴在窗台上，用画笔把窗台涂得五颜六色。

因为我觉得，人这一辈子，总应该有一样拿得出手、逢人便可炫耀的特长吧。

后来一次机缘，美术老师帮我报名参加了全市中小学生美术大赛。

我还记得我的参赛作品是一幅画鹰的国画。为了画好这只鹰，我足足用了两个月的时间来练习。每天放学以后，我就一个人跑到画室，一遍又一遍地画。

美术老师对我说，画一只鹰，最重要的是画好鹰的眼睛。于是我跑遍了小镇的书店，问店员："有没有关于鹰的图画书？""有没有更多关于鹰的图画书？"

那段时间我觉得自己认识了世界上所有的鹰——它们的品种、它们的羽毛和它们的眼睛。

参加比赛的时候，我一点儿也不紧张，因为我可是做了足足两个月的准备啊！

等待结果的日子是煎熬的。教室与画室隔着一个操场，到了快出比赛结果的那几天，每次课间休息的10分钟，我都第一个冲出教室，飞快地跑过操场去对面的画室问老师："我得奖了吗？"

我得奖了吗？

我没有得奖。

当时对我最大的打击在于——我刚刚获得的能与其他人"攀比"的资本，瞬间被剥夺了。

这着实令我难过了一阵子。相较于"我为什么没有得奖"，更令我无法释怀的，也许是"为什么我明明那么努力，却还是比不过别人"。

后来，老师发现我去画室的次数少了，画板报也不积极了，分明变回了曾经那个躲在角落里、性格有些孤僻的小女孩。

他得知缘由后，叫我去画室。我一进画室，吃了一惊。

老师显然是有备而来的，我看见那些我曾经画过的鹰，一张一张地铺在画室的地板上，像是等待我检阅一般。

老师让我先看第一张，然后跳过中间的无数张，直接看最后一张，问我有什么区别。

区别显而易见——与最后一张画里有些睿智与凶猛的鹰相比，第一张画里的鹰简直像一只刚刚出生、丑陋又可怜的小鸡。

我终于明白了"比较"的意义。我们是应该"比"，但不是和其他人看上去的华丽与优越比，而是与曾经那个幼稚与彷徨、脆弱与迷茫的自己比。

我再回过头看自己曾经画过的鹰，原来真的每一滴墨、每一张纸都没有浪费；回过头看自己走过的路，原来真的每一步都算数。

每一分努力和徘徊时的焦灼，都是为了邂逅一个更好的自己。而我们也终将如愿以偿。

这件事情过了很多年，我仍然记得当年我画的那只鹰的眼睛——犀利而有光，透着倔强和不服输的神情。

我也终于愿意挺起胸膛告诉自己和其他人："对，我就是那个画画最好的姑娘。"

那一刻，我的叛逆期结束了

□ 妖孽的二狗子

高二的时候，年少无知，为了所谓的兄弟义气，做了一些错事，被送进了派出所。

被铐着录完口供之后，警察打电话叫我爸来领人。

当时还在叛逆期，觉得自己倍儿有面子，义薄云天，为兄弟两肋插刀，啧，爷们儿。就想好了主意，一会儿我爸来了啥都不说，他爱怎么办怎么办。

我爸呢，一个出租车司机，车上拉着客人，就不管不顾地扔下客人来了。

来了后，老实巴交的他见我不搭理他，站也不是坐也不是，来回走着和办公室其他警察套近乎，有个警察看不下去了，说这种小孩就是不懂事，关他几天就老实了。

另一个老警察拉着我爸去找审问我的那个警察。

我只是冷笑，一副什么都不在乎的样子。

见我爸出了门，我就开始四处张望（手被铐在凳子上），不经意间瞥见院子监控器上我爸的身影。

他一刻不停地对着那个审问我的警察鞠躬点头。

低一点儿，再低一点儿，直到腰再也下不去。

对面那个警察拿着几张纸一下一下地拍着我爸的头，嘴里不知道说些什么。

我爸继续点着头，本来就佝偻的身子显得越发矮小。

突然那个警察不知道发了什么火，把手中的几张纸一扔，转身坐在旁边的长椅上，抽起了烟。

我爸，一个四十多岁的男人，一点儿一点儿地蹲下去，单膝跪地把那些纸一张一张捡回来，拿手掸了掸灰尘，又慢慢走过去递给那个警察。

这个时候我才注意到，原来我爸的头发已经白了大半了。

突然很难过，我想起小时候那个对我说男人腰杆不能弯的他，如今却为了一个不争气的儿子把腰弯到快要折断。

原谅我当时没有哭，我只知道从那时起，我的叛逆期结束了。

后来，交了一万块的赔偿费，警察答应当天晚上下班前放人。

那天下午我爸一直在四处奔走、取钱，打电话给亲戚朋友，只要用得上的关系，都联系了，可他只是一个普通的出租车司机，能结识什么样的大人物呢？

他想做的，只不过是不想在我的档案上留一笔污点。

一下午不见，到了傍晚，他来接我，带了一套新衣服，手里拿着一瓶营养快线和一包方便面。

跟他一起上了车，他没有骂我，只是让我先把东西吃了，一天没吃饭了。

他告诉我一切都搞定了，叫我不要担心。又像是随意地说："人生的路还长，不要因为这件事想不开，你爸爸我很能的，这点儿事还摆不平？"

我低头咬着嘴唇，血丝一点点渗到嘴里。

他开始絮絮叨叨："这一天没去跑车，又是一笔损失，你过两天赶快回去上课，别耽误。"

我别过头不敢看他，一整天没和他说话的我，小声地说："爸，这些年辛苦你了。"

他仿佛没有听到，又仿佛听到了装作没听到，别过头，摇下车窗，长长地舒了一口气。

孙微娜：我在美国做"书医"

□佟雨航

古书籍修复师是一个散发着腐朽气味、古色古香的职业，很难与穿着时尚、长发飘飘的美女孙微娜联系在一起。然而，年仅26岁的中国美女孙微娜就是这样的一位古书籍修复师，她在美国把修复古书籍的事业做得风生水起，年收入也超过了五十万美元。

孙微娜出生于北京的一个艺术世家，她的姑姑在图书馆从事修复古书籍工作。小时候放寒暑假，孙微娜就常去图书馆找姑姑，耳濡目染学会了不少修复古书籍的知识和技巧，对每个年代古书籍纸张、字体、墨色等都有精准的判断。

读高三时，孙微娜结识了在北大留学的纽约女孩苏菲娅。苏菲娅告诉她，美国伊利诺伊大学香槟分校有一个很奇葩的专业——修复古书籍，每年在全球只招十几名学生，专业虽"冷"却很有"钱"途。孙微娜从小就对修复古书籍感兴趣，苏菲娅的话一下便触动了她深埋心底多年的神经，于是她有了去美国伊利诺伊大学香槟分校学习古书籍修复的想法。孙微娜的想法得到了姑姑的支持，并说服了她的父母送她去美国伊利诺伊大学香槟分校深造。

来到美国伊利诺伊大学香槟分校，孙微娜有如刘姥姥进了大观园，眼界大开。古书籍修复并不排斥现代技术，除传统工具外，纸张厚度仪、纸张拉力试验机、纸张酸度测定仪、恒温恒湿箱、除虫消毒机、真空干燥箱等现代技术仪器应有尽有。修复一本古书籍要经过十几道工序：先把书拆分，有些酸化结饼严重的书，光拆分就要花费几天时间。接着为它配纸，配纸直接影响修复质量。按照古书籍修复标准，修复时配的纸要与原文献颜色一致、厚度相当，甚至纤维分析、帘纹也要非常接近。如果碰到材质特殊或带有颜色的纸张，还需自行调配纸浆或为纸张用植物染色，使经过修复的书籍在外观上尽量保持原貌，从而保证古籍的资料价值、文物价值不因修复而受损。

一年三百六十五天，孙微娜每天都如饥似渴地跟着导师学习修复古书籍技艺，精益求精地完成了导师交给她的每一份作业，修复古书籍的技艺日益提升。在导师的精心指导下，孙微娜亲手修复了很多价值连城的古书籍，令她印象最深的是一套微微发黄的善本，誊写自赫赫有名的《永乐大典》，收录了上自先秦、下迄明初的各种图书8000余种，内容包罗万象，珍贵无比。

一晃儿，四年的大学学习生活即将过去。毕业前夕，孙微娜终于有了一次独立修复古书籍的机会。一天，孙微娜受一位华裔好友之邀去帮她的收藏家叔父修复几本残破不堪的古籍。孙微娜把四年大学中所学的修复古书籍技艺全部用上了，用了一周时间修复好了那几本残籍，使之面貌恢复如初。临走，好友的叔父给孙微娜一万美元做酬劳，孙微娜说什么也不收。路上，好友对孙微娜说，别看她叔父那几本残破的古籍不起眼，市场上拍价几百、上千万美元呢。孙微娜不禁吐了下舌头，回到宿舍后上网一查，果然国际市场上古书籍价格在近年翻了十几倍、几十倍之多，一幅郑板桥遗墨《五经手读》拍价五百五十八万美元，宋代张即之的《大方广佛华严经》更是拍出了九百八十八万美元的天价。

正是这次帮好友叔父修复顾书记的经历，让孙微娜对自己毕业后的人生有了初步规划，她决定大学毕业后留在美国开一个修复古书籍的工作室。毕业不久，孙微娜便在纽约长岛富人区开起了自己的修复古书籍工作室。一开始，由于孙微娜没有什么名气，根本就没客户。后来，在好友叔父的帮助介绍下，一些收藏界的美国人和在美国定居的其他国家的收藏爱好者，陆续找上门来。

孙微娜接待的第一个客户是一个叫萨利特的古书籍收藏爱好者。一开始，这位犹太裔的钻石商人并不太信任如此年轻的孙微娜，满脸的质疑神情。但当孙微娜把自己曾经修复过的珍贵古籍视频拿给萨利特看时，他脸上的质疑瞬间转变为惊喜。经过一个多月绣花般的细心修复，原本千疮百孔的书页面貌一新，并且很难看出被修补的痕迹，简直如原装书籍一般。萨利特紧紧握着孙微娜的手，嘴里不住地说着感激的话语，并很大方地付给孙微娜八万美元的报酬。

初战大捷，声名远播。越来越多的古书籍收藏者前来找孙微娜修复古书籍。一位意大利裔美国明星，家里收藏很多古罗马亚历山大大帝时期的珍贵文献典籍，可由于保管不善导致不少文献出现虫蛀、酸化、霉变等严重损坏。他找到孙微娜的古书籍修复工作室，经过两个月细致入微的修复，总算把那些损毁严重的古书籍全部修复得面貌如初。看着修复好的工整的古籍文献，那位意大利裔明星佩服得五体投地，当即支付了孙微娜十二万美元的酬劳。

如今，孙微娜在美国古书籍修复领域已崭露头角，声名鹊起，找她修复古书籍的客户很多，她的修复技艺也受到客户的一致好评，就连《华尔街日报》、英国BBC等国际媒体都对她以及她的工作室做了相关的报道。最后，孙微娜自信又自豪地说，她要将古书籍修复的事业进行到底，为保护世界古典文化事业做一份力所能及的贡献。

故事

□[日]村上春树 译/佚名

我们每个人，都好比一座双层建筑。入口在一楼，那里住着我们的家人；二楼是每位家人各自的房间，大家可以在这里自由地听音乐、读书。还有一个地下室，这是一片广阔的空间，储存着我们记忆的碎片。而大部分人不知的是，在更深处的"地下二层"，还有着一间屋子。没人知道这间屋子有多深，它的最低处能到何处。

在音乐和文学领域，虽只需触及"地下一层"就能进行创作，但是这样的作品很难拥有撼动人心的力量。美国作家菲茨杰拉德曾经说过，要想写出与众不同的作品，就得用区别于别人的语言。如果创作者没有深入一定程度，创作出的作品就无法真正打动人们的心灵。找到了通往更深处——也就是"灵魂的地下二层"的道路，在整个艺术领域，这都十分难能可贵。就如在家淋浴和泡温泉的差别一样，一个是渗入最核心的部位，另一个则只停留在皮肤表面。

人若是没有故事，就难以维持"自我"。小孩们需要故事，每当他们听到别人说什么，就本能地跟着模仿。于是，一个个简单的故事，就在他们的生命里生长起来。世界上的每一个人，都在自己或繁或简，或喜或悲的故事里，体验着独一无二的人生。

小说家的职责，就是把这些故事写下来，当读者读我的小说时，会感同身受，这就是读者自身的经历和我笔下的故事产生了共鸣。在同一个故事里，不同的灵魂交织在一起，就形成了"灵魂之网"，人们在这张网里解读彼此，剖析自我。对我来说，最高兴的，莫过于读者说："为什么村上能这么轻易知道我在想什么呢？"

我写过的每一个故事，都源于灵魂深处。说起来，我从未被自己的作品感动过。但是很多读者在读完我的小说后被感动得哭。比起读完小说哭的读者来说，我更喜欢读完会笑的读者，因为哭是内向的，无法对外敞开胸襟，反倒是幽默会让人鼓足勇气，产生力量。我喜欢这种力量。

我用100块钱买到过爱情

□ 七天路过

1

我认识一个姑娘,她叫璐璐。

大街上有好多女孩都叫璐璐,她就是扔在大街上找不出来的姑娘。走路都比别人快半拍,经常是走着走着就把别人落一大截。

璐璐实习的时候喜欢上一个程序员,下班了就跑到程序员学校门口等他,程序员见了她,问:"你是想我了吗?"

璐璐没说想,也没说不想。站在那扭扭捏捏地笑,程序员带着她去吃饭,热气腾腾的火锅,沸腾的水,像跟她的心脏共振似的。

她本来是去跟程序员表白的,结果一紧张说不出口,坐在那里一口接一口地吃,脸涨得像个包子。

程序员忍不住了,看着她问:"你是不是喜欢我呀?"璐璐"扑哧"一声,嘴里的东西差点儿喷出来,脸像蒸熟的包子裂开了口。

"你怎么知道?"

"你都写在脸上了呀!"

璐璐被程序员看得脸更红了,又像一枚小包子回了笼,泛滥出更加明媚的光,荡漾又妩媚。

我认识的璐璐,是21岁的璐璐,一鼓作气又一往无前的璐璐,渴望付出又计较着什么时候往回抽的璐璐,每月的工资都算不对但心里也划拉着小算盘的璐璐。

而她的程序员男友像大多数男朋友那样不可避免地出现bug(漏洞),比如说忘记打电话发短信;比如说还不适应女生每月必循环一次的狂躁周期;比如说对自己的压力闭口不谈,自己缓慢消化,在璐璐看来就是不算共同承担。

璐璐觉得谈恋爱就是做任务,一步一步打怪,一个一个拿金币,金币能换什么,换两块钱,往面里加个鸡蛋!

后来璐璐发现一步一步总会走错,不是她错,就是他错。往往少了一步,就蹦起来把前前后后的路查一遍,看看到底是谁的错。

程序员带着找女朋友的心思,操着应付妈妈的心。哪有什么心甘情愿,我给你十块钱,你去买5个鸡蛋,只要别再纠结打电话、发短信和不存在的女人。

程序员的脸色像煮糊的面条,拧成一团。

璐璐说:"我该拿你怎么办?"

程序员说:"我都不知道该拿自己怎么办,我又怎能告诉你呢?"

"两个人想走下去,光有爱是不够的。"

璐璐甩一甩手,在某个夜凉如水的路口。

既然不够爱,又何必等呢?

2

其实璐璐知道,程序员心里是有过自己的。有一次他坐地铁来五道口找璐璐,带着她去吃了一碗牛肉面,坐在她对面,大口大口地把面汤喝完了。

璐璐不是不喜欢他,但就像拖着一个走路慢的人在一场钉子雨中前进,往前一步,就觉得千疮百孔。她蹦起来,她跺脚,他还是那样不紧不慢地走着。

她走得太快了,但是她不知道前面的路是什么。

他走得不算慢,但是他更清楚自己的目的和节奏。

他们在4号线分手,在10号线和好,然后在2号线分手,最后再在5号线重逢。

然后又带着璐璐进了必胜客,说请她喝下午茶,但是只点了一份,把那块小小的慕斯蛋糕推到了璐璐面前。

璐璐知道他当时资金在周转,借给朋友很多钱,但是不知道具体情况怎样。摩羯座的好与不好都在这种神秘的沉默里,既不需要你担心,又时不时让你觉得你总是徘徊在他心门之外。

"幸亏今天同事还了我一百块钱,不然都没办法来找你了。"

聊天的时候,程序员突然轻描淡写地说了一句,璐璐吃了一惊,想说什么又没有说,把吃了半块的蛋糕推到了程序员面前,他笑了笑,又推了回来。

回住处之前,程序员给璐璐买了泡芙,是魏公村地铁附近有名的网红店。璐璐喜欢吃泡芙,程序员也喜欢,可是他还是把买到的泡芙都给了璐璐,抹茶味儿的,草莓味儿的,原味儿的。

璐璐一边拎着泡芙一边掉眼泪,心里想的是,"嫁给他吧,这个即便身上只有100块也会来看你的少年。"

璐璐也用同样的方式喜欢过程序

员。像是真心总是默契地碰到真心，爱一个人，必然竭尽了赤诚与天真。

她带着给程序员买的礼物来看他，那会儿他们的感情已经有了裂痕。两个人面对面坐着，彼此都有自己的小心思，璐璐刚刚帮他交了60块的话费，盘算着会不会话费还没用完就分手了。

一起坐地铁各回各家的时候，程序员还是把空位让给了璐璐，璐璐坐下来，兜里揣着送给他的礼物。

到了知春路那一站的时候，璐璐走到门口，准备下车，把礼物袋子塞给了程序员，一句话不说就下车了。

璐璐给程序员准备了一个杯子，杯子是拥抱的姿势，因为她记得，程序员的微信名字里有个"bug"，在杯子的下面，她偷偷藏了100块钱给程序员。

这100块钱对于当时实习一个月只挣800块钱的璐璐来说，是心意，更是告白，她想用这样的方式告诉程序员："可能我真的愿意跟你一起吃苦呢？"

她不知道程序员有没有明白，后来她看《致我们终将逝去的青春》的时候，郑微对陈孝正说"或许我可以跟你一起吃苦"的时候，仿佛看到了曾经的自己。

当时的男孩都志存高远，当时的女孩都灿若夏花。

我们都谈过一场性情中人的轰轰烈烈但漏洞百出的恋爱，尽管爱情因为失败而收场，但是我们在结局中，收获了对自我的认可。

哪怕是情执深重，哪怕是爱而不得，都荡气回肠地存在过。

与金钱无关，因为我们爱的是眼里心里的那个人；又与金钱有关，哪怕是只剩下一百块钱，也会想着可以见对方一面。

3

璐璐就是我，可我已经不是璐璐。璐璐经历的2014年，是最好的也是最坏的时光。

她和程序员相爱过，不解过，争吵过，但最终分开了。

璐璐在边界线上迷失了，然后又从迷失的路边找出了另一条路，她不敢确定这是一条什么样的路，走到程序员那里去的路，还是走到自己那里去的路。

22岁的璐璐咋咋呼呼，一往无前，只问征期，不问归途，稀稀拉拉丢了不少人。

23岁的璐璐咋咋呼呼，磨磨叽叽，一步三回头，除了程序员，也有几个人留在身边。

她问自己，我是该磊落地大步走，还是谨慎地刺探敌情。

我告诉她：该磊落时磊落，该谨慎时谨慎，该出手就别错过，该拥抱就别克制，该告别就别放肆。

我终于听到了24岁的璐璐对自己说：自己种花自己开，自己开错自己败。已无岁月可回头，且以深情换白首。

这样的爱情

□张桂花

胡兰成有个表哥，叫吴雪帆。早年，父母为他订下婚约。

吴雪帆决意解除父母订下的婚约。他的父亲很生气，无面目向女方退亲，吴雪帆就自己跑去女方家，和其长辈当面说明。说通了女方家长辈，他又去找女子当面说。两人在楼上房里说了好半天，大家都以为两人重新和好、依约如旧了，听吴雪帆说还要送女子去读书，忙欢喜应承。

他们不知道，吴雪帆婚仍是要退的，退婚不是嫌憎女方，而是为尊重双方的感情；送她去读书，只为使女方能有知识，思想开通。

吴雪帆送女子进了嘉兴妇女补习学校。每逢寒暑假，他亲自接她来回，上船、坐车、住旅馆，吴雪帆处处照顾她。家里人看了两人信来信往、结伴同进同出，大为惊喜，以为退婚的事已经过去。

如此两年，女子终于毕业，吴雪帆又来接她回家。

两人都知道，这是最后一次了。离家只剩五里路时，两人在江边麦田塍上坐一会儿。女子忽然就流下泪来，她是理解吴雪帆的，"知君用心如日月"。到家后，她就向母亲取了庚贴，还给了吴雪帆。

其后男婚女嫁，各自成家。

抗战时期，吴雪帆死在严州，灵柩运回故里，女子去祭拜。祭毕，她和吴雪帆夫人宾主相见，又见了孩子，坐一会儿，才上轿走了。

这样的爱情，境界已高出许多，其中不乏情爱仁义，更加入了新时代自由、平等、民主、博爱等新思想、新观念。

整容失败,但我也庆幸

□ 栗子树

从去年年底开始,母亲在给我打电话时,开始频频聊到整形的话题。从同学说到女明星,最终的结论是:微整一下,没什么大不了。我一直以为,这不过是热衷于美容产品的母亲喜欢的扯闲事聊八卦,直到有一天,母亲突然试探性地将话题跳转到我的身上:"我觉得你哪哪都好,就是鼻子再挺拔一点儿就好了,要不我们也去咨询咨询?"

我愣了一下。整形对我来说,是个遥远而新鲜的词汇。在我的成长过程中,外貌没有让我享受过漂亮女孩的待遇,但也从不构成过分的困扰。所以,我果断拒绝了。

1

我考上心仪的大学,继续形单影只。舍友已经换了三个男朋友,后来,身边的好朋友也谈恋爱了。我疑惑:"为什么你们进程总是这么快?我感觉,遇到喜欢自己的人其实没那么容易。"

朋友说:"是吧,虽然男生不少,但他们看脸。"

听到朋友这句话,我心里咯噔一下。这是我第一次清楚地接收到来自他人的委婉提醒。原来是这样吗?落单是因为我的脸?

我不明白,为什么这种与我无关、我无力改变且不能选择的东西,会成为我该不该得到某些东西的决定因素,成为我被怜悯或者被遗弃的理由。它像一根无法磨钝的刺,反复探出头来,扎在我身上。

细心的母亲,肯定早就发现了,她的女儿从来不是一朵耀眼的花,别的父母为儿女早恋担忧时,她从未跟我说过什么提醒的话,她知道,没有必要。

在电话里聊起整形没过多久,母亲体检查出身体里有一个黑块,还不能确认是否是恶性肿瘤。电话里,她一直在叹气。我知道,她害怕了。

"妈妈在想,你变更漂亮一点儿,可能很多东西会变得顺利一些。我已经预约好了,你就和我去咨询一下吧,当然主意得你自己拿,只是妈妈希望你好,我如果生病了,真的很放不下你。"

我终于答应母亲,可以去"咨询咨询"。我已经懒得去区分,这是我被情感胁迫之后举的白旗,还是我真的为了漂亮、为了活得容易,心甘情愿主动来到对方的阵营。

2

二月放假,母亲带我去预约好的整容机构咨询,电梯直达十八层——我未曾想到,未来的七个月,我将无数次在电梯门的开合之间,见证自己的混乱与溃败。

一位穿白大褂、自称徐经理的女士坐下来开始介绍,隆鼻有三种选择:硅胶、膨体和软骨组织。

价格依次递增,效果当然越贵越好。徐经理推荐膨体,她以为是母亲想做整形,继续对着母亲介绍。母亲又拍了一下我,我只好关掉手机凑上前去。

"我们的医师会根据你们的要求来设计鼻型的,肯定不会夸张,就是在你们现在的水准上拔高一点儿,说白了就是变漂亮了但又说不出来哪里变了的效果。"

此时,徐经理觉得,是时候向我介绍马医师了。

马医师进门的第一句话就是:"来啦,刚结束一台手术,最近还是忙。正好今天下午预约的客人来不了,空出一台手术,今天不做的话,未来两周都排满了。"

马医师走后,徐经理看出了我们的犹豫,仿佛一狠心说:"这样吧,第一次做给你们打个折,一万二,正好等会我们空一台手术,你们这个小手术,准备也不麻烦,早做早好。"

徐经理的口气不容置疑,事情稀里糊涂地朝着我和母亲都没有预想到的地步推进。"我们就是来咨询一下的……"母亲似乎也并没有做好今天就让我手术的心理准备。

3

我一个人躺在手术台上输着液,旁边不锈钢盘子上,玻璃瓶、针管、棉签摆放整齐，角落里放着一台庞大的器械，一个白色的置物柜上也摆满了东西。我居然如此清醒地躺在手术室里，为这突如其来的场景，感到有些荒谬。

我的脸被罩了一层医用防护布，他们讲的每一个字我都能听懂，但却觉得，这些声音仿佛飘浮在遥远的地方，与我无关。陌生和不安，让我无法思考，也无法理解目前的境况，一种奇怪的迟钝感控制了我。

恍恍惚惚，终于听到医师说："马上好了，我们开始缝合。"

缝合的过程比我想的还要难熬，或许是麻醉药药力的衰退，每一针刺入，都有一种圆钝的痛感，我感到自己的身体，像是被心脏起搏器提起又放下的病人，因为疼痛而震动、抽筋、收缩、颤抖。每疼一下，我就数一下，大概八次。

从手术台上坐起来的时候，医师给我拿了面镜子，我只看一眼就拿开了：我的脸上到处是汗水、皮肤渗出的油、眼泪和血水的混合物。

从手术室走出来，鼻子还在不停地流血水，我把棉签放在人中处，等着它们流下来，丝毫不敢把它伸到靠近伤口的地方。

鼻孔里露出好几条黑色的细线，眼睛周围显出紫色的淤血。

母亲擦了擦我额头的汗，紧紧握住我的手，我看着她只挤出了两个字："我疼。"

整形这件事情似乎就虚假地消失在我的生活里，直到过年后的一天，我在鼻孔消毒时发现血迹。

当我用完第四瓶酒精、第十包棉签的时候，鼻子里的血迹已经开始变白，伤口处出现了肿块，分泌出黄色黏液，我不得不每天去找马医师做清理。十五天之后，倒不再有液体分泌出来，发脓的地方却开始长出肉球，像一块碍事的石头阻在山洞口。

切除肉芽、缝合、护理、消炎、拆线。又一个星期，伤口开始流出黏液和血，血停了，又长出肉球。这个痛苦的过程，似乎已进入某种可怕的循环。

为了一个好看的鼻梁，我抗争了七个月，试过所有治疗，在鼻子被针扎成筛子之前，我决定把这个不安分的异物取出。为此我克服了在花季年龄毁容的恐惧，做好了休学的心理准备。

手术依然在那个我已经完全熟悉的手术室，依然是完全熟悉的马医师。我告诉他们第一次手术太疼了，于是马医师慷慨地在我脸上扎了四针麻药。我像是一个手术台上的活体实验品，马医师依然边手术边给护士们讲解……手术灯关掉，我爬起来，这一次没有人给我递镜子，我走了出去。麻醉还没过，我暂时找不到我的鼻子在哪里。母亲抱住我，泪珠大滴滚落下来："对不起，你受苦了。妈妈不该带你来这里，妈妈也迷失了。"

我依偎在她怀里，也哭了。

但同时我也庆幸：因为手术没有失败，没有毁容，接下来是漫长的伤口恢复护理期。也还因为，即便我当初没有勇气叫停整形，可事故之后，我获得了重新做自己的机会，回到出发点，自己开花，自己长大，自己经历，为自己做决定。

美没有错，但将它作为活得更好的唯一手段，却错了。

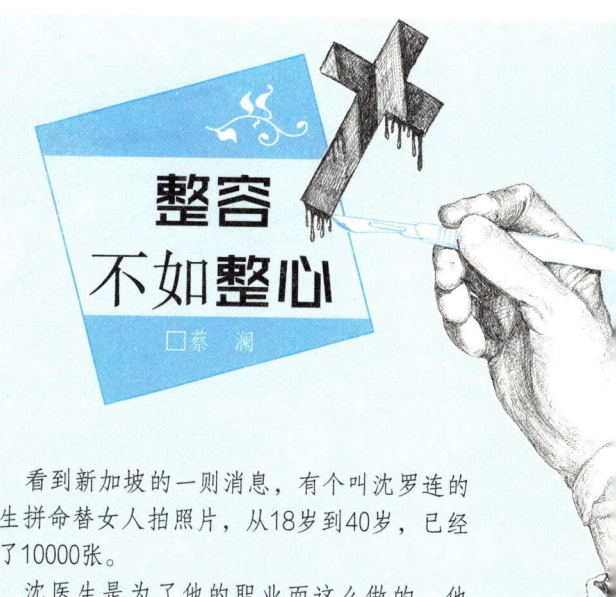

整容不如整心

□ 蔡 澜

看到新加坡的一则消息，有个叫沈罗连的医生拼命替女人拍照片，从18岁到40岁，已经拍了10000张。

沈医生是为了他的职业而这么做的，他是位整容专家，但是要求女人让他拍照时还是有困难的。他说："她们带着怀疑的眼光看着我，把我当成色狼。"好在，有个女实习医师帮他的忙，先代他"搭路"才顺利地完成任务。

他认为把新加坡女子的面貌综合起来，找出一个理想的样子，好过模仿西方女人。

"我们的女子双眼之间距离太宽，"沈医生说，"鼻子太大又太扁，额头太凸。但是这些缺点调和起来，还是有东方味道，如果根据洋妞去改，反而是四不像。"

一般来说，新加坡人认为电视明星郑惠玉的样子相当理想，但是能有多少个郑惠玉呢？稀少才觉得珍贵呀，大家都像郑惠玉，那么新加坡人就会欣赏那些额头小、双眼间宽、鼻子大的女人了。我认为自然还是可爱的。

沈医生有不同的见解，他说："其他的整容医生对双眼太宽的解救方法是把鼻子弄高，将鼻孔改窄，但这么做便不像一个东方女子。我的方法是将鼻端弄得更尖。"

哈，尖了还不是那个鬼样？

整容的女人，是没有自信心的女人。整过之后，一生便永远戴个假东西在脸上。何必呢！而且整失败的话永不得翻身。如果成功，那更糟，会上瘾的，这里整整，那里整整，又跑出个黄夏蕙来。

美，的确占便宜。但是短暂得很，不会做人的话，一下子便令人生厌。有些女人一看很平凡，但是越聊越觉得她们有味道，这完全是脑筋问题。

把钱花在增加学识上，或多旅行令心胸广阔，这是基本。要整容，不如先整心。

我们在地球两极的脚印

□ 孙立广

有一天，我突然接到一个电话："孙老师，你愿意去南极吗？"我的感觉是天上掉下一块馅饼！

我想问问各位，如果天上给你们掉这样一块馅饼，有不愿意去的吗？说愿意去的，是因为你们不知天高地厚，你们敢上九天揽月，别说南极了，深海、太空你们都敢去。

但是，我的一个研究生，在我要派他到南极去的时候，他很严肃地告诉我："孙老师，你要知道，我父母只有我这么一个儿子！"他是胆小吗？不是，是他知道不少关于南极探险的故事。

去南极是有风险的。你现在看到的雪龙号，那么安详、稳重、壮观，进去也感到很舒服。但是我告诉大家，它到了太平洋就像一叶扁舟。过了赤道，进入南极洲环流，进入西风带的时候，你连五脏六腑都可能吐出来，晕到觉得天翻地覆，眼看着冰山过来了，仿佛死神就在不远处。

等到这个时候，有人就发誓——"我再也不来了！"我有一个校友就是这样，他去南极吐得不行了，回来以后就发誓他再也不去了。他总共发过两次誓，但是他去过三次南极。

这还没完，到南极大陆周边海冰过来的时候，就要卸货了，这时候就要坐上雪地车。当雪地车在冰面上走的时候，那感觉真的是如履薄冰、如临深渊。我给大家讲一个真实的小故事，有一位开雪地车的船员，往车上装好货物开始走的时候，几米厚的冰裂开了，车体开始往下沉，他自己从天窗爬出去，扑到冰面上逃生了，接着那个雪地车就掉下去了！冰下的海水深度有多少？一两千米！

到了冰面上，裂缝就像一个个陷阱，表面都被雪盖着，一不小心人和车就掉下去了。到了南极，如果你碰到乳白色的天空，那就更可怕了。你们可能看到过沙尘暴，也可能没有看到过冰尘暴。在南极如果碰到冰尘暴，你可能就完了。因为它一吹起来不是几个小时，而是几天！

即便这么危险，我们的科考队员还是要去，每年去几百人，为什么？他们为什么三番五次去南极？第一，这是国家的需求；第二，每个人去南极的出发点都是不一样的。我只能讲讲我自己的。

首先，我对南极充满好奇心；其次，我有强烈的求知欲望。南极大陆是拓荒者、探索者去的，那里有很多奥秘。前人给了我们那么多知识，我们不能老是享受别人的知识，还应该自己去创造知识，让后人去享受，这才是科学工作者的本分。

2008年，整个南方都被冰雪覆盖，气候变暖过程中发生的突然变冷的这种情况是非常可怕的，在历史上发生过多次。距今1.8万年时，末次冰期开始结束，气候慢慢变暖，到1.1万年以前的时候，又开始一个冰冻的过程，叫"新仙女木事件"。暖了以后又突然变冷，冷了以后又慢慢变暖，变暖了以后又是一个突然的变冷。

250年前库克船长在南极圈留下脚印，100年前两个英国人在南极点留下脚印。前不久，中国雪龙号第一次穿越了北冰洋，并且穿过中间通道经过了北极点，它把东亚经济带和欧洲经济带连起来了，这是一个史无前例的、里程碑式的重大事件。

我要跟年轻人说一句，那些伟大的人，"上帝"总是给他们准备了非常好的礼物，但是前人总是要留下一些东西让后人去研究。世界上所有的事情都值得去研究，所以大家要跟着前人的路去创新，这是非常重要的。

你在过着余生最年轻的一天

□ 张丽钧

母亲总鼓励我穿红戴绿。她曾饶有兴味地指着一件让我看看都觉得怪不好意思的衣服鼓动我说："买下来吧！你穿上准好看！"她的声音是那么大，手指坚定不移地指向那件衣服。一时间，我觉得整个商场的人都把怪讶的目光投向了我们。我怀着比在大庭广众之下穿上了那件极不适合我的艳服还要羞辱得远的心，拖着母亲快速离开，然后有些气恼地对她说："我都多大了！那么艳的衣服，我怎么穿得出去？"

可是母亲却不以为然。她高声教训我道："今天，就是你从今往后最年轻的一天。你再也过不着昨天了。明天的你就比今天老了，后天呢，你又比明天老了——你还不赶紧趁着最年轻的一天穿点儿漂亮衣裳！"

从今往后最年轻的一天？好奇怪的说法啊！但仔细想想，可不是嘛，每个人都在过着他（她）从今往后最年轻的一天。昨天比今天光鲜，只是昨天已然逝去。那些花一般的笑影，跌进时光汤汤的河里，永远不肯再回来照耀我们此时黯淡的心境。昨天的美丽羁绊着我们的手脚。恍惚中，竟以为可以等，以为在明天的某一方光影里可以镶嵌进一轮迷失于昨天的太阳……其实，怎么可能呢？开弓的箭永不可能回头。而那呼啸着向前的，正是箭一般的光阴呵。

想起那个名叫胡达·克鲁斯的老太婆。在70岁的生日宴会上，她突然发现了自己正在享受着余生中最年轻的一天。她问自己：究竟，我还可以再做点儿什么呢？在这样的自问中，她惶恐地发现自己的人生有一个很大的空白——她居然未曾尝试过冒险登山！她于是毅然拖着自己在别人看来已是老朽的身体去亲近高山险峰。此后的25年间，她一直在拼死填补着自己的人生空白，终于，在95岁那年，她登上了日本的富士山，打破了攀登富士山的最高年龄纪录。

我有点儿怕。怕自己笨拙的手抓不牢从今往后最年轻的一天。

在这最年轻的一天里，我希望自己微笑着面对镜子里的那个影像，欣赏她，悦纳她，不挑剔她眉宇间岁月的印痕；我希望自己在可以表达爱的日子里，细腻温婉地向所爱的人传达爱的信息，语言动听，动作轻柔；我希望自己永不熄灭攀登灵魂巅峰的热望，见贤思齐，见不贤而内自省，学习根须，静默但热烈地去拥抱地心那轮看不见的太阳；我希望自己保持孩童般神圣的好奇心，将大自然引为爱侣，永不减损端详一朵花时内心的无比悸动与无限怜惜；我希望自己保持敏感——对善意，对真情，对文字，对艺术，不因阅尽了人间春色就无视春色，爱着，感动着，朝前走。

——母亲，感谢你提醒我今天是我最年轻的一天。我下定决心在这最年轻的一天里穿起艳丽的衣裳，当然，更要以艳丽的心情去做事、去生活。我，要捧给带我来到这世界的人一个艳丽的人生。

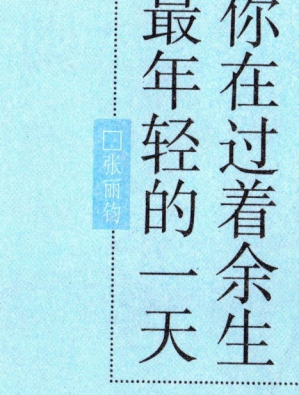

这景色真让人害羞

□ 李修文

十几年前的一个雪天，我坐火车从东京去北海道。黄昏时，越是接近札幌，雪下得越大。稍后，月亮升起来了，照在雪地上，发出幽蓝之光，给无边无际的白又增添了无边无际的蓝。当时，如果说我们不是在驶向一个传说中的虚无国度，那么连我自己都不相信。

有一对年老的夫妇，坐在我的对面，跟我一样，他们也深深地被窗外的景色震惊了。老妇人的脸紧紧地贴着车窗朝外看，看着看着，眼睛里便涌出了泪水。良久，她对自己的丈夫说："这景色真让人害羞，让人觉得自己是多余的，连话都不好意思说了。"

真正的科学家应当是个幻想家；谁不是幻想家，谁就只能把自己称为实践家。

90后社交潜规则：你不得不学的人际攻心学

□ 剑圣喵大师

今天，网上关于90后社交潜规则上了热搜，90后们提出了他们对于新时代社交的观点。不得不承认，如今18岁到28岁的90后已经是年轻人的主力军，《超级演说家》里刘媛媛也说过：90后不仅在适应这个时代，也在改变着这个时代。

那么为了能在这个新颖而又残酷的时代下幸存，我们有必要学习下他们独特的话语系统，这不仅能提高我们的情商，也能从中领悟一些独特的智慧。

下面我们不妨来分析一下。

1.敢不打招呼就发语音的，都是大爷，年轻人越来越不喜欢发语音了，因为语音有着很多的缺点，一眼扫过去就能看清楚的文字，语音却要花上更多的时间，还要拿起手机。

如果是大段内容，语音不方便调到中间某段进行回忆。而且如果是在嘈杂的地方，语音听不清楚。如果是在图书馆之类安静的地方呢，语音又会打扰到别人。

最要命的还是，有些内容很敏感的东西，是不适合用语言发出来的，特别在公众场合。

有次我正在开会，胖子翔发来条语言：

"你最近已经不接客了吗？我这边有个阿姨刚离婚有点儿想不开，要不就介绍给你了，大概三百块一小时，你看行不行？"

看到旁边老师异样的眼神时，我恨不得把胖子翔掐死。其实他所说的"接客"，指的是心理咨询。不过这种奉献精神太高的词汇，容易给其他人造成误解。

所以在90后眼中，发语音的多半是不尊重别人，尤其是刚认识没多久就发语言的，他们多半不回。

但我还是喜欢用语音的，特别是我自己的熟人，因为我觉得我的语音是有独特风格的，可以很好地展现我的情绪和人沟通。虽然我的普通话也不标准，但本就不是普通人，为什么要说普通话呢？

其次，我的父母也经常和朋友们语音，可能他们那一辈人电话用多了，听起声音来感觉比较亲切吧！

2.发表情包不一定是要跟你斗图，可能是话题可以结束了我还有事儿用表情包结束对话，确实是很多人的社交习惯。在帮一些宅男们分析情感问题时，我经常有发现男生读不懂这种暗示，在对方发来表情包后，以为斗图的时候到了。

日常生活中，我们常使用"先这样我还有事，改天聊"结束对话，当两个人离开后，或者挂掉电话，聊天即可中止。

但微信聊天，确实缺少一种明确的形式来表明话题可以结束了，微信本身就是默认可以延迟回复的。这个对话似乎可以随时开启，这既是它的优点，但也有了一个问题：如何表示我不想接这个话题，或者不想聊下去了。

生活中我们可以沉默，大家看气氛就知道了。但微信里不行，没回复的话，对方可能会以为尚未回复。

当"呵呵""你是一个好人""我去洗澡""有事改天聊"之类的中止方式已经被人们解读为恶意时，新一代的中止信号就由表情包代替了。

这样的表情包多半表达着无奈的意思。

比如在与90后的聊天中，学会识别这样的信号，也是你的必修课。

3.在微信里要证明自己真的在笑真的很难，如今"哈哈"正在逐渐变味儿，就算不是要结束聊天，也表示着聊天真在走向尴聊，而"呵呵"则完全成了蔑视别人的冷笑。

在一部分人的话语系统里，"哈哈"的真实意思的确是：其实我找不到笑点，但我得敷衍你笑一下不是。"哈哈哈"的真实意思是：是有点儿好笑，但这个笑话太冷了。

而"哈哈哈哈哈哈哈"呢？则表示自己真的在笑，听说"哈"字越多，表示自己笑的程度越高。

其实"哈哈"换成表情包，效果就好得多。

也许，这样的规则真的很荒谬，也许我们用"哈哈"时并不是这个意思，但不得不承认，语言作为承载人类思想的符号，它确实会被人赋予更多的定义，而我们不能只用自己的方式去解读。

在这个越发不能坦诚的时代里,懂得语言潜规则,是确认别人感受的一种方式,也是一种人际上的修养。

4.向别人提问要有质量,不要肆意消耗别人时间,尤其不要问一些百度就可以知道的问题。比如我这个人很怕问:"老师,一般考研是什么时候报名?""老师,如何注册一个公众号?""老师,知乎和简书上发文要怎么发?"

我不想回答这些问题是有原因的,无论是考研也好,做新媒体也好,写作也好,都要投入大量时间和精力,这种基础的问题都不想自己去搜集资料,恐怕我回答得再详尽,他都只能是"扶不起的阿斗"。(其实刘禅不笨,这里用俗语)

其次,提问要能让对方接得住话。

比如,经常有人开篇一大段自己婚姻、家庭、事业、学业的不幸,最后来一句,老师我该怎么办?

要知道,我不能帮你做决定,哪怕我清楚知道哪个选择更好,这样会剥夺你自我成长的空间。

然后"怎么办"这个问题太泛了,考虑各方面因素,也许说几天都说不完,我没这个时间,也不知从何说起。

建议在提问别人时,可以自己给出选项,然后每个选项上都加入自己分析的一些利弊。这就表明了一个很好的态度:我不想过多浪费您的时间,而且决定是我自己做的,您的建议是对的参考和补充。

5.约人要提前一天约,解约也要提前半天,约人时别说:"你去吗?"

如今一部分的年轻人,在"准时赴约"这件事上,确实存在困难。他们不仅经常放人鸽子,而且事后还没有任何内疚感。

某女生想报考我导师研究生,想请我介绍点儿专业情况,约你时热情万分,你都不好意思拒绝,于是相约第二个下午四点见面。

到了当天两点时,我发短信询问她,结果她不回,打电话也不接。结果三点时,我真是不知道自己该不该出门,我也不知道这到底是我的事还是她的事。

到了晚上六点,我吃饭时接到她电话,她说她今天家里有事,向我表示歉意,我告诉她提前说就行,她说改在下周的某一天。

又到了那天时,我清早起来看见一条信息,内容是她又出事来不了了。

后来,我拒绝了她的邀请,毕竟我也是有自己事的人。

至于"你去吗"这样的邀请,显得有点儿模棱两可。在放鸽子盛行的今天,诚意不足真的让人害怕。

用90后的话说,就好像你来我家,快吃饭时,我问你:"要不要在这儿吃?你是吃还是不吃?"

"你来不来?"在外国年轻人邀约时是一种禁语,会显得对方是被排挤的一方,他们通常使用:"我们晚上有个聚会,聚会实在太棒了,我诚挚邀请你作为我的伙伴加入!"

如果你邀请一个人走进你的世界,那你确保你的内心毫无顾虑。

90后的社交潜规则还有很多,比如"不要肆意评论别人,哪怕你很有理""再好的异性朋友,对方有了恋人后也要保持距离,不要开玩笑""不回微信之前,不要发朋友圈""对任何服务行业的人说谢谢"等。

可以说,90后在打破我们原有的社交习惯,但他们也在建立起新的规矩,但核心与60后、70后、80后是一致的,那就是"人际交往中,心里要装着别人"。

但凡成功的牛人,都读懂了社会的本质和人际交往的潜规则,知道对方需要什么,知道对方脑子里在想什么。

但曾经的他们,因为不懂人情世故,事业和人生难免有败笔。

与其抱怨规则,不如利用规则。

自然界变化无常,人世间瞬息万端,也许过不了几年,00后会有他们新的规则出来。那时我们不妨再次学习,因为只有不拘泥于过去,才能活得更好。🌿

"预先悲哀"的哲学

□李碧华

现代家居设计比以前讲究,进屋后脱鞋的机会很多。

进屋后脱鞋,其实卫生干净——假如你的袜子也卫生干净的话。

但有些人,外表整洁,件件名牌,一脱鞋,图穷匕见。

脱鞋后若飘出阵阵异味,自然宾主不欢。袜子又旧又脏,还有破洞,自己恨不得就自哪个破洞一头钻进去不出来。主人也不好意思,觉得揭穿了你不可告人的丑事。地毯的脸色一沉,当然,那样的脚踩上去,是对它的蹂躏。

有一段时期我在日本住,习惯了袜子就是每个人的另一双鞋。

认识一位女孩子,她若遇上喜欢的袜子,便一买两双。同样的东西一下子上手四件,不会厌吗?世事很奇怪,你喜欢的袜子,总是无故丢失一只。还有,必然是其中一只先破了——所以一买两双最保险。

这是一种"预先悲哀"的哲学,先准备好后事,才消耗得放心。🌿

生活里的光,都是那些微不足道的成就感

口 刘同

十七岁之前,好像人生最重要的事情便是成绩。

只要成绩不好了,一切都变得没有意义。在《我在未来等你》中,我写了一段话,那是我的真实写照:"现在的我,不努力不行。努力了也不行,我根本就学不会。我只能假装出一副大家看起来我很努力的样子,其实我也很讨厌自己这种——努力了也不行的人。我也不知道为什么,那些对别人很简单的问题,对我来说就是那么难。"

那时因为成绩不好,父母、老师、同学都把你当成另外一个世界的人,哪怕和成绩差的同学们抱团取暖,其实心里也在想:什么时候,我才能摆脱这样的生活?

"你为什么不努力?""你为什么听不进去?"诸如此类的责问比皆是。我坐在那儿,恨不得拼了一条命想明白老师说的那些,可事实就是,我真的不懂。

我曾经以为自己是全世界最愚笨的人,慢慢长大之后才发现,这个世界上对自己无能为力的人如此之多。

"后来你是怎么走出来的?"有人问。

高三那年,课业极其繁重,翻开任何一页习题脑袋都是蒙的,我已然从心底彻底放弃了高考。直到有一天,数学老师领着我们开始从头复习高一的数学。

我心里冒出了一个念头:既然我什么都学不会,那么还不如专注于一点,高一的数学,以我这个高三学生的智商还是都能明白的吧?虽然我并不知道自己这么想的原因是什么。毕竟,整个高中阶段如战场一般兵荒马乱,而我却停下来研究一匹马的长相……很多事情越着急越混乱,反而在彻底放弃之后,心里便宁静了。数学老师每天带着我们复习一个小节,于是我就把那个小节的习题用各种方法解答完,无论多晚。就在别人纷纷为高考冲刺的时候,我把所有的注意力都花在了高一的数学上。

就这么坚持了一两个星期之后,到了数学的小节考试。100分的满分,我破天荒地得了90分,那是我第一次靠自己的能力解答了如此多的考题。虽然同学们和老师也曾怀疑我作弊,但只有我自己心里清楚,被怀疑作弊也是一种肯定,不是吗?

此后的数学测试,每当小节考试,我的成绩就不错,一到月考我的成绩就倒数。但我知道自己似乎和之前不一样了,因为此前的我做任何事情都没有成就感,不知道自己付出后能得到什么;而现在我已经知道了,我能把数学的小节考试做得不错,这就证明我再坚持一段时间,也许是可以的。

这种微小的成就感就像是心里的一小撮火苗,用时间和细心去呵护,慢慢地,内心的冷漠、无助、黑暗都因为这一点点火苗而开始消融。

之后的我,敢向老师提问,敢和同学交流,敢在其他科目上相信自己。高三那年的我,带着这一点火光,吸足了氧气,一路燃烧,终于考上了大学。

后来进入社会,开始北漂,也常会对眼前的生活与未来感到困惑。大事干不成,我便会埋头寻找任何地方可能获得的微小成就感。一封回得很及时的邮件,一段不错的颁奖盛典的主持人开幕词,最好的盒饭供应商,让节目变得不太一样的环节设置……每一点小小的改变都在提醒我:自己的工作是有意义的,当越来越多有意义的事情连成一片的时候,你总会被机会看见。

每个人都有对人生无能为力的时候,这时不妨停止自责,去寻找你能够得到的,哪怕最微小的成就感,爱护它,让它帮你重新点燃对未来的期待。

真正的人生，是不拒绝成长的邀请

各自有清欢

□耿玉苗

"雪沫乳花浮午盏，蓼茸蒿笋试春盘。人间有味是清欢。"从对浓郁滋味的迷恋转换成懂得欣赏清淡之味，这是于丹——一个知性女子的清欢。

远离车马喧嚣，无论身处何地在心田修篱种菊，诚实地守护心灵的安宁与美好，这是苏轼——一个"达则兼济天下，穷则独善其身"的智者的清欢。

少年大志，中年大才，晚年大德，才华横溢、学贯中西的他凭借其生前超常的智慧给世人以无限的思索和追仰。禅语人生，拈花笑佛。做人、做事、做学问洒脱坦荡，这是弘一法师李叔同的清欢。

红尘陌上，往来的人们，各自有各自的清欢。走过岁月的沧桑，时光划过脸庞，清流洗净蒙蔽尘埃的心灵，每个人都是在繁华落尽之后逐渐懂得"人间有味是清欢"的深意。

艳丽华美的牡丹自有别样的滋味，我却更偏爱生于空谷之幽兰，难以忘怀它静静散发的淡淡芬芳。情深款款、信誓旦旦不如细水长流的温暖令人追忆怀缅。静谧的夜晚能够听到灵魂的回声，胜过灯红酒绿长街上的来来往往、熙熙攘攘。

岁月是一壶老酒，细细品味，醇香唇齿间满溢。记忆是一盏清茶和一段闲散的午后时光交织的旋律，淡淡的，便是最美的清欢。

生命需要澎湃的瞬间，也应珍视宁静的流淌。

半晌清欢最难得。

我的清欢，就是此刻反复倾听《五个迷路的小村》，就是偶尔抬头看看窗外的明月、闪烁的小星星，就是独自吟诵苏轼的"细雨斜风作晓寒，淡烟疏柳媚晴滩。入淮清洛渐漫漫"。

我的清欢，就是翻开牛皮纸做的手工本子，记录片言只语，留下当下心的悸动，就是深情凝望淡黄色的兰花一点儿一点儿地开成自己喜欢的模样，就是风起时邀一朵雪花停留在掌心，温柔地注视它化成春天的一滴甘露……红尘陌上，形形色色的人匆匆往来，各自有清欢。

"不读书"的剑桥与"读书太慢"的牛津

□周稀银

又到大学招生季，为了掐尖，国内的几家名牌大学都会派遣人马，走出象牙塔，深入民间，亲密接触各地的高考"状元"。

其实，大学抢优等生源的做法不只是国内独有，国外也有，就连世界名牌大学云集的美、英两国也不例外。

先来欣赏几则美国名牌高校的招生广告。

哈佛大学：来吧，宝贝。到这里之后，你将来的年薪不会低于20万美元！别轻信媒体！我们不是最喜欢拒绝人的学校！最没人情味的是麻省理工！别去申请麻省理工！申请我们这儿吧！相信我们！即使两万多名申请者中我们只录取9%，还是申请吧！顶多邮箱里多出薄薄一纸拒录信。来吧！让更多的申请者来吧！这样我们的录取率就可以跌破1%了！

斯坦福大学：哈佛算哪根葱？加州是我们的地盘。你对我们来说可有可无，但不管怎么样，你还是申请吧，万一中大奖也说不定呢！

哥伦比亚大学：我们可是纽约市区最靓的地方，可我们的录取率只有10%哦！幸好，被我们拒绝了，你还可以去纽约大学，那里的人都是被我们拒绝过的。

再来看看英国的。

牛津大学和剑桥大学的校徽中央同样都有一本书，只是前者的书是打开的，而后者的书是合上的。因此，牛津大学招生时就利用自己的校徽做文章，说剑桥大学是不读书的，书都没打开，只是拿来装点门面的；而剑桥大学也毫不示弱地予以回击：牛津读书太慢了，我们都学完把书都合上了，他们还在慢腾腾地看呢。

理想是人生的太阳。

那四年，上戏教我的事

□ 张晓晗

要不是在上戏读书，可能很多事情我会花比较长的时间才能明白。并不是真正和专业相关的事情，而是那些我们不觉得学会了能怎样，但是学不会总是活不明白的事情。

1

我们有一门专业课，贯穿大学4年，每一年的老师都不一样，因为除了每年的教学内容不一样，也是为了让学生知道以后工作会面对千奇百怪的老板。我很幸运，第一年的小组课是很和蔼的孙老头带我。他是个超酷的老头，浓眉大眼，喜欢戴一顶画家帽。每次上课都像一周一聚的家庭聚会，讲解作业的同时，大家都要聊聊一周做了些什么有趣的事，百无禁忌，什么都可以聊。

上大一时，我喜欢看上去像浪子的高老师。有一次我一进教室，孙老头突然拉住我的胳膊，我问他："要干吗？"他笑眯眯地说："给你一个惊喜。"说着，我就被他拉着走到另一间教室，他一推门，就把我推了进去。我暗恋的高老师正在上课。我们对看一眼，我紧张得快小便失禁了，回头看到孙老头站在门口偷乐。他刚要跟高老师介绍我，我羞得不行，赶快跑过去跳起来捂孙老头的嘴。

我简直是僵直着走出那间教室的，孙老头得意扬扬地走在前面，跟我说："你可要记住那一刻的感受，以后写见到暗恋对象的戏剧冲突，就把刚才那种感受写进去。"

现在想来，仍觉得孙老头简直太酷了。

之后那节课，他就跟我们全组人讲了高老师的八卦，说他是个重情重义的真汉子，还顺便夸我眼光好。

他也让我们记得，写一个人，要怎么写，怎么去讲他的故事，怎么先写表面，再写内心。在那之前，我始终无法体会该怎么写一个人物，那一刻我竟然真的有了一点儿体会。

孙老头算是带我入门的师父，倒不是他真的教给我多少本领，只是因为他，以后工作再遇到困难的时候，我都会想想他乐呵呵的样子。

2

大二，我被分到"神枪手"魏老师的组里。他得名"神枪手"是因为他看到我们作业时，说得最多的一句话是"枪毙，重写"。刚开始上他的课，我的内心活动简直是"我和他只能活一个"。

我和好朋友咩咩课余时间最爱干的事，就是偷偷骂他。咩咩更牛，编了一首《神枪手之歌》。这首歌最后被魏老师发现了，上课结束时他突然叫我们留下，说："最近好像很流行一首歌，你们唱给我听听。"我们顿时傻眼了。

魏老师说不唱不让下课，于是我们只能一组人齐唱《神枪手之歌》。唱完大家很尴尬，愣了10秒钟，他突然爆笑，说："很好很好，这种创作热情要放在你们的作业里。"

他是这4年里对我专业水平的提高最重要的老师。

每次上课我们先要应对他的"索命"提问，他会抓住你写的故事里任何一个小人物向你发问：他是什么星座的？父母是干什么的？交过几个女友？他离过婚吗？有过哪些与众不同的经历？第一次被问的时候我都蒙了。

看着蒙了的我，他只说："你回去想想，故事重新写。"

回家后，我在悲愤交加中重新想，像游戏里的人物设定一样，设定我故事中的每一个人物。当我设定好的时候，我发现，原来不同背景的人面对同样的事，选择和行为是不一样的。这是写剧本非常重要的一点，否则你编的剧情里的每一个人只是你自己，说出的每一句话都是你说的话，这样是写不出令人印象深刻的人物的。

第二次上课他看完我的作业,我刚把自己做的人物小卡片拿出来准备和他像打"三国杀"那样大战八百回合时,他却什么都不问了,又开始新的刁难。

后来我竟被他"虐待"上瘾,每次见面都想,他到底还能想出什么新花样,我该如何见招拆招。

3

像这样,我在大学里遇到了各种风格的小组课老师。有的老师要求跟他交流绝对不能用短信,一定要打电话,说:"短信是最能让人懦弱的发明,如果你们连电话都不敢打,还能干得了什么?"有的老师经常问我们平时看什么电视剧,然后和我们分析。高老师就讲过青春期少女都爱看的《绯闻女孩》,他说:"想想看,是不是里面都有一群坏家伙?为什么你们女孩都爱坏男孩?我告诉你,因为他们真诚。"他讲的时候我看着他的眼睛,内心爱意喷涌。还有的老师喜欢在室外上课,把所有人拉到静安公园坐着讲课,走过去都累死了,圈儿围得太大,一句话喊5遍别人才能听清。

另外,上戏教给我更为重要的一点是:要做独一无二的你,不要变成任何人喜欢的样子,这才是你最珍贵的东西。

我大三的小组课老师周豹娣有一次问我,说看到张榜,我专业课成绩排名很靠前,为什么没有申请奖学金。我说:"体育课的乒乓球我考不过,就不考了,而且办手续要找老师什么的好麻烦(真实原因是我不太敢跟辅导员说话),奖学金就给有需要的同学吧。"

她说:"就算不想要钱,那也是个荣誉啊。"

我突然不知道该怎么回答,只能实话实说:"努力学是想有点儿真本事,荣誉没那么重要。"我以为她会骂我,没想到她笑了笑,说:"你好酷,知道自己不想要名就不要,也没被别人蛊惑着走,我很欣赏你这一点,坚持住。"

这是我整个大学里最受用的一句赞赏。我也一直记得这句话,每做一件事或受了委屈,都会想想有没有辜负这个初衷。

每个老师的态度都是:你们以后遇到的人,都比我们难搞一万倍,无论我们怎样,你们都得给我受着。

每一个老师,总有让人恨得牙痒痒的时候,但是我真的再也没碰到这样一群可爱又可敬的人。我过年回老家真的很想带特产给他们。大四的时候我在家做小饼干,最后做失败的小饼干全给我当时的小组课老师吴老师吃了。我们一边吃着难吃的小饼干一边上课,最后他把吃剩下的带走,说游完泳可以接着吃。

真的很想告诉这群老家伙啊——我再也没见过比你们更难搞的人了,但也没见过比你们对我更好的人了。

长大后才知道,用这么漫长的时间去了解一个人和被一个人了解的机会太少了,但是在那4年里我们竟然都愿意这么做,也做到了。有队员发信息告诉我,他去面试的时候遇到孙老头,提起我的名字。孙老头说:"哦,晓晗是个小才女,暗恋高城老师啊。"看到那条私信我立刻就哭了。这么一件开玩笑的小事,没有人记得。

可是他记得。

三种成长

□王鼎钧

人是生物的一种,处于不断成长之中:年龄在成长,学识、技能在成长,品德也在成长。

"天增岁月人增寿",年龄的增长出于自然,但进德修业要靠自己努力,稍一懒息,就会停滞,甚至倒退。人生最迫切的问题就是如何使这三者同时成长,免得马齿徒增、光阴虚度。所谓寸阴是惜,正是此意。

在人们的感觉中,光阴如顺流而下的波涛,品学却如逆流而上的船舶。前者稍纵即逝,后者步步费力,相形之下,颇欠公平。然而光阴的消逝,有一定的数量和速度(例如每天24小时),固然没有办法减少,可也不会增加。吾辈追求知识、锤炼技能、涵养德行、开阔胸襟,可以凭主观的意愿,加快进度。种瓜得瓜、种豆得豆,而种瓜种豆,操之在我。人生的责任在此,乐趣也在此。

光阴是不会停止的。既然如此,我们也要使品学日有进益,不息不止,这才是充实而圆满的生命。

真正的人生，是不拒绝成长的邀请

□ 苏岑

任何发生在你身边的事情，都是对你成长的邀请。

有一个小孩，他的母亲是喜剧演员。有一天，母亲嗓子哑了，在台上说不出话来，底下的观众发出一片嘘声。小孩在幕后看着妈妈被一群人起哄，想到自己平时经常听妈妈唱一些歌曲，耳濡目染久了，也会哼一些，他就大着胆子跑到台上，代替母亲表演。

虽然是第一次登台，但他毫不怯场，唱起了家喻户晓的歌曲《杰克·琼斯》。没想到，一曲歌罢，他竟把全场的观众镇住了，观众发出叫好声，纷纷往舞台上丢钱。于是他又连唱了几首名曲，成了当晚最耀眼的小明星。

后来，他用肥裤子、破礼帽、小胡子、大头鞋，再加上一根从来都不舍得离手的拐杖，创造了一种独特而又戏剧化的表演方式。他就是天才的电影喜剧大师卓别林。

70岁生日当天，这位年已古稀的艺术家，在历经沧桑之后，内心无比宁静平和，写下了这首家喻户晓的德语诗《当我真正开始爱自己》："当我开始爱自己，我不再渴求不同的人生，我知道任何发生在我身边的事情，都是对我成长的邀请。如今，我称之为'成熟'。"

其实，当你开始发现生活的激情时，才能充分认识自己，才能找到所有适合自己的一切，比如兴趣爱好、职业方向、事业梦想、人生伴侣等，并领悟到人生真谛和活着的意义。

我的一个朋友，发了一条微博说："其实，这个世界从来不曾为你改变。"

是的。世界很大，人来人往，又有多少人能看见你？你的彷徨，你的失落，你的孤独，其实都源于你的内心。

尼采曾说，在生活的价值体系里，财富和权势都是末，心灵的舒展才是本。你只有建立一个稳妥的、有内在支撑的系统，才能对抗这个世界的无序与纷乱。而在这个价值体系里，目标之于你，激情之于生活，都有非凡的意义。

25岁时，我离开了一家世界500强的外企，成为一家媒体的主编。我主动跟老板申请开发大型活动这块媒体业务，还记得第一次去向投资人讲解活动策划的场面。面对满满一屋子的人，我紧张得声音发抖，那时候不会想到，三年后，我会站在清华大学EMBA（高级管理人员工商管理硕士）班的讲台上，为各商业领域大咖学员们讲国学课程。30岁之前的我，已然过得精彩纷呈。

经常会被问道："凭什么你可以有这样的成绩？"

每次我都坦然作答："因为我活得够世俗。"

我的成长比别人更艰险，我经历了比别人更刺骨的尴尬与摔打，所以今天，我才有底气告诉你，哪些弯路，可以绕开。30岁前，我曾经告诉自己：情调、品位，这些灵魂的工程，我留待40岁后去慢慢享用。在此之前，我会用好世俗的规则。

我了解世俗的规则，也懂得世俗外的享受，深切地明白，如果没有足够的力量赢得生活，那一切优雅的享用，都会转瞬即逝。美是一种力量，我不欣赏任何软绵绵的优雅，因为我知道：我能驾驭的，才是我拥有的。

我们都需修炼，在尘世的烟火中，修炼出一颗颗通透的心。我一直梦想成为这样一种人：可以很世俗，却又似在世俗之外。

希望你也可以，活成自己梦想的样子。虽然在此之前，我们要像俗人一样，活得足够努力。

做好不喜欢的事，才有机会去选择

□夏至

我们每个人，都是希望做自己喜欢做的事情，但不是每个人都能像高晓松讲的那样："生活不止眼前的苟且，还有诗和远方。"作为普通人，面对生活，只有苟且，而且还得苟且很长时间。

导演冯小刚的一个特点是敢说，外号"小钢炮"。但其实很多年，他只是"孙子"，他是王朔、叶京等大院子弟的跟班，并被他们嘲笑。对于出身普通的冯小刚来说，只能妥协和苟且，他用了30年，才在心理上和他们平起平坐。

冯小刚拍了很多好电影，证明着自己的实力，《一九四二》《集结号》《唐山大地震》注定将载入电影史册。奇怪的是，好电影叫好不叫座，"烂片"《私人订制》却收获7.2亿元票房。为了拍好电影，他必须得向观众妥协，没办法，这就是中国电影市场——钱多，人傻，速来。在向观众妥协之外，冯小刚还不得不向很多人妥协：审片人、投资人，甚至向看不见摸不着的"有关领导"。这就是人生，很多成功的人，我们往往只看见和羡慕他人前的潇洒从容，但我们看不见他们背后的小心翼翼、如履薄冰，甚至命悬一线。很多时候，你得先演好了别人，才有机会做自己。

你要是真的想去做喜欢的事情，过理想的生活，那就要想清楚你的能力和才华能否撑起这个梦想？你现在是否有资本去追逐梦想？如果没有，那就不要抱怨，先做好自己不喜欢的事情再说。

如何判断自己没出息

□罗振宇

德国心理治疗师海灵格说过一句很有见地的话："受苦比解决问题来得容易，承受不幸比享受幸福来得简单。"

人在受苦的时候，看似陷入了人生的低谷，其实不然。受苦的感觉反映受苦的人找到了痛苦的外在原因，这也恰恰给他们卸下解决问题的责任一个很好的借口。从此，他们只是一味地怨天尤人，却不怪自己。顺应这种状态和专注地解决问题相比，哪个更容易？

同样，承受不幸的人只要做到逆来顺受，就不需要再做任何努力了。但是人要想享受幸福，就需要在各种因素之间小心翼翼地努力保持平衡，这种情况当然更难。

美团网的创始人王兴说过一句类似的话："多数人为了逃避真正的思考，愿意做任何事情。"

的确，我一旦感觉自己在受苦、在承受不幸，而不是在思考时，基本就可以判定这一刻的我很没出息。

黄渤凭什么能受邀进中南海参加座谈

□ 胃窦

日前，一则演员黄渤进中南海参加座谈的视频在网上曝光。

视频里，李克强总理与黄渤之间进行了如下对话："黄渤同志，你的稿子我已经看过了，请你不用念稿子，直接提问题。"李克强总理说。

听了总理的要求，黄渤机智地用一句"好的，我不念稿子。不过背台词是我的专业"，引得全场响起一片笑声。

"确实，不过我还是希望你接下来的发言不是'背台词'，而是真正讲问题、提建议。"

在总理的鼓励下，黄渤随后的几次发言都引发会场热烈的反响。

要知道，在黄渤之前，演艺圈只有像陈道明、葛优、李雪健、李幼斌等德艺双馨的前辈大咖，才能受邀成为中南海的"座上宾"，44岁的黄渤凭什么？

1

今年央视春晚上，黄渤搭档新生代歌手张艺兴、陈伟霆嗨唱《最好的舞台》，站中间位置，复古迪斯科，成为本次佛系春晚最大的亮点。

热舞不仅把现场气氛推向高潮，还顺带上了当晚的微博热搜，#黄渤过安检#的热度冲到第一。

这时候，大家才知道，除了演员，20年前的黄渤最初就是以歌手、舞者的身份出道，辗转走遍中国，只是一直不温不火。

前段时间，黄渤根据自己从艺24年的真实故事改编了一部贺岁微电影——《疯狂的兄弟》。

影片很短，十分钟，讲述身为知名演员被不断邀约的黄渤穿梭回到1994年，遇见了当时还未成名的自己。

那时的他，还是一名年轻气盛的驻场歌手，组了一个叫"蓝色风沙"的组合，在全国各地演出，过着居无定所的生活。

其中，黄渤和未成名的自己一段话，让人印象特别深刻：虽然是广告贺岁片，但整部微电影拍摄得非常走心。就这样，那个不想接受重复生活的黄渤义无反顾地踏上北漂之旅。

很多人都说不想成为普通人，平庸地过一生，但与其说我们害怕成为普通人，还不如说我们害怕找不到一种自己喜欢的方式去度过人生，害怕不知道什么才是我们想要的生活。

2

在北京经历过人生最低谷的一段日子后，在最黑暗的时候，发小高虎拉了他一把。当时导演拍摄《上车，走吧》，还要一个男演员，主演高虎便力荐黄渤，"你放心，我给你找个人肯定合适，他是我老乡，那气质绝对适合演民工。"

就这样，开启了黄渤第一次演戏，演的是一个民工，小角色，只有12天的戏。

没想到，这部影片获得当年金鸡百花奖"最佳电视电影奖"。

第一次接触就拿到大奖，当颁奖礼那天，坐在他身边的是巩俐、宁静等大咖，对于在唱歌上坚持了近十年的黄渤来说，感觉就跟做梦似的。

多年的失败、漂泊，让他彻底认清了这个社会，更认清了自己。

黄渤曾在鲁豫的节目自嘲道："我们那时候分偶像派和实力派，我是第三种，叫体力派。"为了拍《疯狂的石头》里最后偷面包那场戏，他绕着高架桥跑了一天，跑到最后整个人都快虚脱了。再后来拍摄《斗牛》，整部电影拍下来，他跑坏了30多双鞋。

"奇迹不过是努力的另一个名字"。从犯罪喜剧片《疯狂的石头》成名，到凭借《斗牛》获得台湾金马奖，最近又凭借《极限挑战》中高情商的"青岛贵妇"刷屏，以"丑角"进入娱乐圈的黄渤，开始在他热爱的舞台上大放异彩。

截至2014年,黄渤主演和参演的电影票房累计超过50亿。

2017年,这一数字再度被刷新,媒体开始戏称他为"70亿先生"。

《西游降魔》中的另类孙悟空,《无人区》中的冷血杀手老二,《亲爱的》中的寻子父亲田文军等,黄渤带给观众一个个令人难忘的形象,成为家喻户晓的大明星。

从穷酸歌手到演员黄渤,再到影帝黄渤,然后下一个台阶是要成为导演黄渤。说实话,谁能担保,未来我们看不到最佳导演黄渤呢?

人生总是这么充满变数又充满希望,生命的意义在于不断尝试,然后去改变与调整,最后按照你最好的方式去度过一生。

3

"好看的皮囊千篇一律,有趣的灵魂万里挑一。"这句话像是为黄渤量身定做的,除了演技上的登峰造极,黄渤更是凭借高智商和高情商,成为圈内零差评的明星,成为一本行走的情商教科书。

在拍摄《斗牛》时,闫妮开玩笑说,对黄渤的第一印象就是丑。"一开始知道是和黄渤演对手戏,还以为自己要进入丑星的行列。"

于是黄渤面对如此赤裸裸的调侃,他回答道:"我觉得和你拍戏,是我要走向帅哥的行列。"

立马惹得闫妮笑了:"真会说话!"

曾经媒体问他是否能取代葛优,他镇定自若,不因自己是晚辈而自卑,也不因取得些许成绩而自得,"这个时代不会阻止你自己闪耀,但你也覆盖不了任何人的光辉。因为人家曾开天辟地,在中国电影那样的时候,人家是创时代的电影人。我们只是继续前行的一些晚辈,不敢造次。"

即使放在今天,这也是"教科书般的回答",不卑不亢,不通过贬低他人来抬高自己,也不因为他人的成就而忽视自己。宛若范本的回答,轻而易举地化解了对方的"叵测居心"。

就连娱乐圈公认的高情商的典范林志玲都被黄渤收服,甘愿拜倒在黄渤的牛仔裤之下,她曾多次表示,"黄渤是我的理想型,如果黄渤没有结婚,我一定会把他追到手!"

类似这样的例子,还有很多。

其实,黄渤不是没有棱角,只是他把棱角放在了死磕角色上,而把真诚、柔软展示给了亲人、朋友、合作伙伴、粉丝,乃至陌生人,让所有人都舒服。

这是了不起的才能。真正的高情商并不是一味地取悦别人,而是你永远知道自己是谁,自己面对着谁,自己该讲什么样的话。

也许黄渤正如凤凰网评价的那样:"在这个颜值当道,鲜肉横行的时代,有颜的人迟早会被更有颜的人替代,而才华与人品,却会让人一路追随。"

灰人理论

□ 罗振宇

"灰人理论","灰"是灰色的灰,"人"是人民的人,据说这是牛津大学里面流行的一个学术态度。

哈意思呢?就是反对刻苦。比如说,我在某个方面其实没有太好的天分,但是我凭借刻苦精神,总想获得更好的学位,这种人就被称为"灰人"。

据说在牛津大学的鄙视链里面,这是底层的人。不要误会啊,如果你在某方面有很高的天分,那周围的人当然不会反对你刻苦的。

这是我们不太熟悉的一种思路。因为在那些创造性没那么高的领域,勤能补拙的效应是存在的,但是在高创造性领域,我们就不得不尊重天赋的价值了。

其实,细想一下,这种态度也不完全是粗暴的否定,它含有另外一层意思,那就是,每个人各有天分,不要在你不擅长的事情上浪费时间,去找到你真正有天赋的地方。

亲爱的小猫

□潘云贵

过了这么多年,我依旧无法习惯与人同住一间宿舍时产生的种种不便,来校入职后的九月,我就搬到了合川林区旁的房子里。

每日上课,需走十五分钟到学校。路程虽有些远,但因为房子四周皆被树木环抱,外围也有些许原野、田地相伴,空气清新,无车马声,这些都使我内心得到隔世的安宁,所以舍不得离开这里。

十一月,窗外落英缤纷,来年三月,草木葱茏,一片绿海涌到窗边。我待在屋内,感受着外面声息轻缓的世界,耳朵像聋了一样,不再有太多的喧噪、烦恼闯入。这是种幸福的耳聋。

一周除了有三天需要出门工作外,其余时间我都愿意待在房间里读书、写字,给临窗的花卉浇水,看日影从茶几的一端斜到另一端,天色悄然暗下。

当然,由于人天生便是群居动物,一个人待久了,我也会出去走走,见见人,即便不是人类这样的动物,只要是会动的,还活着的,鸟兽虫鱼也是可以的。

"排骨"就是我在一次出门时遇到的。它毛色黄白相间,非常普通,因为常年没有主人梳洗的缘故,毛都打着卷儿。我也不知道它究竟在林区待了多久,但能判断出它的生活窘迫寒酸,经常挨饿——因为它实在太瘦了,如果把毛刮掉,应该只剩下了骨头,不见一点儿肉。

在林中的小路上,我走一步,它也用小短腿跑跑步,我停下来,回头看它,它就杵在离我约两米的地方。由于瘦的缘故,显得眼珠子格外大,愣愣地盯着我,像认着亲人一样。我们俩一路都保持着这样的距离,直到我回到住处。它在门外窝着,没有跟进来。

"嘿,排骨,你就这样在树下待着,我到屋里拿点儿东西给你吃!"我跟它这样说着,并从此唤它"排骨"。它像能听懂一样,站了起来。

我是个脑瓜简单的人,从不去臆测这些流浪猫的过去。它们怎样出生,有过什么样的主人,从何处来,又打算漂泊到哪里,这些都不是我要花时间思考的问题。我关心它们的现在。

我虽然给了"排骨"一个名字,但我不想确定我们之间的关系。准确点儿说,我不想成为它的主人。因为一旦确定了关系,就意味着我要负责"排骨"的一切,它的生老病死都将与我有关。

其实我小时候家里也养过猫。它是母亲从亲戚家抱回来的。父亲是个三国迷,当时给猫咪取的名字叫"赵云",希望这小家伙能好好长,英勇又忠诚。

"赵云"也是只黄白相间的小猫,刚来我家时像个小毛线球,后来被爱猫的母亲喂得圆乎乎的,走起路来很像个大腹便便的官老爷,深得家人喜欢。我们都不舍得它瘦一点儿,于是天天将它喂得饱饱的。

因为整日将"赵云"关在家中,它也不觉得自己胖,只是后来等它大了,却见它开始自己瘦下来,而且饭吃得不多,总喜欢往人身上和家具上蹭,有时抓坏了沙发,母亲也舍不得打它,只朝它嚷嚷,它好像听懂了,瞬间又变得很乖,但是下一秒又悄悄溜向阳台。

"是不是病了?"母亲问。

"该放它出去了,毕竟这么大了。"父亲说。

"赵云"的活动范围开始扩大到院子里,偶尔听到大门外有猫叫,便捺不住性子,爬墙跳出去。它玩得越来越野了,有时母亲唤它吃饭,它也不肯回家。父亲见它不听话,便说:"再这样下去,这家伙迟早要被别人家的母猫勾了魂去!"

那天,我和母亲都不在,等回来时,只见"赵云"躺在地上,呜呜地低声呻吟着,脸上似乎挂着两条泪痕,仿佛要死了一样。

晚上吃饭,母亲责备父亲:"'赵云'是你取的名字,现在却成了'太监',你也真能狠下心……"父亲脾气并不温和,吃了些酒,更加火暴起来,跟母亲吵了一架。我夹在他们中间,扒了一口饭,咽了几口菜,假装吃饱,起身回卧室去了。

等父母之间的战乱平息,我推开房门,想去瞧瞧受伤的"赵云",却看到母亲蹲在"赵云"旁边哭哭啼啼，像个小姑娘。

猫咪也不叫了，平常会发光的眼睛失去了光芒，有气无力地强撑着又闭上，闭上又睁开，撑了一会儿又旋即闭上，很累的样子。

母亲跟我说："你爸就是这样的人，做事情从来都不跟人商量，把'赵云'变成这样，刚才我说他，他就跟我急。他进屋前丢下一句话，说要给'赵云'改名。"

"那叫什么？"我问。

"司马迁……"我妈像个小女孩似的哭泣着说。

从"赵云"到"司马迁"，只能说父亲太喜欢历史了。

被唤作"司马迁"后，猫咪不知是赌气还是真的没有适应，起初一两周，我们叫它，它都跟没有听见一样，兀自做着自己的事，不是躺在院子的石板上，就是在屋檐下伸着爪子洗脸。它不往外跑了，也不发情了，但半夜碰到耗子，竟也不再像从前那样手到擒来，只在一旁干叫着不动手。它的生活过得越来越没有激情。父亲说它越来越没用。

有一年冬天，南方很冷，许多地方都下雪了。"司马迁"得了一场重感冒，一蹶不振，流着眼泪和鼻涕，样子丑丑的，越来越憔悴。眼看着它快不行了，一家人都很着急，也像被传染了感冒似的，没有状态，心里想的都是它。带"司马迁"去村里张兽医那里打针的是我和父亲。母亲连看它打针都不敢，只在家里揪着一颗心等待。

张兽医拿着一根大针筒，往"司马迁"身上扎了下去，动作异常熟稔，脸上毫无表情。一针下去，"司马迁"就大叫起来，这声音恐怕只有在它受"宫刑"那天才叫过。这样的叫声在它的生命里不会再出现第三次了。

因为回来第二天，"司马迁"就死了。

全家人伤心不已。父亲专门跑到张兽医那里理论，说猫如果不打针还不会这么快死掉，针筒里的药一定有问题。张兽医气呼呼地说："有没有问题你打一针试试就知道！"说完，"啪"的一声关上了门。父亲受辱似的涨红了脸，捡起一地石子，摔得张兽医家的门窗呼啦直响，还打破了一扇窗玻璃。

从此以后，我们家再也没养过猫。

清浅的快乐

□ 王永清

以赛亚·伯林，英国哲学家和政治思想家，他活到88岁才十分不情愿地离开这个世界。有人曾问伯林："你为什么可以活得如此安详愉快？"伯林回答："我的愉快来自浅薄，人们不晓得我总是生活在表层。"

我喜欢伯林俯下身子说这句话时的自得和狡黠，这让我想起了"清浅"一词。"清"是心底无私、安之若素，"浅"是胸无城府、素面朝天。为人处世，虽也讲究变通之道，但老于江湖者，手段多，屈伸之间自有韬略，旁人在佩服的同时，也会避而远之。性情中人，直来直去，敢一吐心迹，也许得不到他人的敬佩，却能赢得他人的喜爱，这是一种轻松的生活和愉悦的人生。

《红楼梦》里有个丫鬟叫麝月。袭人生病，其他丫鬟都出去玩，只有她主动留下来照顾宝玉。晴雯见宝玉为麝月篦头，冷嘲热讽，但麝月不争不恼，只是笑笑。她随和、宽容，守着自己的本分，不奢望、不争宠、不多言。她活得清浅，也就多了一分快乐，最后她的结局也比其他丫鬟好。

鲁迅在《忆刘半农君》中这样写道："假如将韬略比作一间仓库罢，独秀先生的是外面竖一面大旗，大书道：'内皆武器，来者小心！'但那门却是开着的，里面有几支枪、几把刀，一目了然，用不着提防。相比之下，刘半农则是一个令人不觉其有'武库'的人，但他的浅，却如一条清溪，澄澈见底，纵有多少沉渣和腐草，也不掩其大体的清。"所以鲁迅佩服陈独秀，却亲近刘半农。

人心复杂了，总会殚精竭虑地思前想后、平衡得失。老是猜疑着、算计着，那也太累了。清浅做人，不蝇营狗苟，不尔虞我诈，也就少了许多纷扰和纠缠，卸掉沉重的思想负担，自然活得豁达、过得舒心。其实，你简单了，这个世界也就简单了。

一次失败的离家出走

□ 路明

1998年，我上初二。有一天，我离家出走了。

这是一次蓄谋已久的出走，原因是：我厌倦了当一个好孩子。

我对着镜子，忧伤，沮丧，无可奈何。镜子里的自己，长着一张平庸无奇的脸：瘦弱、白净，还戴一副金丝边眼镜，标准"小红花少年"的模样。我无数次比画，这里，对，就是这里，斜下来，有一条刀疤该多好。

更要命的是，因为成绩好，加上管教严，我一直是"别人家的小孩"——走路中规中矩，放屁细声细气。只是，没人知道，在我内心深处，燃烧着怎样的火焰。

十三岁的少年，两点一线，写不完的作业，却渴望像草莽英雄那样揭竿而起，像江湖豪侠那样仗剑行天下。

那天的早饭是稀饭和白煮蛋。我喝完稀饭，把白煮蛋放进书包里，又从厨房拿了一个冷粽子。然后背上书包，右手插在裤兜里，紧紧攥着两张皱巴巴的钞票，一张五块的、一张十块的。钱是昨天问爷爷要的，理由是买学习资料。

出门，沿老街一直走，前方有一座石桥，过了桥就是我所在的中学。我走过桥边，卖卤豆干的阿婆抬头看了我一眼。带着做贼心虚的快感，快速穿过一片旧街巷，我来到了小镇的尽头。

镇北边是村庄，大地在我眼前徐徐打开。春天，油菜花盛开，三两农人在田里劳作。我走在田埂上，呼吸着新鲜的空气，一股悲壮感油然而生。你看，我自由了。我将浪迹天涯，永不回头。像格瓦拉走向丛林，像贝吉塔走向那美克星，像小小的十二月党人走向他的流放地。世界如此辽阔，而我是孤独的。意识到这一点，真是让人又心酸又骄傲。我不由得想起了高尔基的《童年》、狄更斯的《雾都孤儿》和日本动画片《咪咪流浪记》。我情不自禁地唱起来：落雨不怕落雪也不怕就算寒冷大风雪落下……接下来的歌词我不好意思唱出来，什么"我的好爸爸""我要我要找我爸"，一律用"啦啦啦"代替了。

我没去找爸爸，我爸爸来找我了。

中午的太阳白晃晃，我坐在田埂上，吃完了白煮蛋，正在剥粽子。我爸骑着自行车，悄无声息地靠近。发现他的时候已经太晚，我再想逃跑已绝无可能。我爸是高中部的老师，对于我的动向从来都是了如指掌。一定是班主任跟他讲我没去上课，然后卤豆干阿婆泄露了我的行踪。

我爸停了车，倒也不着急。他摸出打火机，半靠半坐在后座上，点了一支烟，抽了几口之后，他摁掉烟头，说，走。

我爸推着车走在前边，我垂头丧气地跟在后面。一路上，谁也不说话。到校门口，他开口了："我跟你的班主任打过招呼了，说你身体不舒服，请半天假。"

我说嗯，低着头往大门里走。他叫住了我："钱交出来。"

"什么？"

"跟你爷爷要的钱。"

十五块钱，相当于三十根雪糕，五十个游戏币，一百五十只甩炮，说没就没了。我欲哭无泪。

我爸有点儿得意，这点儿小花招，哼哼，还能瞒过我……期中考到年级前三，我就不告诉你妈。

他抽出那张五块的扔给我，把那张十块的塞进自己上衣内兜，一甩腿，骑上车走了。

我就是很努力,有什么好笑的

小时候总是想隐瞒自己的努力,一定要假装自己很轻松就得到了好成绩,现在想想,为什么要那么做呢?努力本来就是一件理直气壮并且正大光明的事情啊!

想要过自由自在的人生,不是要随时随地可以出去旅游,不是要上班不受领导约束,而是在每一个想要改变,想要尝试一种不同的生活,想要再往前走一步的时候,永远都有选择的权利和能力。而这种权利和能力,就是要努力才能得来啊。

愿你从此坦然地努力,面对自己努力的过程,也是面对自己获得成功的过程。

黄轩：当你足够努力，所有人都能看到

□ 七天路过

有的人一生顺风顺水，有的人一路颠簸坎坷。我们常常管这种际遇叫命运，可我见过一个凭借自己的努力，得到了命运多年前从未光临于他的宠幸。

他叫黄轩。

最近真是黄轩的霸屏时期啊！冯小刚导演的《芳华》男主角，最近刷屏朋友圈的电视剧《海上牧云记》的绝对男主角，以及陈凯歌导演的电影《妖猫传》的男主角。

全都是大导演，重量级作品，可是这样的光环全部指向了一个人——黄轩。

陌上人如玉，公子世无双。他就像一卷缓缓铺开的诗经古风，迎来一段属于他的，最好的时光。黄轩曾表示："大概在我身上，一直有那种中国文艺电影总爱探讨的郁郁不得志吧。"

从《春风沉醉的夜晚》40分钟的戏份被剪到只剩一个夜晚，到《满城尽带黄金甲》遭遇周杰伦参演后换角，以及《海洋天堂》和《日照重庆》里的接连换角，一个只想认真演戏的年轻人几次三番经历商业利益中的纠缠与纷争，换作你我中的任何一人，想必都觉得人生黯淡，直逼绝境。

有人说，看着黄轩"不以物喜，不以己悲"的神情，反倒更加令人心疼。

在娄烨的电影《推拿》中，他成了占据主要戏份的盲人按摩师小马，这是个令人惊艳的角色。他是个炽热却又阴暗，简单却又敏感的矛盾结合体。大多时候他都是一副阴郁又天真的神情。黄轩似乎是在演绎小马的过程中把他自己积攒了许久的演技瞬间迸发出来，连娄烨都说："黄轩就是小马，小马就是黄轩。"

但是他并没有被角色桎梏，而是有了更多的突破。

我觉得作为一个演员最专业的地方，就是呈现给观众无限可能。

在《芈月传》里饰演芈月的初恋子歇，一句"月儿好看"就俘获了女观众们的少女心；《女医·明妃传》里的朱祁钰，深情之外也增加了政治博弈的腹黑一面。

而在《芳华》中，他饰演的是一个从万众崇拜的活雷锋走向被误解、被批评的角色。

他样子诚恳，内心诚恳，质朴善良，是被所有人肯定的好人。

只是因为表白时他碰触了林丁丁的脊背，丁丁惊恐不已，揭露了他。他因此惹祸上身，从神坛跌落。

小说中的刘峰，热心纯朴，处处为别人着想，善良且柔软。在看小说《芳华》时，我脑海中浮现的刘峰，正是黄轩的模样。

对于"刘峰"在影片中的命运起伏、形象变化，黄轩表示这是这个人物最吸引自己的地方。

刘峰的这一生，一直以"我欠这个世界的"态度在活。不想给任何人添麻烦，不想惊动任何人。最鲜艳美好的青春少年，因为沉重的命运而成为一个被众人嘲笑的人。

他的感情在动荡岁月里留下一颗种子，却没有等待绽放的机会。哪怕是活雷锋，他也不过是一个平凡的人。

平凡磨掉了他的太多选择，可是他，也在平凡中做了最不平凡的选择。

他带着伤痕累累的灵魂，继续爱祖国，爱这个世界，爱身边的人。

而对于黄轩来说，过去那些年的郁郁不得志，或许正是为了磨砺和淬炼，正如天将降大任，必先磨你好多年。

未经失意的人不懂人生。我想这个道理黄轩懂，而《芳华》中的刘峰也懂。

生活就是这样，没有弄死你，就会把你带到更暖的地方。对于日渐被大众熟悉的黄轩来说，所有的磨难，都会让他变得更为耀眼。

想成为合群的人，先去做不合群的事

□ 杨熹文

朋友问："一起去健身？"

我答："不好意思，习惯了一个人。"

几年了，这样的对白始终没有变。

有些事就应该是一个人去做。

大学时开始体会到孤独的妙处，一个人到异地读书，终于不必日日拿成绩单和父母交代，又可以安排自己的起居，妙哉妙哉，人生第一次有了放飞的喜悦。故意给自己安排与人相异的日程，早上5点钟起床，抱紧底部发热的电脑独自看一部电影，然后再背上书包去教室。8点的校园里，和那么多打着哈欠的人擦肩，我思绪亢奋，心里装着独享的秘密。

那几年最喜欢窝藏于图书馆，我一个人占用8平方米领地，用厚厚的书垒起我的城堡，从阿加莎·克里斯蒂读到东野圭吾，再从渡边淳一读到村上春树。我在下午两点钟保持同一姿势，手指捏着书页，脸盛接窗外阳光，摘抄本恣意地敞开，这是孤独带给我的无法取代的舒畅。

再后来去恋爱，我开始贪恋陪伴。去上课、去食堂、去自习室，恨不得分秒跟在男朋友的身后。可无论是早起去操场跑步，还是准备一场资格证考试，我们总是以双方的热情开始，再以一方的妥协结束，后来的一些事情，结局也是一样，我这才认定孤独就是我的节奏。

出国后增值最多的时段，都是一个人度过的：在出租屋里设计自己的命运，打工并不容易却充满自由，到底把孤独发挥出最大的价值。一个人在夹缝间挤出时间读书，写字，看电影，书桌上的本子记满笔记，在电脑前写下天马行空的故事，有一天把这故事印成铅字，做无数人的枕边陪伴。

一个人下决心减肥，去健身房跑上5公里，跑步机上的陌生人让我不必计较姿势是否优美。

夜晚汗涔涔地推开家门，在朋友圈发私密的记录，踏实而快乐，清点我减掉的负担。

孤独将一些人摧毁，却将我救赎，读书、上学、赚钱、跑步、做梦，一个人实现它们，我枕着这些成长的记录入眠，在无数次半梦半醒之间，仿若看到一条上升的路途，延伸到我的梦境来。

5年，最感激的不是自己，而是这样好的孤独。

生命中越有关个人成长的事情，越应该一个人去做。不是一定要抗拒人群，热闹哪里都很多，可孤独却是稀罕的。有了孤独，灵魂才更自由，它不必迎合谁的喜好，不必等待谁的步伐，不必因为谁的妥协而觉得自己也失去了坚持的动力。

直到现在，每一天我仍留给自己"躲起来"的时间。在车库里搭建了简易的"图书馆"，打开书，以文字构筑我的世界，我一个人敲响键盘，像一支乐队的指挥，思考的痕迹替我开疆拓土，它不容任何人侵略。

刚入大学的读者很苦恼，向我求助"寝室中的其他人总是在一起活动，我如何做到合群"；刚做全职妈妈的朋友没了自己的圈子，很苦恼"要怎么样才能参与妈妈群逛街喝茶的活动"；刚刚失恋的女孩子很羡慕别人不眠不休的夜生活，"好害怕孤独，我也想像她们一样热闹呀"……我想，在合群之前，不妨先去做些"不合群"的事，你会发现，有些事你就应该一个人去做。

据说中国的单身人口已经有两亿了，超过俄罗斯和英国的人口总和。两亿人背后说不定还有两亿个操心的妈。

知乎有个问题是"你妈觉得你嫁不出是一种怎样的体验"。有个高票答案简洁又生动：家有一老如有一"鸨"。

在19世纪的英国，看到男的、活的就两眼放光的母亲大人已被女作家简·奥斯汀写进书里。她在《傲慢与偏见》中所刻画的班太太，和200多年后的今天，中国普通家庭里碎碎念、神道道的老太太并无二致。

班太太是一位小乡绅的妻子，育有5个女儿。女儿的出嫁从孩子们出生的那一刻起，就是她心头上一个沉重的砖头，也是她日常生活的焦点。来了一个新邻居，男的！她马上启动八卦收割机模式。

这极有可能来源于简·奥斯汀的真实生活。作为一个终生未嫁的姑娘，简妈的逼婚想必异常惨烈。

英国一个小镇的两层小楼，摆设优雅而陈旧，简·奥斯汀在此开启了一生的故事。有温驯的绵羊，有森林和小溪，足够年轻时，她和姐妹们说着中二的话，对意中人充满想象。

她很早就遇到了一位富二代，单膝跪地，上来就告知她自己一年有2000英镑的收入，作为家族继承人，财产还会更加庞大，"如果我们结婚，这些都是你的。"那时简·奥斯汀不会知道，她在世时只出版了4部小说，稿费总共不超过350英镑。

虽然受过良好教育，但简·奥斯汀也只是普通的牧师家庭出身，简妈一早就告诫她金钱的重要。她一边叉土豆一边对女儿说："你宁愿做一个可怜的老处女，被人轻视，成为别人的笑柄？成为粗鄙的乡巴佬饭后的谈资？爱情令人神往，但金钱却是无论如何不可或缺的。"

两百年过去了，老妈们的论调还是一成不变。"他能给你大房子，舒适的生活，考虑考虑，这是你最好的选择了。"简爸也在助攻。不过，最后这位讲究人还留给女儿一句："任何东西，比如贫困，都不能让精神屈服。"

那是她一生中最接近婚姻的时刻。她答应了对方的求婚，尽管富二代有口吃，脑子也不怎么灵光，但为了家庭，她勉强点头。

不过订婚的欢快气氛只在奥斯汀家持续了一晚。第二天傍晚，她就下定决心毁约。后来她在写给侄女的信中说："与毫无感情的婚姻相比，任何其他事情都是可以推崇或忍受得了的。"

种种反抗和遭遇千万不要让你觉得简·奥斯汀是一个只要爱情、不要面包的小姑娘，更不要认为她是坚定的不婚主义者。她用戏谑的笔触讽刺"婚姻市场"，但也坦诚结婚是"仅有的一条体面的退路"。几乎无一例外地，她笔下故事的女主人公都难得

单身者
简·奥斯汀

□杨 杰

地兼具保守和先进，一方面是进步的"知识女性"，另一方面遵从现实生活的生存准则。

《傲慢与偏见》这本书的第一句话就直截了当地告诉了我们叙事动机，同时也是它特别重要的主题，三个字：找丈夫。

男主角达西先生力压邦德和超人成为最受英国妇女喜爱的约会对象。女主角伊丽莎白本身并不排斥资本主义的物质本质，当她姐姐问起她什么时候喜欢上达西时，她如实说："应该是从看到他那美丽的花园算起。"是达西那豪华的庄园、丰厚的财产使伊丽莎白在对他有好感的基础上发展到深爱他的。

这部简·奥斯汀最知名的作品或许是全世界最伟大的爱情小说之一。在当时流行的霸道总裁文一般的"哥特传奇"中，她独树一帜的描写更贴近现实生活。但现实生活却给了她一个大大的讽刺，笔下的女主角纷纷通过理想的婚姻获得了想要的生活，简·奥斯汀却在40多岁的时候孤单地离开了人世。

她也未必孤单，后人因为她终身未嫁就贴上"悲惨"的标签也许有失公允。200多年过去了，如果社会能有一丝进步的话，人们应该意识到选择跟谁结婚、选择结婚还是单身，是一个人天生的权利。"逼婚"两个字实在像古装戏里的台词，大清早亡了。

很多年之后，一位过气女演员对着镜头自言自语的样子时常让我想起简·奥斯汀。

"自从想通了别太拿自己当回事后，我不像从前我以为的那么缺爱了——既不缺别人给的，也不缺自己给的——毕竟一个人能经得起多少爱呢，不是吗？我还发现，如果一个人不是很缺一样东西，她就会很自然地变得挑剔起来，要么不要，如果要就只要好的、高级的、高质量的。比如和另一个人去构建一种人类中罕见的、真正的赤诚，又比如两个人一起探索和发现点儿什么情谊。我想这就是我想要的，真正在意的感情关系，是的，我只想要这样的感情关系。"

这一次，人生给了你第二次选择

□ 孙晴悦

一个师妹在纽约读了金融硕士，毕业后顺利在华尔街找到了工作，从此拥有优渥的薪水、高品质的生活。

然而，在华尔街做了两年金融老本行后，她在众人的目瞪口呆中，一掷千金，重返校园——纽约电影学院。

周围所有人都说，你是做金融的，和电影毫无关系，你压根儿就没有电影人的脑回路。你是和数字打交道的，而在二十几岁的尾巴，你说你要转行做电影？

师妹默不作声，办好了离职手续，租了布鲁克林更便宜的公寓，铁了心和过去时不时在曼哈顿的酒吧里小酌一杯的生活告别。

后来，我们看到她朋友圈里分享着一部又一部的冷门电影，看着她和满脸大胡子的中东导演合影，看着她变成了一个又一个冷门博物馆的常客。

她常常在我们的群里兴致勃勃地说着如今的生活，好像华尔街上班永远只穿黑白灰的她，突然在一瞬间被抹上了色彩。

我们问她，所以，这个决定是为什么？

师妹说，在25岁之前，好与不好，几乎都有一个明确的标准。而我们则是一张白纸，自我意识还没有完全形成。

"我们25岁以前，大多数女生是朝着相同价值观，或者说相同的道路前行的，拿到投行录用通知，赚高薪，住豪宅，嫁给高富帅。

"但人生不可能永远是这样的A计划。你要走过很多路，见过很多人才知道，其实也可以有一个B计划，放下执念，便是新的生活。

"曾经在一个办公室的日本女生，普林斯顿大学毕业，突然有一天对大家说，她要辞职了。送别会上喝得微醺，告诉大家自己要去东南亚，去偏僻的乡村，做口述历史的研究。

"我永远记得，那个日本女生突然告诉我们这个消息时的样子，她是我们同一级分析师里最聪明、情商最高的一个，所有人都很看好她，然而，她就是这样突然潇洒地和我们告别了。"

没有婆婆妈妈担忧以后怎么样，没有找任何人商量这个决定是否有风险，没有絮絮叨叨地和我们说未来要做的项目多么有前景，或者她多么热爱。就是一句再会，摆摆手，后会有期。

每一个很酷的女孩，都有B计划，她们手里永远握有选择的资本和底气。

那么我们身边的朋友们呢？

其实，我们换哪份工作，和谁结婚，有哪一项是真正听从了朋友的建议？他们也许和你成长经历相似，但是终究要去往哪里，大家目标并不一致，内心深处藏着的B计划也绝非相同。

25岁以后，我们要做的决定越来越多，也一个比一个重要。可以给你出主意的人，却越来越少。因为世事好坏已经没有统一标准，大家各自的成长背景、经历、眼界也是如此不同。

要不要向前一步？要不要冒更大的风险？没有人可以给你一个完全准确的答案。

可以给我们出主意的人越少，我们自己就越要有担当。人生永远都不只有一种活法，而每种生活都有代价。

我一直说："我想要过自由自在的人生，不是要随时随地可以出去旅游，不是要上班不受领导约束，而是在每一个我想要改变，想要尝试一种不同的生活，想要再往前走一步的时候，我永远都有选择的权利和能力。"

愿你做个勇敢的姑娘，手里永远握有选择B计划的资本和自由，然后我们一起不顾一切地闯荡。

这个世界不但看脸，也看年纪

□李月亮

1

凌晨四点。

同学群里，大灰发了一张灰头土脸的自拍，背景是黑蒙蒙的天和他的大卡车。在我们都睡得天昏地暗的时候，他已经拉着一大车羊毛奔赴上海。

几个小时后，有同学为他点赞，说大灰太能干了。

他回：以前傻，不知道好好学习，现在要是不好好干活，一家老小喝西北风啊！

我看着，有点儿唏嘘。

这个满面风尘的中年男人，当年可是我们班的风云人物：班长、帅、聪明，可惜不爱学习，经常逃课打游戏。高中毕业，他勉强考上了专科，据说也是打了3年游戏，差一点儿没拿到毕业证。

工作之后，大灰又混了几年。

直到结婚，在老婆的监督下，他才走回正轨。买车跑长途送货，虽然辛苦，但日子越过越好。

我妈说："早这样该多好。以这孩子的智商和能力，早点儿这么奋斗，现在别墅可能都得好几栋了。"

我妈说得对，很多天资不如大灰的同学，现在都比他过得好。

有个女同学，读书时成绩平平。

现在，她是我们同学中唯一的博士、气候专家，常年在世界各地讲课、调研、参加国际会议。

班主任很欣慰，称赞她出色，是我们和学校的骄傲。

她笑道："您知道我没什么天赋，全靠死用功。当年考博士，每天学习到夜里1点，早上5点又起床，去附近公园，看1小时书，跑两圈；再看一小时，再跑两圈。我老公一直叫我'鸡血姐'。"

2

人的成长其实是有时间表的，就像植物，春种、夏长、秋收、冬藏。什么季节该干什么事，都有定数。

人年轻时，记忆力、学习力、好奇心、想象力都在顶峰，是学习能力最强的时期，大部分人的技能，都是在30岁以前完成的。30岁以后，基本上就是打磨和运用了。如果在这之前没有很好地储备，很难站上更高、更广的平台。

世界是金字塔形的，越往下人越多，竞争越激烈，奋斗越艰苦。

就像大灰，他错过了最好的时光，没有很好的学识、技能储备，智能去做对专业技能要求更低的工作，而这些事，有大把大把的人在做，你只能更卖力、更用心，才能有点儿小成绩。

同样是付出，同样是奋斗，在合适的时候去做，事半功倍，一旦错过了最佳时机，就要付出更多的辛苦，还未必如愿。

3

我们也常常看到另一些十分励志的榜样：摩西奶奶76岁才开始学绘画，80岁举办个人画展；肯德基爷爷山德士62岁才开了第一家肯德基餐厅……总有很多故事告诉我们，人生什么时候开始都不晚。

但是，请一定注意：摩西奶奶拥有极高的绘画天分，肯德基爷爷之前已经研究了炸鸡很多年。

对更大多数的人来说，我们未必有摩西奶奶的天分。如果有，早点儿努力，早点儿发挥，岂不是更好？

这个世界不但看脸，也看年纪。

领导往往喜欢栽培年纪轻的员工，因为更有潜力和培养价值。

大器晚成其实小概率事件。在奇迹之外，更多的是庸碌、辛苦一生、哀叹"少壮不努力，老大徒伤悲"的普通人。

所谓"人生从什么时候开始都不晚"，其实是说给那些从未真正努力，又想追求美好生活的人听的。

确实，如果你的内心有渴望有动力，那么60岁去奋斗也未尝不可。

但是，60岁开始不晚，并不等于60岁开始是最好的。

如果早一点儿意识到努力奋斗的重要性，在20岁出头甚至更早时就开始，踩准每一个向上的节点，你的付出必将获得更大回报。

每个人的特质不同，成长速度不同，就像樱桃和白菜的成熟期不一样，不能用同样的标准去要求。

但是，若想获得最好的收成，无论是谁，都该在最好的春光里，努力汲取阳光和水分，拼命生长。

春天偷的懒，秋天真的很难还。

你不喜欢的每一天,不是你的

□宁远

身高一米六五,体重要维持在49公斤到52公斤,这是我给自己定下的任务。身为自己服装品牌的模特,能穿进中号衣服是必须的,无论是试穿样衣还是拍新品图片,这些数字所代表的身体都不胖不瘦刚刚好。

不是非要做模特,只是我自己做的衣服如果我自己都不穿,如果我自己的身体都不与它发生关系,那这件衣服在我这里是不成立的。还有,一件好衣服应该经得起普通人的检验,衣服的美,不只属于T台上那些貌美如花惊心动魄的模特。

不需要很瘦,但需要拥有控制自己身体的能力,在"适当"的原则下管理身体,寻找分寸。分寸的掌握需要慢慢习得,每个人是不一样的。

除了分寸,我特别想强调的是:享受每一个时刻自己的样子,与身体和解。"我现在这个样子是好的,我还会变得更好。"而不是"我讨厌现在的身体,我要改变"。前者和后者有本质区别。

满大街的关于瘦身美容的广告给女人划定了一个标准,在这个标准下他们在共同讲一个糟糕的故事。这个故事的大意是:女人要如何如何做才能得到爱情,才能婚姻美满,才能得到别人羡慕的眼光。这很低级。

在健身房看见太多把身体当作仇人一样的女人,她们面无表情,双眼漠然,每一个动作都狠狠的,潜台词正如很多广告语那样:凡掉脂肪,重新做人。这样的人没有把运动的当下当享受,她不爱她那一时刻的自己,她只是带着任务和目的来到健身房。

我的意思是,即使你超过标准体重50斤,你也应该做一个轻盈的胖子,热爱你自己,热爱你和这个身体相处的每一天。

相比"狠狠"地运动,节制地面对食物可能更重要。不要傻傻地以为微博上那些喜欢晒美食的明星们都爱吃,她们一定吃得很少,才有时间和心情拍照并且PS(图像处理)。吃货们只会大快朵颐之后抬起头一边擦嘴一边感叹:哦呵,忘记拍照晒图了。

当然,节制地面对食物,首要目的不是更瘦更美,是为了更好,这个好比美更美。请记住这句话:我们吃进去的食物,三分之二都供养了医生。

这是一个物质太饱精神很瘦的世界,物质的饱足感带来的是迟钝和麻木。吃多了就会有"脑满肠肥"的感觉。节制地面对食物,减肥是次要收获,最重要的是精神状态,保持适当的饥饿感,人对周遭的感觉会更敏锐、更清明。过有节制的生活能带来节制的乐趣。食物不再只是为了满足欲望,而是类似美感的东西。

我曾经试过连续几天不吃主食只喝水和吃少量水果。几天之后的一次进食,每一样食物都能呈现它本来的味道,我确定我那个时候是在真正地享用美食,而不是"吃得很饱"。断食没有任何坏处,如果有需要,可以每个月愉快地做一次。

其实说到底,就是这句话:要用掌控人生的野心来掌控身体。突然想起以前做老师的时候,班里有个同学告诉我:我不想起床上课,但坚持来了,上完课心情就特别好,觉得没有辜负这一天。下课我就是去打游戏也会很投入很开心的。但假如我待在寝室睡觉打游戏,我一整天都不会快乐的,尤其在夜晚,会空虚,无聊,讨厌自己。

是这样的,投入地工作才能投入地休息和玩耍。管理身体也一样,做一个让自己喜欢的自己,睡觉前可以对自己说:今天,我对自己满意。

要记得:你不喜欢的每一天,不是你的。

哪有什么顺其自然

□艾小羊

每年年初，我都会做一张表格，列出自己最喜欢的词与最不喜欢的词。在我看来，它比新年计划有用。计划总是赶不上变化，何况对于按部就班生活的人来说，每年要做的事其实差不多，区别不在于事情本身，而在于态度与心境。

今年，我最讨厌的词是"顺其自然"。在20岁的时候，这是我最喜欢的词。与男朋友吵架，闺蜜让我去沟通，我说："得之我幸，失之我命，顺其自然吧。"结果真的"失之我命"了。去广告公司应聘，面试的时候堵车，我眼睛一闭，顺其自然好了，结果真的迟到了。

读大学以及大学刚毕业的几年，觉得顺其自然是一种洒脱的生活态度。结果顺其自然地混到30岁，忽然有一天睁开眼睛发现，公司要倒闭了，而自己连一技之长都没有。为生计发愁的时候，我妈宽慰我："别担心，船到桥头自然直。"可是，你得先拼命把船划到桥头才行啊！

我喜欢过王菲，她那副爱谁谁的样子，似乎永远在说"急什么，船到桥头自然直"。幻乐演唱会"车祸事件"以后，我认真研究了天后的履历，发现她年轻的时候真的很努力。刚到香港，她的粤语、英语都不好，虽然天生一副好嗓子，但跟经纪公司闹解约，负气去了美国。到美国也不是随随便便学个服装设计之类，而是进修音乐方面的相关课程。

一个人成功以后，可能会制造一种顺其自然的假象，显得一切毫不费力，这样才与众不同。其实人生的每一步，都是九死一生，哪有什么顺其自然！从大的事业到小的生活，没有什么事只靠顺其自然就能成功。一切的好都是强求，强求得来是成功，强求不来也自有收获。

顺其自然与好运气一样，是强者的谦辞、弱者的借口。人们对于辛辛苦苦获得的成功总觉得没有神秘感，所以永远有人告诉你："我迈开了第一步，顺其自然就到达了山顶。"当你学会透过现象看本质，就会明白：现象是万花筒，以奇取胜；本质却永远单调枯燥，没有捷径，没有传奇。

只有对完全不在乎的人与事，你才能用顺其自然这么糟糕透顶的态度去对待；略微有价值的情感、目标、人际关系，都不应该顺其自然。

顺其自然，不仅让你的人生走下坡路，还会让你的生命失去活力。人的幸福感，是从微小的成功与慢慢地变好中获得的。生命的活力同样来源于那些小的成功与改变，当你坚信生命价值的时候，就是那些你原以为做不到的事情，最终做到了的时刻。这种时刻，艰辛的过程会变成满天绚丽的烟花。

80岁以后再说什么顺其自然吧。也许对于我们这代人，即使到80岁，也没有机会顺其自然。谷歌首席未来学家雷·库兹韦尔预言，人类有望在2029年开启"永生之旅"，医疗水平与生物技术的发展，至少会让人的寿命达到150岁。

凡事努力争取，即使没有达到预期的目标，也能拓展你的体验与能力，产生失败的美学。一个充满活力的生命，一点一滴地克服原生家庭的影响与性格的缺陷，一步一步地接近心目中那个更好的自己，一分一秒地与懒惰、灰心丧气斗智斗勇，无论结果如何，都是一部好看的励志电视剧。

记住，世间一切的美好、成功、顺利都是强求来的，无论你命有多强，顺其自然走的永远是下坡路。

追着追着，就站到了成功的光环里

□陈姣

世界上有两种动物能到达金字塔顶端，一种是雄鹰，另一种是蜗牛。

蜗牛没有飞翔的本领，要想登上金字塔的顶端，只能靠爬，靠它的坚持，需要付出千倍万倍于雄鹰的努力。但是，它只要爬上了金字塔的顶端，就可以像雄鹰一样雄视天下。

太乖实在很危险

□ 吴淡如

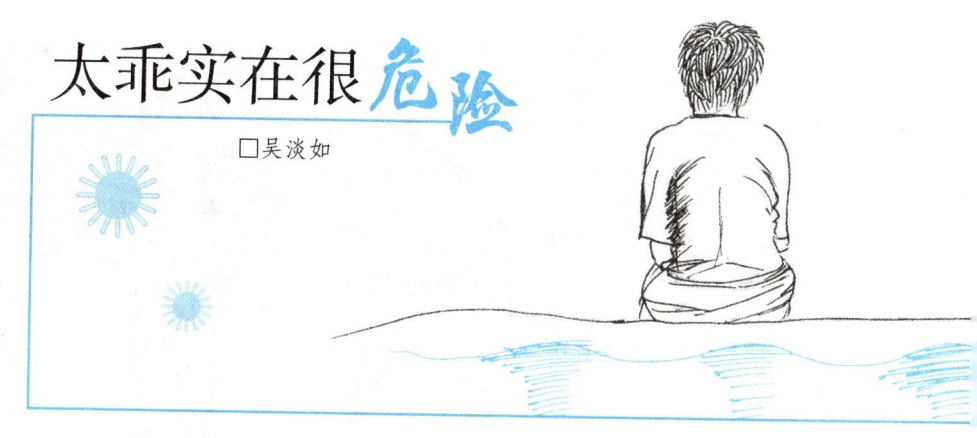

几乎没有爸妈不希望自己的孩子乖。

但我发现，只要人一过了青春期之后，就不希望被人家用"你好乖"做赞美。

为什么？

几个高中生告诉我：那根本不是赞美，好像在骂他笨、平凡、呆板、没创意、人云亦云、土里土气似的，如果真要赞美他，他宁愿接受"你好酷！""你真可爱！""你好聪明！""你的EQ很高哦"这些比较现代化的用语。

青少年们赶流行，忍肌肤之痛，穿鼻环、舌环、肚脐环、刺青，在成人社会看来好像是一窝蜂盲目赶流行的恶心行为，也有老古板们祭出"身体发肤，受之父母"的古话大骂他们愚不可及。说穿了，这个现象却也象征着：他们想证明自己不是那么乖，证明他们敢于耍酷，反正又不犯法，只是痛了一点儿。

于是"一窝蜂"地想证明自己"与众不同"。

背后的心理因素，是好想让自己看来不一样，借流行的肯定得到一种自信。

想得到自信，是因为心里并无真正自信。想得到肯定，是因自己没法肯定自己。

"我希望他乖一点儿就好。"这样的话语不只自青少年的家长口中，也常出自控制欲很强的情人口中。

"乖"在一般人心里该是怎么定义的呢？

有某几种"乖"是正面的，比如，在人际关系中游刃有余、显得乖巧懂事又可爱，是公关高手。

该动时动、该静时静的乖，是自制力强。

对情人专一的乖，是自愿臣服于爱，所以温柔。

让父母感到受尊重，是孝顺。

把自己分内的事都完善，是有责任感。

脾气稳定，是情商高。

这些比较有弹性的定义常被收网在"乖"里头，又远非乖字所能涵括。

然而，很多人口中的乖，是全无柔软度的，只是"不要有你自己的主见，乖乖听我的话就好，省得我麻烦"。

这种乖就很危险了。

在报纸上，我们有时会看到记者去访问一个犯下滔天大罪者的父母或邻居，发现这个"ＸＸ之狼"、恐怖分子或嗜血的家伙，在认识他的人眼中完全不是那么一回事，这些罪犯们常被形容为：很听父母的话、沉默寡言、斯文乖巧……他们到底发生了什么事，像在月圆之夜忽然变成狼人？

事实上，长期被压抑的人，表面上好像都很乖，积压的郁闷却常默默地寻找着一个惊世骇俗的出口。

不习惯于表达自己理念的人，也被迫在自我密闭的回路里自言自语，所有的想法都在黑暗的下水道中累积。

惯于听命令的人，会像一个被后绳绑缚手臂的傀儡，有一天碰到一个更强势的总司令，他就会依令行事，一点儿判断能力也没有，只能当应声虫。

太被保护在温室里的小乖乖，像没有免疫力的玫瑰花被移植到现实的森林中，完全失去招架的能力。我常看到父母心中乖得不得了的女孩，在所遇非良人时，被暴风雨般的爱情刮得东倒西歪、枝折叶朽，还不相信"为什么他会那么对我？"，头破血流还不肯逃开。

太乖，抵挡不了坏。

太乖，被骗了还会帮人数钞票，实在很危险。

太乖和太坏都有危险。不同点在于，个性太坏的可能在很早的时候就会吃足苦头而学乖，太乖的一辈子常都"学不乖"。

有点儿叛逆并不是坏事。就让他自己学乖，人人都有一条自己的石子路要走，再爱他顶多只能给他一双好鞋，不能替他走路。

一只毫不起眼的蜗牛都能为了梦想拼尽力气，何况我们呢？梦想能指引我们前进的方向，它在某种条件下萌芽、生长、壮大。一个心怀梦想的人，即使像蜗牛一样毫不起眼，也能在专属的舞台上，证明自己的存在。

追梦的道路是曲折的，是充满坎坷的。但是，我们如果不放弃，坚定信念，即使步调缓慢，也能冲破重重阻碍。有一天，我们会发现，在追梦的过程中，追着追着，就站到了成功的光环里。那时，我们定会感谢现在努力拼搏的自己。

书籍是全世界的营养品。生活里没有书籍，就好像没有阳光；智慧里没有书籍，就好像鸟儿没有翅膀。

把拖鞋放好

□ 林清玄

日本近代禅学大师山田灵林，把世界上的人归为三种类型。第一类是混沌未开，不受任何知识上的苦恼，能像猪一样和平生活的人，叫作"自然人"。

第二类是头脑明晰，智能发达，却受尽知识的烦恼，以至于神经过敏，始终无法与他人相处，过着不愉快生活的人，叫作"知识人"。

第三类是超越了知识的苦恼和情意的苦恼，能任运无碍过活的人，叫作"自由人"。

为了说明这三种人的不同，他举了一个非常有趣的例子——某家五人居室的前廊上，一双拖鞋翻了过来。

这个家的女佣虽然好几次出入主人的房间，办好了好几件差事，但她对翻过来的拖鞋一点儿也没有注意到。她正如在深山里混沌未开的少女，只把主人吩咐的事在能力范围内办好，所以她每天十分快乐，能吃就吃，能睡就睡，除了衣食住行，对人间的一切事务和知识都不留心，没有任何心事——这就是自然人的典型。

这家的少奶奶拿信件要进屋时，看见了翻过来的拖鞋，但因男主人吩咐要处理一件紧急事务，来不及翻那双拖鞋。一会儿她端着红茶要进屋，又看见那双拖鞋，心想，一边拿饮料，一边翻拖鞋有碍卫生，还是没有摆正它。要离开房间时，她突然听到孩子的啼哭声而跑向婴儿室，这一次根本没有想到拖鞋的事。

就这样，她一整天都挂虑那双拖鞋，以致在房间、在厨房、在婴儿室都不能平静，不能专心，因而苦恼万分。少奶奶是名门闺秀，读过大学，她想把学来的知识全部应用在现实生活中，却往往不能满足自己的期望，反而带来日日夜夜的焦虑不安，最后她变成了神经质，甚至连猫换个位置晒太阳，也会使她不安和烦恼——这就是知识人的典型。

这家的老太太，因有事来找她的儿子，她看到翻过来的拖鞋，马上随手翻正，也不把这件事放在心上。老太太是很沉着的人，她善于发现问题，而一发现问题，马上就轻易地处理好；如果是一件不能处理的事，她马上就把它忘掉，因此她的心境一直平静而稳定——这就是自由人的典型。

这个譬喻很值得我们深入思索。

拖鞋可以说是烦恼的一种象征，这家的女佣可以说是从来不知烦恼为何物地生活着，就如同世界上许多神经迟钝的人。不是他们非常快乐，而是他们既见不到烦恼，同时也不能知道精神的愉悦是什么；他们没有思考、没有反省、没有觉悟、没有方向与追求，只是像动物一样过日子。

少奶奶虽然知识丰富，却为知识而受苦，被种种知识扯来扯去，忽左忽右，像在旋涡中一样，从而陷入一种紧张而焦躁的状态，生活充满无谓苦恼。这说明追求心灵的平和与宁静，知识是无能为力的，对以安身立命为目标的人，知识实在没有价值，有时反而带来烦恼。

但是我们不应反对学知识，而要把知识收集整理，利用生活经验来驾驭它，到能无碍地生活的时候，心地自然像前面的老太太一样平和。不过若要靠外在经验的累积，达到心性的自由，等她成为自由人时，已经消耗了大部分生命。

禅宗追求的也是自由人的境界，只是所循的是内在的方法。那就是靠修为的精进达到心性的自由，从而得到真正的安心与究竟的立命。

但是，禅的自由与老太太的自由还是有差别。老太太的自由是一种动作，是由和外相（如拖鞋）的对待而来，禅师的自由却是绝对的，自我的，没有对象的。

我们都是平凡的人，介于自然人和知识人之间。

想要像悟道者那样进入绝对和谐的世界是极难的，也就是说我们难以成为真正自由的人。

但我们却可以提醒自己往自由的道路上走：少一点儿贪恋，就少一点儿物欲的缠缚，多一点儿淡泊的自由；少一点儿嗔心，就少一点儿怨恨的纠葛，多一点儿平静的自由；少一点儿愚痴，就少一点儿情爱与知解的牵扯，多一点儿清明的自由。限制、迷障了我们自由的，是贪、嗔、痴三种毒药，使我们超脱觉悟的则是戒、定、慧三种解毒的药方。

完全自在无碍的心灵是每个人渴望的。其实现方法就是佛陀说的"放下！放下！"

放下什么呢？

看到拖鞋翻了，把它摆正吧！摆正了的拖鞋，再也不要放在心上，如是而已。

罗丹厌学

□张君燕

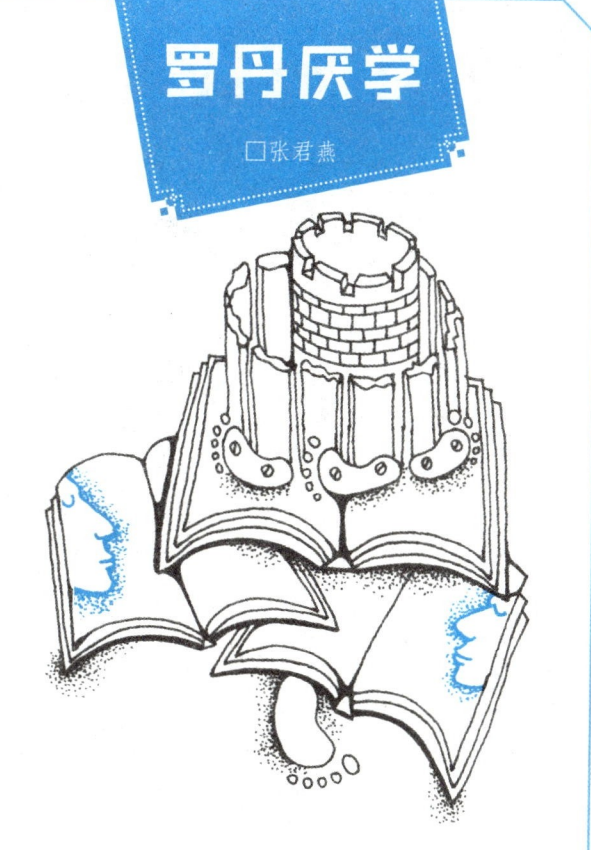

奥古斯特·罗丹从小就喜欢美术，但对其他课程不感兴趣。姐姐玛丽常为此劝说他，罗丹反而说："我正打算退学。"玛丽生气地说："你才三年级，还什么都没学会！""我学的东西够多了，至少能教二年级的学生了。"罗丹反驳道。玛丽听后无奈地摇摇头。

第二天，玛丽带罗丹去爬山。爬了没多久，玛丽突然问："山下的景色如何？"罗丹看后沮丧地回答："我们的位置太低了，只能看到有限的一角，看不到更多的东西。"玛丽继续带着罗丹向上爬，时不时会问他景色如何。罗丹发现，随着不断爬高，他的视野逐渐开阔，看到的景色也更多。当他们爬到山顶，所有的景色尽收眼底，罗丹情不自禁地感叹："真美呀！"玛丽语重心长地说："当你在低处时，看起来比山脚高，但根本无法看清山下的风景。只有不断向上爬，才能看到更多。学习知识也是如此，你学得越多，才能有更广阔的思维和视野。"罗丹终于意识到自己的想法有多可笑。

后来，罗丹在学习美术的同时，也努力学习功课，还前往巴黎美术工艺学校读书，最终成为法国著名雕塑艺术家，被誉为欧洲雕刻"三大支柱"之一。

被惊

□张晓风

我喜欢那些把我吓得一惊的东西。有一次去看画展，一进门，我冷不防被一整墙的张大千的大幅墨荷吓了一跳——哪里是荷花，简直是荷树！简直是荷森林！那样傲岸无人，而且很邪门地竟像是还在继续往上长，一种要撑破什么似的放肆地生长！

冬天里，我喜欢用一只晶亮的矮玻璃杯喝赤艳的红茶，可令人感伤的是，一杯茶总是在喝到一半的时候就凉了。

有一天，我偶然把茶放在南窗下的阳光里，并且一面看书，一面不断地沿着阳光的新脚痕移动它——那茶竟因而一直保持了温热，我老觉得它该凉了，然而它仍旧未凉……

那一天，我真的吓了一跳，好像面对着一杯在阳光中可以温暖到地老天荒的红茶似的。

有一次，我在傍晚时上阳明山去开一个会，会上讲了什么已经忘记了，却记得路上的一朵白花。

也许由于山路特别黑，车一转弯，山岩间蓦地冲出一朵白色野百合，硬是白得令人大吃一惊！仿佛整个夜色的黑全是凹的，单单是为了衬托这一点浮凸的白。那白色既柔和又强悍，我从来没有料到一朵黑夜中的白花能白得那么立体，那么华丽，那么唯我独尊。

杜甫曾渴望做一个"语不惊人死不休"的诗人，但"去惊人"毕竟是少数人的事，能保持心灵的敏锐，接受"被惊"才是大多数人应该追寻的经验。我喜欢生活中不断有新的惊讶和震撼。

成为 TINA

□ 邱 珈

最近我表妹在找工作。小姑娘长得漂亮，英语法语都流利，第一份工作也颇拿得出手，按理说，要找一份工作应该没什么问题，但她看起来却很愁苦的样子。

"那要是再碰到那种很'做得出'的同事怎么办？想到每天都要碰到这种人，心里就很烦。我命真苦啊，怎么一直遇到这种人？"

上海嗲妹妹们会撒娇也懂发威，但乖囡囡就比较麻烦，往往因为太过乖顺而失去自我保护能力。

我家这位乖囡的父母都是特别和气的人，他们灌输给孩子的是以温良恭俭让为核心思想的正派教育。比方说，与人为善、助人为乐、吃亏是福，耳熟吧？

当然啦，家长的这些理论是很正面、很美好的，但我们毕竟不是生活在动画片般理想的世界里：吃亏不一定是福，谦让也未必有人领情。

因为散发出一种"有求必应，不懂拒绝"的气场，乖囡在成长之路上经常会引来一些天生擅长提出不合理要求的人。我把她遇到的事儿说几桩出来，看看大家会不会有既视感。

中学时，有个女孩子主动要求和乖囡交朋友。她还觉得自己在做一件关心被孤立的同学的好事。然而，每天那个女孩都会提出一些建议，比如，你请我吃冰淇淋吧，我要某牌子某口味的；我们去吃梅花糕吧；我们去吃鸡排吧……每天都是乖囡付钱。她想，如果拒绝了会不会显得自己太小气？持续了一段时间后，她开始感到胸闷，但仍然不知如何拒绝，只能下课后找各种机会偷偷溜走。高考之后，乖囡心情大好，我以为她是对高考成绩很有信心，没想到她说：终于不用再躲着她啦。

这样的妹子上了大学，同寝室的一个女孩，会用大家集体买的桶装水烧开后倒在脸盆里用来热袋装牛奶，甚至用温热的桶装水洗内衣袜子。乖囡和另外两个女孩看不惯又不敢骂，战战兢兢开口宣战，也只是要求她别这样浪费饮用水，结果对方眼睛一瞪，一句"喊，这里头也有我一份钱的"，她们就缩了，竟然就这样忍了两年。

工作之后，她遇到了更多"敢作敢为"的人，比如同期进公司的新人问她要了工作内容拿去邀功啦，明明不是很熟但每天问她借全套化妆品来用最后她只能送给对方啦。都不算什么大事，但面对别人的直截了当、不加掩饰，乖囡一概吃进，在她二十多年的人生轨迹中，处处都标着"不好意思"这四个金色大字，留给她的只剩上海话中的一个词"懊闷痛"。

乖囡每次来找我倾诉，我都会给她一些风格暴烈的建议，其中很多来自那些比我人生经验更丰富的朋友——在我还是个不懂拒绝浑蛋的"包子"时，我那些"辣手"的朋友就教过我：做人强硬一点儿，人生就会顺畅一点儿。

"你要么把英文名字改成Tina（汀娜）算了。"我说。

"为什么是Tina？"

你知道那个强硬的英国女人撒切尔夫人吧，她的绰号就是TINA，意思是"There Is No Alternative（你别无选择）"。你遇到的事比她的麻烦简单多了，你以后再遇到提出无理要求的十三点，就回答"不行。"根本不需要什么折中方案。你不需要每个人都喜欢你。

数据显示，和蔼可亲的职场人士收入要比那些令人不愉快的家伙低好几个百分点，看上去不好相处的人们反而混得更好。我打算买一本吉列尔莫·奥唐奈的《威权统治的转型》给我家乖囡，让她看看研究威权主义的专家是怎么说的，如果她不能接受顶嘴翻脸吵架打斗之类的streetsmart（城市生活方式），那么，至少亲近一下比父母的教育更为科学的理论知识好了——"所谓强硬或温和的特点并不是每个行为者永久的属性，也不能永久地属于某些社会团体和制度结构"。

你看，没人规定乖囡就要一直乖下去。这可是专家说的！

我们最缺的教育，是学会浪费时间

□ 艾小羊

一次，我们去吃ANGELINA（安洁莉娜）甜品店里的招牌栗子蛋糕，据说是香奈儿女士最爱。然而其中的一个小朋友准备顺带做个直播，当时大家还不太明白做直播意味着什么。

抱着好好享受一下生活的美好愿景去了，结果整整两个小时，我们满耳朵都是主播小朋友撒娇卖萌的声音，并且要随时防止她将摄像头对准吃蛋糕的我们。

朋友抱怨，人均150元的下午茶，消费体验还不如在小区门口吃一碗麻辣烫。

我家小区门口也有卖麻辣烫的。摊子对面有棵高大的香樟树，香樟树下是两把舒适的长条木椅。木椅上常年有人。

下班时看到椅子空着，我就会飞奔过去买一碗麻辣烫，边吃边观察麻辣烫摊位前的顾客。

有银行职员、健身房教练、美容院技师，还有穿着昂贵大衣的女士，忽然从红色跑车上下来，打包两碗，热气腾腾地拎上车，一溜烟开走了。

天上三日，人间一年。

勤奋的中国人，对于生活的要求很低，只要能忙中偷闲喘口气，就不至于累到崩溃厌世。如今，谁再问我，你把时间浪费在哪里，我可以滔滔不绝地说很多。

太多美好的事情依靠浪费时间才能成就。或者说，对于我们这些在大城市打拼的年轻人，比追求漫长的假期与关好的民宿更加日常的，是那些随时可以浪费一点儿时间去完成的热爱。

高品质的生活，一定不是看你买得起多贵的香熏蜡烛，而要看你愿意在一支香熏蜡烛上浪费多少时间。

而这些用来被浪费的时间是挤出来的，如果不挤，永远没有。

我去深圳，恰巧有两个朋友住在同一个小区。一个是普通白领，夫妻两人都在杂志社做编辑。另外一个生意做得很大，房子也比前一个朋友的大两倍。

我先住在做生意的朋友家。夫妻两人特别忙，家里的传真机24小时待命，有几次半夜收传真把我吵醒了。我住在她家特别有罪恶感，恨不得立刻回家去工作。

第三天，我逃到了杂志社朋友的家里。他们的房子只有七十多平方米，没有很多的空间，却有很多的时间可以浪费。有一天晚上，我们决定再看一遍电影《甜蜜蜜》。

把时间浪费在已经看过的电影上，最大的好处是你不再急功近利地想要知道结局，对于过程与细节的享受，优于第一次观影。无论工作多忙生活多累，能挤出时间去浪费的时候，你才觉得自己是个富人。

与品质生活有关的浪费，是你要把时间用在觉知美好滑过、感受时光流动上。审美是人类共同拥有的财富，不分年龄阶层，每个人都可以在美好的事物中得到快乐与富足。

把时间浪费在审美与虚度上，暂时放下功利的执念，就像吃小龙虾时，暂时放下手机。去做那些没有任何显性目的，却合乎你的心意的事，一件单纯只是想做的事，一件为健康而做的事。

这些事情，与你的工作、财富、升职无关，然而，当你在被浪费的时光中，体察到生命的美好，就能收获更多的勇气与智慧，去面对未来的生活。

最终，你所浪费的时间，是去翻阅了生活这本书。从中习得的知识，培养了你的尊严与自尊，以及对于世界公平公正的眼光。

最终，钱与学校没有教会你的视野与格局，美与生活教会你了。你的财富，是由勤奋决定，而你的生活品质，则是由那些被浪费的时间决定的。

谁不是一边被鄙视，一边默默前行

□ 莫卡

被仰望的人，也曾有被鄙视的过往

张朝阳拒绝过马化腾，马化腾拒绝过马云，而王兴也拒绝过滴滴的程维。

即便是大佬圈，曾经的鄙视链，也是很长很长的。

"胡说八道"之孙正义，韩裔日本人、软银创始人、日本前首富。在"彭博2017全球50大最具影响力人物"中排名第6。

孙正义在中国的互联网圈是怎样的一种存在？

从1995年投资UT斯达康，到后来的新浪、网易、8848、当当网、携程旅行网，再到阿里巴巴、淘宝、分众传媒。中国互联网早期存活下来的公司中将近一半都有他的身影。

而在2000年前后对阿里巴巴的8000万美元投资，更变成了后来的580亿美元市值，回报一度超过70倍。

但是，在1981年软银开业的第一天，孙正义站在公司装苹果的水果箱上面，跟他的三个员工说："我叫孙正义，25年后，我将成为全球首富，我的公司营业额将超过一百兆日元！"

就像孙正义这样，雷军也站在桌子上给小米的员工开会打气。

和雷军不同的是，开完会，小米公司的员工开始发朋友圈响应老板的号召，而孙正义的3个员工走了2个，最后1个一年以后也走了。

因为他们觉得：孙正义"胡说八道"，简直就是一个神经病、大忽悠！

然后，他们就把老板给"炒"了。

不知道这几个员工，后来心疼过没有，而当时的孙正义，心里又作何感想。

不过我相信，目标感强的人应该没有时间去介意别人的想法，不然也就没有后来的软银帝国了。

"没有本事"之王兴

王兴，美团、校内网、海内网、饭否创始人。

王兴17岁就被保送清华，后到美国留学，接着又辍学回国创办校内网（发现没，那些辍学创业现在事业有成的，都是先考入大学再辍学，所以故事一定不要只听一半）。

再然后，创立美团，与饿了么、百度外卖形成三足鼎立之势。

当年，王兴为美团寻找资本支持的时候，向一个互联网圈的大佬融资。

结果，对方只是推门看了王兴一眼就断定，"这人是个没有本事，且非常自大的'海龟'大学生"，所以拒绝了。

而如今的美团，估值已经超过300亿美元，不但吞并了年长7岁的大众点评，还要剑指携程、滴滴。

"此人不靠谱"之张一鸣

张一鸣，今日头条创始人，曾4次创业失败，最后终于见到曙光。

张一鸣在创立今日头条之前，曾连续4次创业。

第1次，2005年（刚毕业），和同学一起开发协同软件，失败。

第2次，加盟旅游搜索网站酷讯，被王兴收购，后退出。

第3次，加盟饭否，后因监管问题，项目关闭。

第4次，创立房产搜索平台"九九房"，后辞去CEO（首席执行官职位）。

即便是一个连续创业者，张一鸣在初期为今日头条融资时，也屡屡碰壁。

由于是技术人员出身，并且性格和行事风格都比较低调，他也被一些知名投资人拒绝，因为觉得人"不靠谱""没有激情""不像一个创业者"。

最后的现实是，这个比同行晚10年成立、不懂新闻、没有总编，完全靠算法和大数据等人工智能技术驱动的团队，成为了中国新闻端市场的领头羊。

年上半年新闻资讯类APP排行榜，今日头条排第一。

除此之外，甚至还有第一学历只是高中毕业，被知名投资人拒绝过的创业者。现在他的公司，你就是抱着钱都投不进去。

当然，在否定的背后，有时候也并非是对人的全盘否定，可能只是在那个阶段，他无法想象你所"看到"的未来。

我们都曾在鄙视链的下游接受过别人的不屑，但每个人也都有自身闪光的一面。我们中的多数，多年后，也会在各自的领域被他人所仰望。

专注于自己可以改变、可以掌控的，忽视那些我们无力改变和无力影响的，才能专注于自己的理想，轻装

吃饭前关灯

□ 饶晓阳

去年在日本京都，我有幸观摩了一场别开生面的日本料理餐会。

餐会地点在京都山谷的一个料理餐厅，四周是青山绿水，无尽清幽。

已近傍晚，灯陆续亮了起来，料理、清酒、烤炉被一一端了上来。还未等我细看，身着和服、年近五十岁的侍者轻轻地鞠了一个躬，说了一句我听不懂的话，然后关了灯，让我们站到餐厅外的露台上。

一开始，我完全不理解她的用意，只是专注地去感受山谷里吹来的风，风里夹杂着樟木的香味。眼睛在适应的过程中，听觉却被唤醒了。

身边的人都没有出声。慢慢地，我听到了平时听不到的声音：山谷里的鸟叫声、风吹过树叶轻微的摩擦声、清泉滑过石头沉缓的水流声、自己的呼吸声。整个人像被清空了一样，平日在都市里染上的浮躁心性、思虑都停顿了——难怪古语里说花开花

落都是有声响的，静下心来才能听到。

三分钟后，灯重新亮了起来，侍者引我们回到了桌前。听觉被唤醒了，味觉还用说吗？

日本料理重视感观。生鱼片用日式白瓷碗装着，当地的山葵放在碗边。旁边配有小石磨，可以自己磨调料，蘸着吃，原汁原味。小酒精炉上的托盘里正烤着纹理清晰、色泽鲜红的大虾，香味散发出来。侍者在一旁细心地告诉我们，虾在什么时候吃味道才最鲜美。在这里，配料是多余的，原汁原味的蔬菜汤就是最好的。

山谷里的风轻轻地吹过，我感觉自己置身于一个天然氧吧。蛙、鱼、手工汤豆腐，一样样尝过，我发现，素豆腐居然可以吃出豆子的甜味和香味。被味精等各种调料惯坏的舌头第一次享受到食物本身的味道，真是酣畅淋漓！

前行。

人工智能，一个无人理会近10年又活过来的行业

不单个人如此，有些现在看着光芒万丈，热得发烫的行业，也曾经历过被人鄙视的灰暗岁月。

比如人工智能。

现在的人工智能行业有多火？看下人才市场就知道了。普通的人工智能毕业生年薪30万。

清华姚期智院士的"姚班"毕业生更是有价无市，百万年薪都未必挖得动，学生还得考察企业自身的科研实力再决定。

同样，人工智能领域的专家们，尤其是国际上稍有名气的，更是在国内各大论坛成了座上宾，出场费可达到一场20万到30万，甚至更高。

而在资本领域，融资规模更是在6年间飙升了40倍，屡创新高。

然而，这个开始于1956年的领域，在70年代和90年代，曾两度经历低谷期，在业界完全没有存在感。

没有存在感到什么地步？人们对人工智能从最初的追捧，到失望，到后来的无视。

某些领域研究人员的论文投稿，都被直接无视，扔到垃圾桶！

更不用说现身各大论坛做演讲，成座上宾了。

这种情况直到2005年前后，由于各种条件开始具备，让大数据成为真正的现实，才使得人工智能行业又得以恢复光芒。

可以看到，一个行业所受到的遭遇，和一个人所面对的环境，差不多太多。甚至包括很多企业的成长史，也是如此。

在高峰时，人们追捧你；在低谷时，人们照样轻慢你。

人工智能领域的专家们怎么看？

"我们不知道人们追捧的热潮还能持续多久"，一个专家私下调侃。

他们见证了早期的繁荣，也经历了后期众人的质疑，再受追捧时，已能非常理性地面对这一切。

多少人都是被人鄙视着，也被人仰望着。

那些能够走到最后的人，其实都是"死"过一次，甚至多次的。

只不过，有的人遭遇轻视后，手捧着一颗满是裂痕的玻璃心，埋怨他人没有发现自己的才华。

而有的人，则带着破碎的灵魂，让自己勇敢、强大，变得无坚不摧。

青年励志馆 后来的我们，让青春不负梦想

当没人帮你的时候，你就什么都会了

□ 共央君

念小学四年级时，我也有一个和电影《天才枪手》里的琳一样念书很厉害的学霸同桌。

因为她的父母是教师，会利用寒暑假的时间，早早地帮她预习所有的功课，所以每次考试，她可以不费吹灰之力就轻松答完，稳居全班第一。

那时候我作为她的同桌，简直是占了绝佳的地理位置。考试前从来不复习，就靠着考场上"艰苦奋战"的一小时，成绩也能在班里排到前10名的位置。

那是我人生中第一次尝到甜头，体会到不劳而获的感觉。和中彩票一样，不过它的中奖率比彩票要高得多。

我记得那年的期末考试，我经常考不及格的数学居然考了98分，就连老师都在我的期末评语上写着：该生学习刻苦，成绩突飞猛进。

这12个字，我到现在还记得很清楚，因为那是我小学生涯里获得的最高评价。

可当我把成绩单拿回家时，内心却无比恐慌。

当我妈和家里的其他亲戚唠家常，说我最近开窍了，数学居然考了98分时，我在一旁，一声都不敢吭。

因为我是抄的。

到了第二学期，老师给我换座位了，虽然新同桌也是班里的优等生，可每次考试她都像防贼似的防着我，把她自己的卷子捂得死死的。

我和她私下做过一次协商，我说："你把选择题和填空题给我看看，以后我帮你做值日。"

谁知，她连瞧都没瞧我一眼，冷冷地哼了一声，说："最看不起你们这种人，自己不下功夫，净想着作弊，活该成绩差。"

我听到这句话愣了一下，自尊心被狠狠地刺痛。我如果不作弊，就像被打碎了壳的蜗牛，没有了骄傲，没有了保护，露出丑陋的身躯。

尽管我不想承认也不想面对，可那才是最真实的我啊。

因为成绩实在太差，我开始去各种各样的补习班疯狂恶补，好几次被数学欺负得眼泪汪汪。可一想起之后的考试，全部都得靠自己独立完成，没有任何人帮我，硬是咬着牙把题目一道道做完。

那几个月里，每天晚上我都没有娱乐时间，写完的卷子居然比我之前一个学期做的还要多。

上五年级后，学校组织考试挑选学生参加奥数竞赛，我考了班里的第二名。

当时身边的同学不相信我能考这个分数，还有一个人偷偷地问我："你是抄谁的？考这么高。"

我说："我是抄我自己的。"

他撇撇嘴，说："得了吧，你什么水平我还不清楚？"然后，就无趣地走开了。

再后来，我在竞赛中得了奖，开始有不少同学主动向我示好，就连一直看不起我的同桌都来和我交流学习经验。

如今，回想起以前的事，突然特别感激当初拒绝我的同桌。

如果不是她说的那番话，我可能还是当初那个一到考试就想着作弊、走捷径的人。

随着我们渐渐长大，开始面临越来越多的考试，也越来越明白，人生总有一场考试是"枪手"帮不了你的，而那一刻你所有的骄傲和虚荣都会瞬间破灭，甚至身败名裂。

在《天才枪手》里，琳对班克说了一句特别扎心而又现实的话："就算你不作弊，生活照样在欺骗你。"

是的，我们当中的绝大多数人都是普通人。我们出身平凡，没有强大的背景，更没有琳和班克那样的高智商，没法成为人人羡慕的天才。

有时想得到一个微不足道的机会，别人都不愿给；得到一个小小的机会，别人都要残忍地剥夺。

常常会有人问："为什么世界如此不公平？"

其实，当你意识到世界不公平时，它正在弥补你。它没有给你傲人的背景，让你成为天生的赢家，却给了你一颗坚强的心。

你不作弊，生活会欺负你一阵子；你作弊了，生活会欺骗你一辈子。

作弊，给我们的永远只是一个华丽的假象，如果你的能力不够，随之而来的是焦虑和恐慌。只有真正下了功夫的实力，才是你最坚实的倚仗，是你和世界抗争的锋利武器。

何炅曾在《世界青年说》里，说过这样的话："梦想不仅仅只是为了拿来实现的，而是有一件事情，在远远的地方提醒我们，我们可以去努力，可以变成更好的人。"

其实，何必太着急，梦想晚一些实现也没有什么不好。至少在你追求的过程中，没有"枪手"只有自己，靠自己，你什么都能学会。

出路出路，走出去了，总是会有路的。困难苦难，困在家里就是难。

人为什么想要合群

□ 罗振宇

我小时候有一个阶段，特别喜欢一个恶作剧。

就是当别人在走路的时候，我会在旁边喊："一、二、一、一、二、一。"

很快，他就会按照我喊的节奏走路，然后我就夸他真听话。

其实每个人都一样。

比如，你戴着耳机跑步，跑的频率会无意识地和音乐同步，要不然你就会感到不舒服。

室内乐演奏没有指挥，协调节奏的方法就是其中一个乐手，夸张地显示自己的呼吸，其他人就会自动和他同步。

你看，和他人同步，或者叫"群体压力"，这可能是我们人类基因中设定好的一种程序。

这也可以解释，为什么"合群"是一种非常受欢迎的能力，而做"异端"，你得有勇气。

有句话说得好：群体压力是个非常有意思的东西。

人类的道德动力来源于此，因为你希望当众表现良好。

人类的道德堕落也来源于此，因为你希望当众遮掩真相。

没话说

□ 亦舒

一位友人说："在香港，夫妻各有各的工作及应酬，见面的时间并不多。待移民之后，朝夕相对，才发觉没话说。"听到这里，我发表意见："我的情况比较好。"为避免人家误会，我连忙续了下一句，"我们在香港也无话可说。"

其实没话说不要紧，几十年相伴，总不能日日情话绵绵，讲个不停。有些人诚然谈笑风生，话语玲珑，讨人欢喜，可惜我不是，他也不是。这也不要紧，把生活中的大问题搞妥，家庭一样完整。

多年来，我每日写作三个小时、阅读一个小时、看电视两个小时，又爱午睡，根本抽不出时间同任何人闲谈。有什么正经事，大家坐下来，开会商议，达成共识，松口气，站起来，散会。

生活简单得像一部机器，出纰漏的概率也会变小。当然，你会说："会不会缺乏情趣？"那就看你追求的是什么了。没话说不要紧，最惨的是乱说话，那才是争执的导火线。

一家三口三台电视，有人看海费兹拉小提琴，有人看迪士尼卡通，有人看香港新闻，没话说，不知多好。

我生命里欠缺非常重要的一件事

□ 二美

我觉得，我生命里欠缺非常重要的一件事情，那就是：玩。

就是那种纯粹玩、图开心、不带任何目的、玩耍本身即是目的的玩。

小时候，家教特别严格，很少有自由玩乐的时间。上学的时候，学业为重，必须要考出好成绩。工作的时候，业绩为重，否则就要被淘汰。我感觉，人生好像变得越来越沉重，要承担很多责任，没有玩耍的心情了。

当我想去玩的时候，内心里总有个声音蹦出来提醒我：为什么要浪费时间去玩，你应该努力赚钱才对！所以每次我出去玩的时候，总有一种负罪感，觉得自己好像犯了大错。

我努力让自己成为一个工作狂，成为一个学霸，然而无济于事。内心里有一只小怪兽，它老想出去玩，去探索有趣好玩的东西。

我看过一个故事。有两个名牌大学的高才生，他们都很聪明，是同班同学。两个人都去创业。第一个人创业的公司，大获成功，也拿到了投资，成为国内很牛的行业大咖，富豪榜上有名，是媒体和商界的宠儿。第二个人，也创业成功了，可是他却把公司卖了。别人问他，为什么不去拿投资，不做大做强？他说："这件事情对我来说就是个游戏，我玩过了，玩得还可以，这就够了，我并不想成为行业大佬。"后来他又去玩别的事情，还搞砸好几次。可是这个人却无所谓，继续玩，玩得很开心。他玩着玩着，居然也上了富豪榜。记者要去采访他，他拒绝接受采访，说他并不想当企业家，也不想上榜。

当时我觉得这第二个人就是个傻帽吧，当富豪多牛啊，你应该一开始就为了当富豪而努力。你瞎玩什么呢？

现在回想起来，我觉得第二个人自有他的人生智慧。他可以做到更多地在乎自我感受，不被外界绑架。对他来说，上富豪榜根本不重要，玩得开心才重要。

于是，当我觉得人生沉重的时候，我就特别想去玩，想找回童年那种纯粹的、自由自在的快乐时光。我跟着小伙伴们去滑雪，摔倒在雪地里，惊险又刺激。可是我觉得很快乐，在玩耍中我忘却了烦恼。童年时候，我们在雪地里打雪仗的那种快乐，好像又回来了。我跟着他们玩扑克，无比投入地玩，忘记了时间，忘记了忧愁，我觉得很快乐。我去看脱口秀，听着那一个个搞笑的段子，我哈哈大笑，前仰后合，不用在意什么淑女形象，只要我开心就好……

从小我就特别羡慕、崇拜那些会玩的人，我觉得他们简直就是快乐永动机。他们有一种自得其乐的性格，总是能从各种玩耍中找到快乐，消解人生的苦楚。

中学时候，我们班级有一个男生，他经常考倒数第几名。但他特别爱玩，上网，打游戏，踢球，溜冰，打台球，飙摩托车……好像没有他不会玩的。女生们经常围着他，作为学霸的我，也常常围观他又弄了一些什么新玩意儿。

老师怕他把我们带坏，不让我们跟他一起玩。但是一个会玩的人，他就是很有魅力，我们就是不由自主地围着他转，老师也没有办法。学生时代的我们，喜欢两种人，要么是学霸，要么是玩霸。

有一次，我和一个朋友聊天。我说，我就是想找个人陪我一起玩，我很想把那些缺失的东西补回来。她说我："你玩心太重了，你都是成年人了，你还以为自己是小孩啊？"

可如果人生没那么多快乐，我觉得活着本身就是一种沉重的负担。我希望自己多去玩，多去体验有趣的事情。我更希望，我能用玩耍的经历来改造我的人生，把我的人生本身变成一场好玩的游戏。

什么都不信，可能是见识太少

□ 祝小兔

给朋友讲一个感人的故事，最糟的结局，并不是他没能产生共鸣，而是他根本就不信。人总会有心理预期，判断的结果仿佛总早于事实的发生，他们大多选择自己愿意相信的。

我问过好几个朋友，什么时候相信有艺术存在这回事？

有一个朋友告诉我，当他走进意大利乌菲兹美术馆，在拥挤的人群中努力探出脑袋，亲眼见到波提切利最重要的作品《维纳斯的诞生》的那一刻，他相信了世上真的有艺术这回事，真的有那么一幅作品，美得让你心颤。在这之前，他怀疑艺术是大家构建的谎言，是附庸风雅的惺惺作态。

小时候最容易相信别人，但很快就会被教育：轻易信任是一种很不理智的行为，是一种单纯、幼稚、没有见识的行为。有了一点儿经历后，我发现，在越来越难以相信的成人世界，见识越多的人反倒越容易相信。

见识多的人，因为时常走出自己的小世界，知道这世上有那么多与自己不同的人和生活，有无数多彩的人生和绚丽的梦想。于是，他们不轻易做判断下定论，不把"怎么可能"挂在嘴边。

现在的世界，要让人相信，真的是一件很难的事情。我也是在走出原来的小世界后，遇到了那么多有趣的人，才知道世上还有那么多无功利心的人。讲究实用只是生活态度的一种，还有许多态度可归为无用，却同样动人。我把所见讲给以前的朋友，常被他们批评太天真。我把他们的故事写下来，也有人会质疑其真实性，猜测这背后的驱动力。

人们只愿相信跟自己的价值观相同的人，而把其他人看作虚伪；人们只会看到自己能到达的地方，而把不可抵达的远方想象成危险丛生；甚至，只愿相信一颗有用的心才是负责任的心，而把一切看似无用的情怀当作矫情。

从轻易相信到凡事质疑，里面

包含着理性之光；而从凡事不信到再次愿意相信，背后则是见识和格局的变化。

小时候读辛波斯卡的诗，觉得无比浪漫："他们彼此深信：是瞬间迸发的热情让他们相遇。"之所以觉得浪漫，是因为他们相信偶然，相信邂逅。

如果听过黄昏时酒瓶在街角碰撞的声音，闻过夜晚茉莉的香气，见过晨光里涓涓细流漫过大理石时的闪光，尝过新鲜的果子，扶过宏伟桥梁的栏杆，眺望过教堂的尖顶被天空衬得低矮，你就会幸运地明白，所谓的好生活，是深入这个世界的一点一滴。

卡夫卡说："信仰什么？相信一切事和一切时刻的合理的内在联系，相信生活作为整体将永远继续下去，相信最近的东西和最远的东西。"

我理解的最近的东西，就是你眼前真实的情感，最远的东西就是志存高远。那么，信与不信有那么重要吗？也许并没有。但是只有我们相信的东西，才有可能反过来选中我们。

我不想轻易说不信，因为很有可能是自己见识太少。

理性与智慧并不代表质疑一切，眼界会让我们变得更加慈悲和开阔。人生路越走越窄，有时不是因为我们不够聪明，而是因为不再相信。

我就是很努力，有什么好笑的

□ 李开春

微信"朋友圈"流行一种说法："你必须足够努力，才能让自己看起来毫不费力。"

我对这种心灵鸡汤式的说法并不认同，为什么要让自己看起来毫不费力呢？从什么时候开始，我们这么害怕表现出自己很努力？

我从小到大听过最多的一句话是："你（我）怎么（要是学习）这

么爱学习呀（肯定比你强）！"每次我都会回答："对啊，我就是爱学习呀。"

我是别人口中那个"学习好的孩子"，但我从来不和其他成绩好的同学一起玩，原因只有一个：太累了。

好学生的圈子，大家学习都好，默认的规则是：如果取得同样的成绩，100%努力的人是书呆子，50%努力的人就是天才。

就好像那个笑话："学霸"之所以考100分，是因为他的实力只有这么强；而"学神"之所以考100分，是因为试卷只有这么多分……我上高中时在重点实验班，老师按成绩排座位。每天早上，坐在前两排的同学，讨论的不是前一晚的数学作业和物理大题，而是最新的电视剧。谁看的种类多，看的时间长，谁就在这场无聊的攀比中占了上风。

我的前桌是个好胜心极强的人，每天变着法讲各种电视剧的进度。不仅如此，课间休息和午休时总抱着一本言情小说啃，还逢人就介绍。

但事实上，她妈，也就是我妈的同事，向我们描述，她每天看书看到凌晨3点。

而模拟考试前的课间操，简直是演技的巅峰对决。走廊里充斥着这类台词："我昨天玩游戏玩到半夜，根本学不进去。""我也是！一口气把小说看完了，我都怕一会儿在考场上睡着了。""我这个月上课都没认真听，这次完了，完了。"

我在20多年的好学生生涯中，遇到过太多这样的人。"学霸"们为了证明自己是天才，装作"不读书也能取得好成绩"来打击和迷惑对手。另一方面，他们可能也怕，如果努力了却没有成功，会遭到别人的嘲笑："你看他那么努力，不也就那样？"

我理解这种心情，人总希望给自己留一点余地，失败的时候起码还可以说，自己只是没有用功，而不是能力不行。

很多事情都是这样。在人们的潜意识里，"毫不费力"似乎比"拼尽全力"更高级。人们羡慕天生就拥有各种"天赋加成"的人，所以拼命假装自己就是那样的人。

我相信世界上可能会有天生就瘦、天生就美、怎么折腾也不变样的仙女，也可能会有不努力也能比一般人厉害的天才。但是我觉得，靠努力维持住的好身材、好面孔、好成绩，一点都不逊色。

郑秀文说她出道以来就没吃饱过，小S说她没有办法接受油炸食品，黄晓明说自己是易胖体质所以只能吃很少的米饭……为了实现目标而拼命克制口腹之欲，才是真正厉害的事。而承认自己依靠努力才取得了成就的人，格外值得敬佩。

比起隐藏自己努力的人，那些自己偷偷努力，还对其他努力的人冷嘲热讽的家伙，更过分。

我大学同班有个男生，每天在宿舍戴着耳机，打开电脑上的视频播放器，让人以为他是在看电视剧。

实际上，他的视频永远是暂停状态，显示屏的角落里是各种学习资料。有人经过的时候，他还会故意频繁敲击鼠标，装作在玩游戏。他还会时不时转头问室友："哎，你们不杀两把吗？"

看到同寝室的同学在学习，他还会忍不住吐槽："你学习好努力、好认真啊！"看到室友出门，必定追加一句："又去图书馆学习啊！"自己去图书馆碰见室友，立马解释："来图书馆蹭会儿空调，顺便看看美女。"

这样做真的好吗？

自信的人不会阻止别人努力，只会让自己加倍努力。之前娜塔莉·波特曼接受访谈，被问到怎么看待努力和幸运。她回答："在学校的时候，总有人得到好成绩之后还要说自己几乎都没学。我在心里说，我知道你学了。世上的确有人不用付出很多努力就能获得成功，可能是因为幸运，但是我不期待自己是这样。"

不可否认人需要幸运，但更需要的是努力。我觉得躲躲藏藏不让别人知道自己有多努力，很不大方，这会让努力了却没有得到回馈的人感到不公平。要诚实面对你获得成功的过程，同时也不要对自己的努力孤芳自赏。

这样才对。

揽镜有感

□郑嘉励

今日揽镜自照,蓦地发现眼角又多了几道鱼尾纹。曾经满头的青丝,新添白发;曾经青春的脸庞,越发斑斑点点。目睹此情此景,爱己越深的人,越觉胆战心惊。

远古时期,人们在溪水边照容。微风掠过,水面泛起涟漪,水中的五官因此而变形,无论西施东施,都是差不多的歪歪扭扭的鼻子眼睛。

铜镜出现后,据说照脸很清晰,但比起今日的玻璃镜,总嫌昏暗。昏暗自有昏暗的好处,刘禹锡《昏镜词》云:"瑕疵既不见,妍态随意生。一日四五照,自言美倾城。"在昏暗的世界里,众生都能拥有倾国倾城的想象。

我们习惯于美化古人的生活,以为古人的世界充满诗意。这种糊涂的观念,源于我们不了解古人真实的生活,正因为水中望月、镜中看花,才多了诗意。

研究电影史的朋友告诉我,黑白片时代,盛产绝世美女,嘉宝、褒曼、费雯·丽;彩色片时代,唯有浓妆艳抹的美女,才能对付恶毒的镜头;今日科技昌明,高清电影里的绝色美女,再也经不起检验,我在画报上见过无数摄人心魄的女明星,在大银幕里,个个原形毕露。

唉,看恁清楚,究竟有无必要?元代杨景贤杂剧《西游记》里的猪八戒,不像我们想象中的那么自卑,因为爱情力量的鼓舞,老猪对着水中自己的倒影喃喃自语:"今日赴佳期去,对着月色,照着水影,是一表好人物。"

所有的知识,都不会白学

□罗振宇

万维钢老师在他的专栏《精英日课》里面说了一个故事。

一位美国的人类学女老师,有一次上课,给同学看她的指甲,说好看吧?大家说好看。然后女老师就拿出一把指甲刀,当着同学的面把指甲剪下来,给同学们看。大家就觉得这事挺恶心的。

老师说:"指甲长在我手上,你们觉得好看,剪下来你们就觉得恶心。这说明什么道理?说明我们对一个东西的评价,并不完全是由东西本身决定的,而和它的背景条件有关。我们研究人类学,就要学会理解同样的东西在不同的文化中意味着什么。"

你看,经常有人说,我大学学的课程后来工作都用不上,所以白学了。其实不然,所有的学科,都有它的底层逻辑。

连人类学这种冷门学科,都会赋予你看待世界的不同方式。天下没有白学的知识,只有我们没学会的底层逻辑。

生活是一面镜子。你对它笑,它就对你笑;你对它哭,它也对你哭。

凌晨四点钟的清华自动贩卖机

□ 蒋方舟

上大学之后，我培养出一套很奇怪的作息来。晚上一下课，我就一路疯狂地骑车回寝室，再一路疯狂地剥衣服，把自己送到床上。从九点开始睡，睡到凌晨两点左右。在一片黑暗寂静中连滚带爬地跳下床，打开笔

记本电脑，在电脑开启时寂静的嘶吼中，一点点苏醒过来。

这样的作息很糟糕，我知道——它让我的眼袋隆重得像一双传家之宝。然而，我宁愿用阳光换沧桑，仍坚持着在大家都热闹的时候熟睡，在大家都沉睡的时段醒着，和大部分的人作息表反着来，乐此而不疲。

这种怪癖在我小时候就很明显，绝对不是自闭症，也没什么抑郁倾向，只是习惯于这样稀薄地活着。

中学的时候，我就是这样一副德行。我把自己的桌子搬到最后一排，和清洁工具并排坐着，教室在人员的膨胀下越来越拥挤，我的生存空间也不断被挤压，有的时候不得不一整天都和扫把撮箕维持相依为命的拥抱姿态。

教室最后一排的角落还有座假山一样的废墟，大家看完后弃置的书和杂志全都顺手往后一甩。我每天就像拾荒者一样，在破杂志里翻来翻去，拣出几本武侠小说看。通常看完了上册之后，下册要等一个月之后才会扔过来。

老师偶尔微服私访到最后一排，发现扫把拖把丛中还坐着一个人，在积极团结的集体外还有这么个被遗忘的角落，生活着这样一个窝囊而自得其乐的人。他在吃惊之余也有点儿愤恨，在讲台上公开不点名批评："有些人，不晓得为什么要把自己边缘化，要游离于集体之外。"

上大学之后，我却发现越来越多的人和我一样，身上都印着拉风的广告语——"我在哪里生活，哪里就是无人区"。

我们这种人的特征很明显。比起班里的同学，我们更熟悉美剧和电影字幕组的小组成员；比起食堂的师傅，我们和送外卖的小伙子互动得更亲切自然；好多年没有和人一起逛过街，但是一天查十次网购的物流信息。常年戴着耳机，用iPad（平板电脑）把自己和世界分割开。生活滑向这步田地，似乎是很容易的事情。不知不觉就发现身边已经没有人了，自己一个人占领了一大块无人的区域。

孤独被告知是可耻的，所以大家上了大学之后，都抢着巴结热闹。当天色逐渐暗下来，一天进入沉寂的时段，大部分人预感到自己会开始孤独，都开始焦躁和不安，开始走家串户地邀人抵制寂寞，走廊上回荡着吆喝声："杀人啦！杀人啦！今天谁和我一起去玩杀人？"一大群人呼哧呼哧地奔向杀人现场，迎着夜风大声说笑，庆幸自己又躲过了一个孤独的险情。

我错过了每一次热闹的聚会，因为孤独对我来说不是陷阱，而是机会。当它来临时，我平和欣喜，身心恭敬地迎接它。

热闹的方式很单一，孤独的模式却很丰富。我最有存在感的片刻总是在晚上，熄了灯之后，我凑着应急灯惨白的光看书，就着电脑微弱的光写作，在呼噜声中，听到自己内心茁壮成长的声音。

凌晨四点钟，我饿得奄奄一息，冲到楼下的自动贩卖机买东西吃，却发现贩卖机前竟然排起了队，有好几个和我一样的人，穿着邋遢的睡衣和拖鞋，面色萎靡，却眼露饥饿的凶光。我们沉默地排着队，偶尔目光相接都十分羞赧，认出了彼此是同类。我们都不太合群，我们都对嬉闹适应不良，我们都偷偷得意着自己的无人区的生活，我们都贪婪地攫取每个孤单的机会。

我就是很努力，有什么好笑的

香港一名身穿小背心、热裤、爬山靴，绑起马尾辫，挥汗如雨地手拉重达200公斤货物的女生，突然走红网络，但其实她不是网红，也不是明星演员，她只是一名有8年经验的搬运工，被网友们称为"最美搬运工"。

她叫朱芊佩，认识她的人都亲切地叫她"小珠"。

小珠幼时家住香港深水埗美孚新邨，做生意的父亲很爱带她看货柜码头的日常运作，"他教我这个是20尺柜，那个是24尺柜，看着这些机器将货柜夹来夹去，觉得好好玩，好想知道如何操作。"

后来，父亲生意失败，高中毕业的小珠就主动挑起家庭的重担。毕业五年里，她做过酒店保安、文职、销售员、清洁工、救生员……在酒店的工作虽然看起来轻松，但对于不善言辞的小珠来说，压力甚大，"不可以得罪人，不管你是不是做错事，老板都会骂你，客人又会骂你，他们觉得你不是那么辛苦。"

在工作期间，她接触了运输工人，羡慕他们没有是是非非、自由自在的生活，她便应聘了从报纸上看到的一则运输招聘广告。

对小珠来说，做搬运工这份工作，虽然身体上辛苦点儿，但没有纷争，还能养活家人，何乐而不为呢？

一个女人成为一名搬运工，就意味着要比一般男人付出更多。

在车水马龙的搬运区，小珠像个男人一样，在男人堆中自在地工作，"大家说话好真、好直接，又很团结，有时不够力就会互相帮忙，虽然做物流成日大汗淋漓，但是做得开心，又储到经验、钱，又会学到不同的事情。"

但要在男人的天地里立足，除了要付出更多的汗水之外，更需要面对外界的流言蜚语。

曾经有人对她说："女人还是回家做饭，来这儿做什么？"

她听完没有反驳，而是用行动去证明自己是可以的。

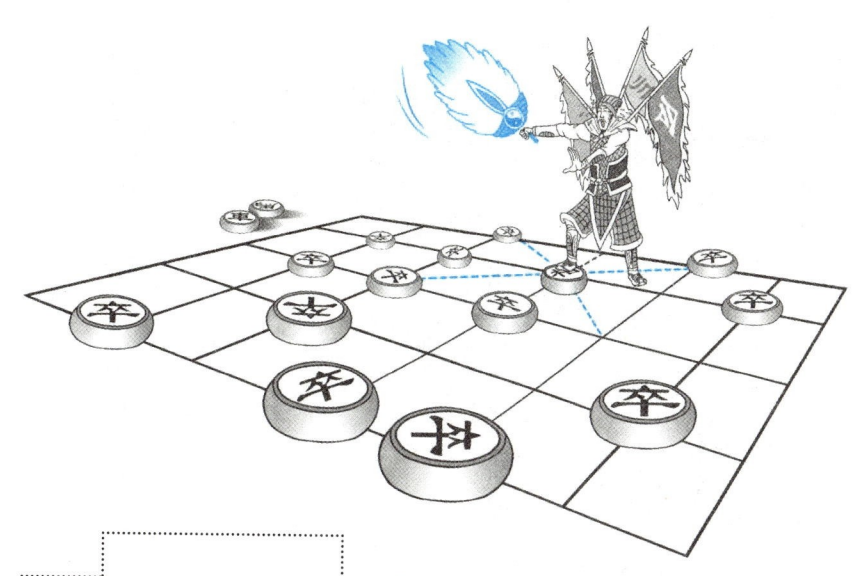

我不可以倒下，因为我倒下就没有人撑我

□ 独孤伊人

长年累月的搬货、拉货、送货工作，令她的大腿及胳膊的线条尽现，"我感觉自己太像男人了，所以时刻提醒自己是女仔，放假就会穿裙，打扮下自己。"

都说职业不分男女，但在这个时代，无论是哪个行业，女性所要承受的压力远远高于男性。

但面对无数的质疑和困境，她们依然能在各自的工作中、生活中，砥砺前行。

她曾试过一个人卸60箱货，平均数百公斤一箱，做到半夜一点半，做完脑子里只剩两个字——"脚软"。但这样的重体力劳动也让她负伤无数，双腿大大小小的淤伤清晰可见。

有一次送货，因为贪图方便，她便没用车尾板，而是直接在侧门卸货。当她直接将货托上肩，想着对面的拍档接货，没想到一时间没反应过来，她连人带货被重力扯住翻过栏杆，脚撞到受伤。

当被采访者问到"受伤时害怕吗"时，她说："当然害怕，运输卸货都是体力活，一旦受伤可能连饭都吃不起。"

采访最后，她的那一句话，"我不可以倒下，因为我倒下就没有人撑我"让人唏嘘不已，成年人的世界没有容易两个字，她的身上肩负着一家人生活的重担，不敢轻易倒下，因为身后空无一人。

在很多人看来，外形"靓过许多港姐"的她，分明可以靠颜值轻松活着，却一直在咬牙坚持，努力凭借自己的双手和能力，支撑起一家人的希望。

没有谁的人生是容易的，在她的身上，我们看到的是自己拼命在城市扎根立足的影子。就像评论里有一句，"每个人都具备'撑自己'的决心，去追求奋斗的快乐时，我们才能迎来一个更光明的未来"。

别买用不起的东西

□ 艾小羊

几年前的一个下午，我在香港的朋友家做客。她的奶奶八十多岁，是旧上海的金枝玉叶。

奶奶泡茶给我们喝。她用的是以前宫里用过的瓷器。那杯茶我端在嘴边，手是抖的——生怕自己不小心，给人家摔了。

奶奶笑着说："茶器就是用来喝茶的，不能用算什么茶器？"

她从柜子里拿出一只做工精美、形状奇特的茶杯，说那是儿子从一位景德镇陶艺大师的手里买的。

"美是美，但没用，唇感很差，根本不能叫茶杯。茶杯是用来喝茶的呀，就像衣服是用来穿的、花瓶是用来插花的。这才是生活，其他的都是'行为艺术'。'行为艺术'，你懂吗？"

我们忍不住大笑，北回归线以南潮热的空气忽然变得没那么浓密了。

我再端起茶杯时，没了忐忑，安心地品味它杯口恰到好处的弧度与圆润舒适的唇感。

那个下午，被作为一个重要的人生时刻，收录在我的个人编年史中。

我学到了一个词：唇感。茶具要讲唇感，衣服、包包要讲手感，住的地方则要有亲近感。总之，我们所有的消费行为首先都是为了满足自我感受，其次才是给别人看。

除去极少数只有观赏性的物品，大多数东西的价值，都在于人对它的使用。使用感觉不好，也是一种用不起，说明它与你的价值取向、生活习惯不合。

任何东西，明码实价的时候只是商品，有价格没生命；只有被我们用过，才慢慢有了岁月的痕迹和因我们的生活习惯而留下来的特殊气息。这时候，它便成了我们的一部分。

大到房子，小到发卡，拥有者都要问问自己：我会轻松而愉悦地使用它吗？它可以陪伴我三年还是五年？有它陪伴的这段时光，我的人生会有怎样好的变化？当你的周围充满自己喜欢并且能充满诚意地不断使用的东西时，你的生命就像拥有许多好朋友一样条理分明、不怕孤单。

我看过张爱玲的遗物展，无论手稿还是衣服，都打理得认认真真、一丝不苟。最引人注目的是那几顶假发，乌黑的卷发，款式相似却有细微的区别，这很有张爱玲的风格。

她的晚年，在旁人眼里是孤清寂寞的，但只要你看了她的那些衣服、假发、泳镜等，你就会明白世间的幸福并非只有儿孙绕膝这一种，还有一种幸福是你与喜欢的一切在一起。有人说她凉薄，她只是不那么喜欢人罢了。凉薄的人不会有那些热气腾腾的印花裙和游泳镜。最真实的她，都写在她用过的物品上。

你是什么样的人，你用过的东西最清楚。在不断地使用中，一件物品越来越像我们自己。你为物品负责的最好办法是好好地去使用它。

当你以这样的态度挑选商品时，你的眼界自然就开阔了，不容易冲动消费，也不容易被潮流所左右。

有一天，你活成了自己，与那些你精心挑选、好好使用的东西一起，组成了一个富饶美好、参差多态的星球。

跑着到达目的地

□ 译/千太阳

我大学毕业后进入了野村证券，当时野村证券在日本共有132家分公司。我被分配到从来没有去过的东北地区——仙台分公司。到达的那天下午，我们就开始了收集名片的工作。"收集名片"是野村公司非常有名的特色。

当时，野村证券所有的新人之间

真正的聊天高手都是怎样说话的

□ 知 乎

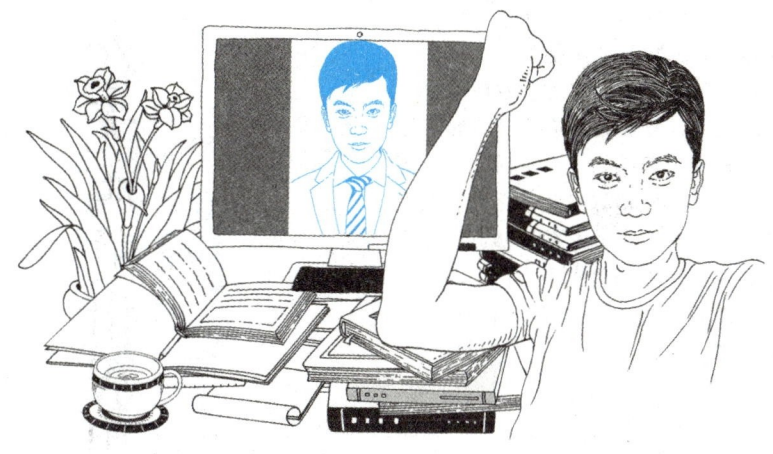

知乎上有个问题："怎样才叫说话有水平？"点赞最高的回答是："99％的人会教你先倾听，然后组织逻辑，再去说服听众。"但做到了倾听之后，怎样才能让说出的话具有说服力呢？下面三条建议，就能让更多人愿意听你的话。

会说话的人，善靠表演辅助表达

乔布斯在苹果发布会上经常会用表演来为自己加分。

在推出OSX系统以后，乔布斯专门为OS9系统开了一场追悼会式的发布会。他在现场为躺在水晶棺里的OS9系统献了一朵红玫瑰，还深情地念了悼词。这就是很典型的表演型表达。有人说，乔布斯的产品发布会就像科技界的摇滚巨星演唱会，想必主要功劳还是要归咎于乔布斯精彩绝伦的表达。

要想让你的表达更吸引入，往往不能只是简单地一说，而是要借助表演来强化信息。当然，表演的形式有很多类型，例如一个眼神、一种语调、一个手势，甚至于一连串的肢体动作。

会说话的人，懂得听懂的意义

一高级营销顾问孙路弘曾分享过一个真实的案例：家用电脑刚刚进入中国时，他在一家电脑公司辅导售后电话服务。有一次，一位用户打来电话，说他上不了网了，问是什么情况。客服按照流程问用户"猫"正常吗，接着又让客户找"我的电脑"。由于对方根本不明白这两个术语，结果导致整个沟通就是鸡同鸭讲。事实上，这样的案例身边比比皆是，当矛盾和误会发生时，如何解释才是最见一个人沟通能力的地方。

想要让你的解释发挥正面作用，你要先学会听懂，其次是让对方听懂自己。就比如上面案例中，客服后来就用提问来核实对方是否听懂："我现在在说的是屏幕上的东西，您把鼠标往左下角挪，有一个开始键，看见了吗？"

直到确认用户正确地找到了，这样才算顺利地完成了一次解释。

会说话的人，懂得理解彼此的感受

有一则笑话：有位爷爷担心奶奶年纪大、耳朵聋了，于是决定突然回家测试一下奶奶的听力。他用钥匙打开门，用力关上门，看见奶奶在厨房煮饭毫无反应。爷爷心中一惊，认为奶奶连自己关门声都听不见了。爷爷就大声地喊："我回来了！"奶奶没有回应他。爷爷走到客厅，又更大声喊："我回来了！"奶奶还是没有回应。爷爷快步走到厨房，对着奶奶的耳朵大喊："你聋了吗？"奶奶转过脸来，对着爷爷大吼："聋的是你！从你开门进来，我已经大声应你三次啦！"

在说话的时候，我们觉得别人表现得很差的部分，也许反而是我们自己的问题，这个笑话就暗示了这一点。当我们大呼小叫，对方却似乎怎么也听不明白的时候，我们最好冷静下来，想一下对方是否真的听不明白，还是其实不明白状况的是我们自己。

都在进行收集名片数量的竞争。我清楚地记得，当时还出现了一天能够收集100张，甚至200张名片的厉害人物。因为我负责的是仙台地区，没有那么多的公司可供我收集名片。但是，在东京的一位同期生却在一周之内收集了1500张名片，数量惊人。

在集中培训阶段和他见面时，我问他："怎样才能收集那么多呢？"他一脸平静地对我说："不要坐着吃午餐，而要一边走一边吃。这样的话，不是吃着饭就能到达下一个目的地了吗？上午九点到下午五点这段时间，正处于比赛时间，我们都在跑道上，哪里有坐着慢慢吃饭的时间呢？"

确实，在我们吃午饭的时间里，我所负责的客户的公司仍在正常营业，所以他们的工作时间就等于我们的比赛时间。无论参加什么比赛，选手都不可能坐在椅子上悠闲地吃午餐，难道不是吗？

勇气是控制恐惧心理，而不是心里毫无恐惧。

在无声的世界里活成自己的女神

□ 李占梅

镜头前的她扎着丸子头,与视频直播间的无数其他主播似乎没有多大区别。可是一开口,你会发现她咬字不清晰,发音大多只有平音,似乎还有点儿"大舌头","说话"对于她来说就是一项超越极限的任务。然而就是这个在十六岁之前不知道声波跳动的意义,不知道嗓子如何振动出美妙声调的女孩子,却成了网络直播界的一股清流。

时时刻刻不停学说话

蕾欧娜1990年10月22日出生在上海浦西一个普通的工薪家庭,父母一度在她身上寄予很多希望,希望她健康快乐地成长,考一所好点儿的大学,有一份稳定的工作,找一个疼爱她的老公。

然而蕾欧娜一岁时的一场高烧,让这对父母简单而又纯粹的愿望成为泡影。父母带着她去了大大小小无数个医院,都是失望而归——蕾欧娜的生活终究陷入了一部默片。

八岁了,蕾欧娜还不会说话,母亲急了,决定辞职在家,专心教她学发音。在母亲的"逼迫"下,蕾欧娜不得不一只手按着自己的脖子,一只手按着妈妈的脖子,每天从汉语拼音第一个字母的四个声调开始,一边捕捉喉咙的振动,一边努力记下口型。

为了让蕾欧娜将来能像正常人一样生活,母亲不顾家人的反对毅然将她送到普通幼儿园。对于别的孩子张嘴就来的一句很普通的话,蕾欧娜却只能重复着"啊啊啊"。多数时候,她看着别人发言打闹,却只能傻笑,她成了幼儿园里"出名"的小哑巴。

小学时每天的晨读成了蕾欧娜最煎熬的时刻,课文要一个字一个字地大声念出来,尽管她发不出音,可是母亲依然要求她把正确的口型练出来,告诉她,要时时刻刻不停地"说话"。

一次母亲领着蕾欧娜去外婆家,外婆好长时间没见到她了,高兴地问她想吃什么。兴奋的蕾欧娜快速地向外婆打起了手语,不想,刚才还满脸笑着的母亲一巴掌打在蕾欧娜的手上,来不及收手的蕾欧娜只觉得一阵钻心的疼痛,眼泪止不住地落在被母亲打红的手上。

"千淘万漉虽辛苦,吹尽狂沙始到金",不停地练习,看别人发音的口型,再通过助听器,蕾欧娜终于艰难地发出了第一声"妈妈"。这一声来得太艰难、太漫长。那一年,蕾欧娜已经十六岁。十六岁,正是别的女孩子讨论篮球场上哪个男孩子更帅气的时候,蕾欧娜终于向上帝挥出了第一拳——原来聋哑人也可以学说话。

让"说话"变成自己的工作

以优异的成绩考入徐汇区特教业余大学的蕾欧娜,毕业后成为日资药业公司的财务助理,父母长长地舒了一口气,以为女儿的人生开始步入正轨了。

一次公司开会,蕾欧娜读唇语的速度太慢,听得吃力,就想请同事帮忙翻译,对方却直接丢过来一句:"这些你不需要知道。"

那是一段抑郁的日子,蕾欧娜成了办公室里的透明人。为了避免麻烦,她一度独来独往,逃无可逃的自卑感汹涌而来。她不敢出门,没事的时候宁可窝在家里看电视、玩手机。

一天天长大的蕾欧娜,高挑纤细的身材,甜美可人的容貌,越来越酷似明星唐嫣。可是在亲戚朋友们的赞美声后边总要附上一句:"唉,真是可惜了……"看着他们和父母的表情,蕾欧娜的心骤然降到冰点。前路茫茫,她看不见未来,看不见希望,却能看见明天的自己宅在家里,成为一个不折不扣的"啃老族"。

看着电视里的演员说说笑笑、哭哭闹闹,蕾欧娜总在想:聋哑人真的什么也干不好吗?我的一生真的要在无声的世界里度过?

她知道,要想搬掉上帝投给她的巨石,就必须把巨石加给她的压力转换成反抗命运的弹力。沉寂了大半年的蕾欧娜从床上爬起来,戴紧助听器,对着镜子开始练表情,再把小音箱音量开到最大,放在耳边根据振动频率来数拍子,一边数拍子一边看视频"扒动作"、看口型、练唇语,10遍、100遍、1000遍、10000遍……

她要当一名演员,演不同的角色,在别人的人生中体会自己无法实现的梦想。

蕾欧娜的执着让父亲看了心疼,父亲对她说:"你就认命吧,当演员不仅要靠'演',还是一份'说'的职业,要把'说话'这件对于你来说最困难、最不擅长的事变成工作,岂不是异想天开?"

理想一直在燃烧,一半是火焰,

一半是冰山，不服输的蕾欧娜决定试一试，不试怎么知道行不行？她知道在父母身边她永远不敢尝试，也永远不会真正长大。

蕾欧娜决定离家出走。

离家出走的第一件事就是报名上表演班，但蕾欧娜又不想让别人知道自己是聋哑人，在表演班里她说自己是韩国人，还不太会说中国话，然后她每天利用一切可以学习的时间和机会，不停地研究、实践老师教的理论技巧，用心地读唇语，判断别人说的是什么。慢慢地，蕾欧娜的演技越来越好，直到后来拿到表演证书，在横店成为一名跑龙套的群众演员。

世界以痛吻我，我报之以歌

龙套演员的台词很少，不甘心一直做龙套演员的蕾欧娜知道要想进步必须得再逼自己——重新学说话。她开始报班学习绕口令，每天戴着助听器对着镜子不停地说，直到嘴唇起了疱，嘴角流了血，依然不肯停下来。朋友们都说蕾欧娜"魔怔"了，直到有一天她"很溜儿"地来了一段：八百标兵奔北坡，北坡炮兵往南跑……

为了证明自己并不比别人差，蕾欧娜开始不断地参加世界级的选美大赛。一年后，她敲开了T台大门，签约中樱桃模特公司，在捷克布拉格世界聋人小姐先生比赛中拿下了中国区冠军；2016年参加世界旅游形象小姐比赛，闯入总决赛全国15强，不久又获得了世界电商模特大赛第一名；2016年签约为儿童话剧实习演员，与《加油，好男儿》亚军宋晓波合作演出了公益舞台剧《我们的世界》。

聚光灯下，蕾欧娜的舞台越来越大，也越来越稳。可是谁也没有想到，她会去冲刺网络女主播这个职业。

所有人都认为蕾欧娜疯了，父母也埋怨她，"好不容易稳定一点儿了，就别再折腾了。"蕾欧娜则说："因为直播一定要和观众互动，这也是强迫自己不断开口说话的过程，更是挑战自己'大舌头'短板的一个最好途径。"

刚做网络主播时，怕出错，也怕自己有些含混的话语让听众听不清，蕾欧娜总是在直播时准备一块白板，尽量少说话、多写字来和观众交流。可是一次出差时，她忘了带白板，现买已经来不及，蕾欧娜只好小心翼翼地说出了第一句没手写的话。她以为情况会很糟，没想到粉丝惊讶地说："娜娜，你可以的，你要继续加油啊，真的很棒。"粉丝和朋友们的鼓励给了蕾欧娜莫大的信心，在直播间里，她讲段子，说绕口令，还唱歌、跳舞，她勇敢地在自己的简介中加上了"后天聋哑，努力学说话"的字样。

"世界以痛吻我，我愿报之以歌。"蕾欧娜又陆续走进央视《黄金100秒》《看东方——新生代》和《演说家》等节目。在无声的世界中，她成了自己的女神。

舞台上，蕾欧娜笑着说："人生就像一场马拉松，关键不在于瞬间的爆发，而在于途中的坚持和不放弃。聋哑人和正常人比起来，有时就像一只蜗牛，尽管爬得很慢，可是只要真正胸怀远方，不抱怨、不胆怯，一直坚定地爬下去，蓦然回首时就会发现，很多曾经以为到达不了的地方，慢慢都会顺利通过。"

说这话时，她的脸上洋溢着灿烂的自信。中国目前有2000多万聋哑人，她想告诉每一个聋哑人："别怕，只要你敢想敢做，都会成为'蕾欧娜'，因为在《英雄联盟》里，蕾欧娜是'勇往直前的女神'。"

自律

□尤 今

有一家跨国银行招聘理财专员，次子刚自美国负笈归来，致函应征。不久，接到来自伦敦总部的电话，定了日期和时间，要和他进行第一轮的电话会谈；这一关过了，才能获得飞住海外进行正式面试的机会。电话会谈定于某日10时进行。当天9时许，我看见他郑重其事地穿了衬衣、打了领带，在电话旁边正襟危坐，忍不住笑了起来，揶揄道："嘿，电话会谈而已，打扮得那么神气干吗呀？对方又瞅不见你，犯得着这样大张旗鼓吗？"

没有想到，他竟然正经八百地应道："妈妈，如果我现在穿着背心和短裤，我的心情必然也是轻松适意的。那么，我说出来的话也许就不够慎重了。再说，对方是在办事处给我拨电话的，他衣冠楚楚，我又怎么能不给予他应有的尊重呢？"

我很惭愧。在别人见不着的地方严于律己，才是最大的自律啊！终于，过五关斩六将，他顺利获得了那份工作。

吃土

□ 水上勉

我从九岁开始在禅宗寺院的厨房里生活，如果问我有何收获，大概首先就是学会做素斋吧。禅宗长老培养小僧侣，不会不厌其烦地灌输难懂的经典，而是将难懂的道理融汇在日常的细微小事中予以教育。例如将洗东西剩下的一点儿水随手泼到院子里，要是被长老看见，就会大喝一声："混账！不许糟蹋东西！"如果辩解说这是洗东西剩下的脏水，没什么可珍惜的。长老便立即回击道："每一滴水对草木都是宝贵的，为什么想都不想就这么浪费？即使要泼掉，也该泼到需要水的树根上。"这么一说，我便觉得很有道理。

寺里总有客人，每到傍晚，必备酒菜。长老直接盼咐菜品，我在厨房忙于准备。当时的寺院相当清贫，厨房里缺少食材，要利用有限的食材做饭。与其说是"做"，不如说是"榨"。

从缺食少料的厨房"榨"出菜看来，这就是"精进"。当时不像现在这样——商店里东西应有尽有，而是必须看土地办事。正因为这样，我认为精进料理（素菜）就是"吃土"，所谓吃时令蔬菜就是"吃土"。因为选取的都是地里刚刚长出来的蔬菜，精进料理也由此焕发出生命力。

烤慈姑是我当时擅长的手艺。慈姑一般是煮着吃，或者做拼盘，我则喜欢把洗干净的慈姑放在铁丝网上，然后架在炭炉上烤。整个儿烤，要有耐心，用文火慢慢地烤。刚刚还在泥土里的慈姑，不一会儿便出现条纹状的裂纹，带有独特苦味的香气，与升腾的烟雾一道，扑鼻而来。如果慈姑较大，我就用菜刀切成两半，放在盘子里端出去。如果是小慈姑，则放两个，边上再放一小撮盐。这是嗜酒的长老最喜欢的食物。

推开世界的门

□ 甘北

我的中学老师曾布置过这样一道作业题："你做过的哪些突破是自己都不敢相信的？"

交上来的答案五花八门：有人练习了两年的口语，终于通过一场从没想过自己能通过的英语考试；有人每天绕着家附近的公园跑步，半年减掉了30斤体重；有人不敢当众讲话，每天对着墙练习……其中有一个答案令我印象深刻。

那是一个非常斯文的女同学，她不敢在人前奔跑，因为她觉得自己跑步的姿势不好看，像一只活蹦乱跳的青蛙。直到升高中那年，有一个体育考试项目就是跑步。她没有办法逃避，站到起跑线前，吸气、呼气，紧张得手心开始渗汗。还没开始跑，她仿佛已经听到了同学们的嘘声，觉得他们一定会笑话自己。

哨声一响，她紧张到了极点，双腿一软，就倒在了地上。老师把她叫到一边，说："你这个样子，怎么参加考试？"她只得硬着头皮，双眼紧闭，双手握拳，听到哨声就像箭一般冲出去，把空气刺破，划出呼呼的风声。

她站在终点，小心翼翼地睁开眼睛，等待迎接嘲笑和奚落。出乎意料的是，没有一个人笑话她，甚至没有任何人留意到她！困在她心头许多年的枷锁一下子就被卸掉了。

"迈出第一步没有那么容易，但或许也没有那么难。"她在最后写道。

哪个 TA，温暖了你的青春

在人生道路上我们会不知所措、会迷失方向、会陷入黑暗。趴在空空的课桌上望着窗外打着卷的云朵，此刻脑海里浮现出谁的脸庞呢？

成长之路漫漫，有人路过，有人盛装莅临，不过总有一个人，温暖了我们的青春，留下了潺潺记忆。可能是妈妈，可能是爸爸，也可能是年迈的爷爷奶奶外公外婆，他们可能很酷，也可能很严厉，可能很爱说谎话，也可能很调皮，但最终给我们的都是温暖。

是哪个 TA，温暖了你的青春呢？

女儿，你今天打算穿什么

□ 刘墉

"那是你新买的三角裤吗？"我昨天晚上在柜子上看到一大包三角裤，于是问你妈妈。

"不是！是给女儿买的，但是买错了，要拿去退。"你妈妈回答。

"为什么？"

"因为女儿要的是比基尼式的三角裤，她外面穿的裤子都是低腰的。"你妈妈说，"这种高腰的三角裤会露出边来。"

可不是吗？我最近总看到你露个肚脐。今天中午你一边绑头发，一边走出来，也看见你露着一截肚子。我当时开玩笑说你是"露肚脐娃娃"，你还不高兴地回我一句："我又不是故意的。"

问题是什么叫故意的呢？就算你不故意举手过头，使那短小的上衣向上移而露出一截肚子，但总有可能伸手拿高处的东西，或像今天因为绑头发而露出肚脐呀！

当然，我不是说露肚脐不好看，我没那么古板。你妈也常教育我，说她前些时候去别人家做客，那家的女儿衣服更短，肚脐上还戴了一个环。有客人笑说好时髦，那女生耸耸肩，对着那人，嘴一张——

天哪！她的舌头上居然也戴着一个环。

"所以啊！"你妈妈说，"现在的年轻人想什么、做什么，真是管不了。"

这也让我想到你哥哥上高中的时候，有一天一只耳朵上居然挂了个耳环，我吓了一大跳，忍着没发作，还故作开明地笑了笑。

但是从那天开始，我吃饭时就换到他没戴耳环的那一侧坐。所幸没过多久，他就摘掉了，而且从此再也没戴过，说："这个时期已经过了。"

我很认同"时期过了"这个说法，因为每个人，包括我在内，都有那样的时期。随着年龄的增长、身体的发育，每个人对服装的选择都会改变。

你在小学中年级的时候，特别爱穿欧洲古典式的长裙，还得意地说同学都认为你是真正的公主，因为天天都穿漂亮的裙子。

但是到了高年级你就变了，把原来觉得暗而拒绝穿的蓝色夹克拿出来穿，而且再也不穿裙子，改穿长裤，说穿裙子太不方便了。

初中开始，你的毛病更多了。以前都是由妈妈前一晚帮你挑好衣服，现在突然不行了，你要早上自己挑，而且妈妈给你买的衣服你全不满意，统统退掉。于是买衣服变成你自己去买，而且买了一些妈妈说她怎么想都想不到的衣服。

记得不久前，我发现总有亮晶晶的东西粘在鞋底，又不知道是什么。直到有一天，看到你穿了一条闪亮亮的牛仔裤，才搞清楚那些亮晶晶的粉末都是从你的裤子上掉下来的。

可是没过几个月，就不见你再穿那条裤子，而开始穿绞染的花T恤和纯棉低腰的浅色裤子，裤腰上绑着细带子，我初看还以为是睡裤。

不过我觉得你那么穿真是很青春、很美，只是也有点儿担心，不知再过些时日你又会换成什么打扮。

对于穿衣服，我和你妈很民主，因为我们都是年过半百的人，很难知道你们这些小女生心里在想什么，宁愿由你自己去决定。

不过我也要告诉你，人穿衣服有几个过程——

小时候，你希望穿得像公主，因为那时是父母打扮你：打扮得漂亮，表示你受宠。

大一点儿，你开始要方便，觉得自由才最重要，那表示你开始一步步离开父母，走向独立。

然后，你有了自己的想法，要穿得酷、穿得帅，表现出你的个人品位。

再下一步，你可能要穿得大胆，穿得吸引人，甚至说得更明白一点儿，要穿得能吸引异性。

我必须说，这些都没错，因为这显示了一个生命的成长、独立和寻偶的过程。只是我也得早早强调，你的衣服无论如何都要与你的年龄、身份和穿着的场合相符。

举个例子，一个20多岁的女生，穿得比较性感，显示她的青春魅力，可以吸引到终身伴侣。但是当她结婚了，30多岁了，还刻意穿得性感，那性感若还属于露骨的一类，就不恰当了。

同样的，如果你今天是个中学生，穿得性感也不妥当。因为你是学生，你的职责是好好念书而不是求偶，所以像你现在这样穿出自己的品位固然好，但如果往露的方向走就不

静能量

□ 王月冰

洛杉矶有个不怎么出名的男演员，名叫查克·麦卡锡。

大概由于收入不高，因此想赚取外快。有一天，他突发奇想，开发了一个生意渠道：以预约的方式陪陌生人走路回家，每英里（约1.6公里）收费7美元（约人民币50元）。

这种看似滑稽的生意，竟然非常红火，甚至供不应求。查克·麦卡锡不过就是单纯地陪预约服务的客人步行回家，偶尔聊聊天，听对方倾诉，更多的情况则是，一路沉默，肩并肩，走一段。

著名的情感专家素黑说，肩并肩地走，不用说什么，分享什么，光是一起静默地走路，已经很疗愈，心里会踏实很多，觉得幸福。她称这种效果为静能量。

生活中，有时的确需要这种静能量。

我家楼上一位40多岁的大姐，两年前查出乳腺癌晚期。她的儿子之前为了上班方便，住在城市的另一头。自从知道妈妈得了这种病，他每天下班后坐公交车转地铁又坐公交车花上近2个小时回家，第二天早上6点多就开始出门往公司赶。我有时在路上看到他们母子散步，跟在他们后面很长时间，也听不到他们说一句话。有时去他们家，看到母子坐在客厅里，妈妈看电视，儿子读书，母子俩也几乎没什么言语交流。

有一天清晨大雨，看到他出门，我让他坐我的便车。我说："其实你这样每天赶回来，也没陪你妈说几句话吧。"他笑笑，说："是的，其实也没什么说的，但就是觉得陪在她身边，她会好点儿，哪怕什么也不说。"我点头，理解他的话。

我老家的一位邻居老爷爷，老伴瘫痪在床多年，常年躺着，几乎不会说什么话了。老爷爷无微不至地照顾她，只要发现她身体有一点点状况，马上请医生，十分紧张。有人说："您这样留着她，她却是连陪您说说话都不会了。"老爷爷说："能静静地陪在这儿就好，哪怕只能听到呼吸，也是好的。"

我上初中那年暑假，我妈带我坐村上的中巴车去县城买书，中巴车司机是我们村的小伙子明子。中巴车刚到县城，和另一辆车子追尾了。车上的乘客纷纷下车离开，但我妈一直带我坐在那，好久好久，偶尔给明子扇扇风，安慰他不急。我实在不耐烦了，催我妈走。我妈却偏要等到交警来，处理好事情才带着我离开。事后，我妈对我说："明子才开车不久，出了这种事肯定有些紧张，对方车主又很强势的样子。我们陪在那儿，虽然说不上什么话，但还是能给他一点儿力量。"多年后的今天，明子早已有了自己的运输公司，每次见到我妈，非常尊敬，总是说："您那次在马路边静静地伴我那么久，我一辈子也忘不了。"

有孩子的朋友可能都有过这样的体验，孩子在婴儿时，如果有你陪着，他可以一直熟睡，可是，哪怕你悄悄地起床，不过几分钟，他就会醒来哭。如果你再睡过去，他又会继续睡。也就是说，他的身体在熟睡，但他能感觉到你的陪伴。我们人类对这种静能量的需求，也许是与生俱来的。

顾城在《门前》里这样写道："草，在结它的种子；风，在摇它的叶了，我们站着，不说话就十分美好。"这种静静陪伴的意境，真的十分美好。

有时候，我们什么也不缺，就缺这样的静静的陪伴，就缺这样一份微妙的静能量。

我用尽一生与母亲较量，最终满盘皆输

□ [日] 北野武 译/陈宝莲

小学时，母亲是如何逼我读书，而我又是如何不肯读书、老想着打棒球，一直是我最深的记忆，也是我们母子之间的较量。

邻居大婶看我那么爱打棒球却没有手套，觉得我可怜，于是在我生日时偷偷帮我买了棒球手套。

但母亲根本就不准我打棒球，就连拥有手套也会惹她生气。

我家只有两个房间加一个厨房，一个房间四叠半，另一个房间六叠。根本没有"自己的房间"这类时髦玩意，没处藏手套。

不过走廊尽头，有个勉强算是院子的地方，种着一棵低矮的银杏树。

于是我把手套包在塑料袋里，偷偷埋在银杏树下，假装没事的样子。每逢打棒球时才挖出来。

有一天，当我挖开泥土时，手套不见了，只见塑料袋里装着一堆参考书……母亲认为我迷恋棒球，是因为时间太多，便又安排我去英语和书法补习班。

足立区附近极少有英语补习班，于是我去了三站地之外的北千住补习。

我骑自行车往返，假装乖乖去上课，其实都跑到附近的朋友家或公园，玩到时间差不多时再回家。

有一次，一回到家，老妈迎面就说："Hello, how are you? （最近怎么样？）"

我一时不知该怎么办，默不作声，结果挨了一顿好打。

"你没去上课吧？！要说'I am fine（我很好）'，浑蛋！"

这真叫人不寒而栗。她怎么知道那些英语的？不会是和美国大兵交往了吧？我的补习费可能是美国人出的？太令人不安了。

其实她是为了我，硬学会了那几句。

她还要我去学书法。我照样逃学，时间多半花在打棒球上。偶尔感到内疚时，我就在公园的长椅上，拿出砚台和毛笔，大笔挥洒自己的名字。

她突然要看我书法练得如何，我就拿出在公园里写的给她。她一看便勃然大怒："书法老师一定会用红笔好好批改的，你这胡乱涂鸦的脏字，就是想假装去上过课也没用。"

我听了以后，拿出仅有的一点儿零用钱，到文具店买了瓶红墨水。接下来，自己先写好字，再模仿老师的笔触批改，等着母亲检查。

"小武，习字拿来我看看！"

正中下怀，我立刻兴奋地拿给她看。可是批改的红字实在写得太烂，又被拆穿了。

仔细想来，我的人生似乎就是和母亲的抗争。

后来，我考上明治大学工学院。对母亲来说，这是个小小的胜利。不过，我以退学这个最坏的结果，结束母子俩在读书领域的较量。

关于这件事，我只有抱歉。我的行为等于上了擂台却放弃比赛。但是，我们母子的较量，并非只限于读书这个领域。

母亲还有更大的目标，简言之：要我出人头地，至少和哥哥姐姐一样。

这也是这场战争的主要矛盾点。

因此，对总算考上大学的儿子，母亲的干涉并未停止。

另一方面，我认为考上大学是凭自己的实力，毫无感谢母亲的心情，反而有点儿厌烦她，没办法。

我开始打工，自信可以赚到房租和零用钱，于是决定搬出来住。

那是大学二年级的春天。趁着母亲外出在附近工作的时候，我开着从家具店朋友借来的货车，把行李搬出来。

真不凑巧，只见母亲拐过前面的街角，迎面而来。

"小武，你干什么？"

"我要搬出去。"

我别过脸去，听见雷鸣般的怒吼："想走就走，都读大学了，又不是小孩子。绝对别给我回来，从今天起，我不是你妈，你不是我儿子！"

尽管如此，她还是一直站在门外，茫然地看着货车消失在荒川对面。

我心里也难过，可是我坚信，不这样做，我就无法自立。

那是朋友介绍的房子。房东是位老爷爷，已经退休，在自家土地上盖公寓，靠着租金勉强生活。

一个六叠的房间，一般月租都要七千日元，这里却只要四千五百元，非常便宜。

啊！新生活！起初几天，我的确是早上六点起床做广播体操，然后精神抖擞地度过一天。

但果不其然，很快地，我又陷入自甘堕落的日子。

别说是学校，连打工的地方都爱去不去，每天游手好闲。一回神，发现房租已拖欠半年。

我不好意思面对房东，偷偷摸摸爬窗出入。

窗外寒风呼啸的季节里，我照例快中午时还躺在被窝里。

房东来敲门："我有话跟你说。"

我呆呆站着，只有一句"对不起"。

混沌的脑袋认识到半年不缴房租，只有滚蛋一条路，我却突然听到怒吼："给我跪下！"

我心想：这房东想干什么？但还是露出一点儿反省的样子，乖乖跪在地板上。

"哪里有你这样的蠢蛋？"

"啊？"

"欠了这么多房租，你以为还住得下去吗？"

"不，我想你肯定会叫我滚。"我低头回答。

"那你为什么还在这里？"

"因为房东很仁慈。"

"这就是你幼稚又愚蠢的地方。"房东叹了口气，"半年前你搬来的时候，你母亲紧跟着过来，是坐出租车跟来的。"

我一惊，满脸通红。

"她说：'这孩子傻傻的，肯定会欠房租，如果一个月没缴，就来找我拿。'就这样，你母亲一直帮你交房租，你才能一直住在这里。我是收到了房租，但没有一毛钱是你自己掏的。你也稍稍为你母亲想想吧。"

房东走后，我瘫坐在棉被上许久。些许感谢的心情，混杂着永远躲不开母亲的懊恼……第二次交手，我又彻底输了。

乖乖听母亲的话，洗心革面，好好读完大学，像哥哥一样当个学者搞搞研究，不是很好吗？

不然，跟着父亲一起刷油漆，过油漆匠儿子的人生，可能也不赖啊。

处在这个屡屡被母亲算计的世界，我总是感到有些不满，但具体不满在哪里，又怎么也说不上来。

我想起小时候的玩伴，现在不是工人、出租车司机，就是黑道混混。

他们和我哪里不同？没有。

不，只有母亲不同。

终于有一天，当我上电视演出，酬劳超过百万时，我不知怎么回事，又想回那个久别的家了。

打电话过去时，心脏还猛跳。是母亲接的电话："最近上电视，赚到钱啦？"

语气非常温柔。不料，我才说"还可以啦"，她立刻缠着我说："那要给我零用钱！"

这当妈的怎么回事，真会扫兴。既然如此，就让她见识一下。我准备了三十万现金，还请她到寿司店。

"妈，这是给你的零用钱。"我想让她惊喜。

她问："有多少？"

我得意地说："三十万。"

"就这么一点儿？"不变的刻薄语气，"不过三十万块钱，就一副了不起的样子！"

我能怎么办？当然是不欢而散，发誓再也不回家了。

麻烦的是，电话号码已经告诉她，从那以来，过两三个月必定打来要钱。

"我要走了。"

母亲突然握住我的手："小武！"眼眶湿润。

我安慰她说："我还会再来。"

她突然回我："不来也行，只要最后再来一次。"语气变得强硬。

"下次你再来时，我的名字就变了，因为取了戒名。葬礼在长野举行，你只要来烧香就好。"

她又恢复成彻底好强的母亲。

……我挥手跟姐姐告别。在零售店买罐啤酒，跳上停在眼前的车厢，里头空荡荡的。

钻过隧道，也经过小锅煲饭，远处的高崎灯景忽隐忽现，猛然想起来时姐姐交给我的袋子。

虽然医生说她没问题，但拿这个有点儿脏的小袋子当纪念遗物，母亲真是年老昏聩了吧？

说她脑筋还正常，其实已经痴呆，搞不好里面装着菊次郎的丁字裤。我打开了袋子。

这是啥？我一时无言。

竟然是用我的名字开的邮政储蓄存折！

翻开来看，排列着遥远记忆中的数字：1976年4月×日300000，1976年7月×日200000……我给她的钱，一毛也没花，全都存着。

三十万、二十万……最新的日期是一个月前。

轻井泽邮局的戳印。存款接近一千万日元。

车窗外的灯光模糊了，这场最后的较量，我明明该有九分九的胜算，却在最终回合翻盘。

满盘皆输。

酒鬼的申请

□寇妍

酒鬼作家很多，这个名单可以列老长。但似乎没有哪个作家比得过雷蒙德·钱德勒，既自己嗜酒，又异常热衷于在小说里写酒。钱德勒写的所有故事，平均每两页，准会出现喝酒的场景。说"场景"还不对，像是故意设计的情节；钱德勒笔下的酒，绝非道具，就跟他笔下的人物必须说话、睡觉一样，他们也必须喝酒。

所有的人，在干着自己该干的事情以推动故事发展，如杀人、隐藏罪行、打架、赌博、混黑社会的同时，都在干另一件事——喝酒。酒吧里一大早就有醉眼迷离的酒客，住在灰暗房间里的怨妇常年以酒浇愁，被杀的倒霉蛋身边会有好几只空酒瓶，这些自不必说，警察局的警长在办公时间，也会时不时把酒瓶从抽屉里拖出来，偷偷灌一口。侦探菲利普·马洛呢，从他出场到小说结束，一直酒不离身，衣服内侧的口袋里总有一瓶威士忌，走到哪儿喝到哪儿，包括开车办案、跟踪。若你提出酒驾的问题，我觉得钱德勒的小说就写不下去了。

因为钱德勒"有事没事来两口"的嗜好，酒在他笔下也获得了种种神奇的疗效，包治百病和各种情绪。高兴了来两口，不爽了来两口，热了来两口，冷了来两口，困了来两口，饿了来两口，胃疼了来两口，想清醒一下就在咖啡里兑点儿威士忌，休克了也灌两口……但酒鬼的行径不仅仅只有可笑，也有一种别样的深情，那是和清醒的世界截然不同的。钱德勒也将这种酒后的迷离、悲悯甚至温柔赋予他笔下的人物。只是这种深情，更多时候是包裹在一种酷兮兮的、西部硬汉式的满不在乎中，就像杀了人，故意吹一吹枪管以显示自己的超然。其中的著名代表便是村上春树自称"四十多年间，我一有机会就会拿起这本书，重新读一读"的《漫长的告别》了。

在和一个只有几面之缘的酒鬼一起喝过一些酒后，菲利普·马洛被他身上的某些特质打动了。危急时刻，酒鬼向马洛求助，马洛揽了下来。尽管为此马洛进了看守所，挨了打，私家侦探的执照也差点儿被吊销，在酒鬼朋友死后，马洛还是冒着来自报界大佬、黑社会、警察厅等几乎是整个世界的威胁，为他昭雪。萍水相逢，然后一诺千金。钱德勒在小说里树立了一个典范：怎么吊儿郎当地讲一个格外深情的故事。

也许，酒鬼钱德勒唯一没有刻意掩饰自己深情的一次，是在年长他十八岁的妻子离世时，他写道："三十年又十个月零两天的日子里，她是我人生的光明，是我全部的野心。我所做的其他任何事情，不过是温暖她双手的那把火。除此之外，我别无其他要说的了。"

捡回失去的味觉

□吴淡如

一件事做久了，就会对它失去感觉。再怎么爱入心坎的家、工作和兴趣，都会因麻木而暂时失去滋味。厌烦是人类与生俱来的感觉，它总在生活的岩缝中伺机而动。

有时发现自己不得不走，便感到厌烦。

前一阵子，我考虑辞去所有的工作，每天早上起床后喃喃自

喝咖啡的哲学

□ 刘 洁

在威尼斯待久了,我渐渐融入这座迷宫的生活。

有一天,我逛到威尼斯东方大学附近。大学旁边总能遇到好的店,这点跟国内一样。巷子口有一个无名小咖啡馆,我像平时一样,进去后要了一杯浓缩咖啡。

"好啦,您的浓缩咖啡,糖在那边。"咖啡师快手快脚地递给我咖啡。我注意到他是个留着络腮胡子的典型意大利男人。

"谢谢,我不需要糖,我喜欢苦味咖啡。"我有点儿犹豫:要不要再来块烤杏仁果酱小饼干?

"请问你是中国人吗?"旁边一个怯生生的女声响起,"你是我遇到的第一个喝咖啡不加糖的中国人。"

就这样,我和学中文的意大利姑娘玛塔聊起来,顺便问了咖啡对她来说是什么。"咖啡?"她严肃起来,"它看起来很简单,其实是世界上最复杂的东西之一。首先是选豆子。气候和产地都会影响豆子的味道,你要仔细分辨它们的味道,然后把不同的豆子混合起来,得到你想要的味道。然后是炒豆子。温度、速度都非常关键。唉,我可能说得太专业了。比如,我们面前的咖啡机,每天咖啡师都要根据天气、湿度等因素调整操作手法,而且水的味道也至关重要。一个那不勒斯的朋友搬到了米兰后,总抱怨连咖啡都煮不出原来的味道了。"

说了一大堆,玛塔忽然停下来看着我,一字一顿地用中文说:"一杯咖啡,像你们说的,是哲学,是一个大的世界,是一个只有一分钟生命的世界。"

过了一分钟,咖啡就"死"了,不好喝了,所以星巴克之类的咖啡店在意大利才不会被接受吧。王尔德也曾经抱怨过,变凉的咖啡和变温的香槟一样,简直让人难以忍受。

我忽然很开心,为在异国不期而遇的东方哲学——一花一世界,一叶一菩提。威尼斯,这个小小的潟湖城市,从公元9世纪的城邦到荣耀的威尼斯共和国,从罗马帝国到意大利王国,承载着沉甸甸的历史。如今,它却以一种奇异的轻盈感绽放于亚得里亚海上,作为丝绸之路的终点站,迎来东方的咖啡和哲学。

语的第一句话竟然是"我好累"。

这样下去也不是办法。我逮到了三天的假期,一个人到北海道看花。在旭川这个北海道第二大都市,晚上七点之后,真是万籁俱寂。

我看完了手边所有的书,想到要在紧靠大马路、不到两个榻榻米大的简陋房间里过两夜,有一点儿坐立不安。在这种气氛中,我很难写作,也很难入睡,只好打开房间里的小电视机。看着不太听得懂、选择又有限的日文节目,我竟然有一种"至少还有你"的感动。有了它,我可以在很孤单的环境里不感到寂寞。

我每天做电视节目,总是很忙,对电视只剩厌烦,来到异乡,才能体会到一个很怕寂寞的朋友所说的"无论怎样都会把电视机打开"的感觉。

我以前觉得做电视节目对于我来说已经没什么意义了,但是那时忽然有个想法:只要有人看着,能够对它会心一笑,能够安抚些许寂寥,便是我小小的贡献吧。这样的想法使我回家后工作时有劲了,仿佛莫名其妙地吞了大补丸。

这次旅行对于我来说,最大的意义应该是捡回失去的味觉吧。

父子书

□ 赵 松

"爸，这些书堆得都要倒了，你没发现吗？"儿子大摇大摆地晃了进来，往我的床上一躺，随手拿起一本达尔文的《物种起源》，"这就是进化论？一百多年前的了，都写了些什么啊，你看完了吗？"

"我一直都很奇怪，爸，你为什么总是很喜欢看跟我们这个时代没什么关系的书呢？我觉得就是因为这个，你才会去写那些别人都看不懂的东西。我觉得你写这些已经证明自己了，为什么不去写大家都看得懂的呢？你都不知道我们这代人喜欢看什么书。"

从十三岁到十六岁，儿子经常会这样跟我说话。每次走进我的房间，他都带着审视的目光，仿佛头回进来似的，打量着周围的书架，还有床上的那些书。他拿起这本，翻了两下，又换成另一本，再放下。他的问题永远不是关于这些书的内容本身的，而是关于它们为什么会被我喜欢，因为他实在看不出它们有什么吸引人的地方。我已记不得他第一次质疑我的书是哪一天发生的事了，只记得当时他来到我的那个工厂园区的工作室里，坐在沙发上，左右扫了几眼那些书架，"好像又多了不少书？"我点了点头，半开玩笑地说："它们将来都是你的。"他摇了摇头，"给我？可我对它们一点儿兴趣都没有啊！""或者，你把它们捐赠给哪个乡村图书馆也可以。"他出神想了想，没再说什么。

这个场景对于我来说，是个巨大的时空落差。这意味着，我必须要接受这样的事实：他已不再是那个每天晚上急吼吼地要听我讲吉卜林的《丛林故事》，甚至逼着我编各种版本的狼爸爸续集，或是安静地听我讲卡尔维诺的《意大利童话》的男孩了。他也不再是那个整天喜欢抱着那些关于恐龙世界的书看个没完、把我跟他的角色分设在侏罗纪和白垩纪的男孩了。你还没来得及把《一千零一夜》和《安徒生童话》读给他，他就长大了——这种变化要远比他从一米五五长到一米七二来得触目惊心，他再也不会像以前那样随意地挨靠着你了，而是在你每次出现在他面前时都会带着某种警觉面对着你，当你试图摸下他的脑袋或搭一下他的肩时他总是会下意识地避开，他会不失时机地表明态度：他跟你一样，喜欢独自待在自己的房间里，而不喜欢别人没事就随意进来。听到此言，我多少还是有些不习惯的，甚至有些尴尬。

为了理解他的这种变化，我不得不去想想自己在他这个年纪时是什么状态。那时候的我不明白为什么我爸会把那套从朋友那里借来的线装绣像版《红楼梦》用布包裹着藏在衣柜里，好像唯恐被我们看到似的；家里没多少书，除了袖珍本《毛泽东选集》《赤脚医生手册》《新婚知识》蔡松藩的《东周列国演义》、林汉达的《春秋战国故事》、胡绳的《从鸦片战争到五四运动》，就是《鲁迅杂文选》、司各特的《爱丁堡监狱》和《艾凡赫》，还有半部《斯巴达克思》。而我感兴趣的只有战争方面的知识，比如甲午海战中的细节、解放战争中每次战役的情况。但印象最深的，却是《斯巴达克思》里的角斗士和看台上的那些罗马高级妓女裸露的洁白如大理石的肩膀。当我把这些记忆讲给他听的时候，他一边玩着魔兽游戏，一边摇着头说："老爸，你想过没有，要是那时候也有电脑和游戏，你还会看它们吗？今天的孩子跟你们那时候已经完全不一样了啊。你们喜欢的，不代表我们也要喜欢。"

不管我给他推荐什么书，他基本上都是拒绝的。他想要什么书，会把书名用QQ发给我，让我去买来。十三岁时，他迷恋猎鹰的书，把能找到的都看了，而且不止一遍，那时他只关注特种兵这个主题。接下来《盗墓笔记》又成了他的枕边书，差不多有一年多时间都在反复看。"那猎鹰呢？"我问他。"猎鹰？"他想了想，"他写故事的能力还是挺强的，但语言，太松散了，经不起反复读……有段时间我写作文都是模仿猎鹰，可老师觉得一点儿都不好。其实《盗墓笔记》也有类似的问题，只是题材更有意思一些。"问及对他影响最大的一本书，他不假思索地说，《超越无限：迈克尔·乔丹人生哲理启示录》。他特别喜欢乔丹的那段话："如果我跌倒，那就跌倒吧。爬起来继续前进，拥有一个愿景然后去尝试……如果我成功了，那很棒。如果我失败了，我也不愧对自己。"

"爸，你能不能不那么写我呢？"读初二时，有一天，他看到了同学转给他的那篇我写的《我们父子》。"我随口说说的话，你也写进去了，这真的让我很尴尬的，同学们都开我的玩笑，问这问那的。你应该问问我再写，我觉得我跟你写的我不一样。这是不真实的。另外，我跟你写的《抚顺故事集》里的那些人也不一样，你不能用写他们的方式来写我，我也不是很赞同你那样去写他们，他们也有很多方面是你不知道的，不是吗？"

好吧，我无奈地耸了耸肩。

他还没完："不过好像你们作家都不喜欢别人批评。还有就是，我觉得你并没有全力以赴地去写你想写的东西，我看你经常都很悠闲，像没什么事儿似的，今天去跟这个朋友吃个饭，明天又去参加那个聚会，在家里时也是没完没了地看书，你为什么不关上门写呢？我要是你就哪都不去。"

有段时间，他的同学都在看雷米的《心理罪》。他也让我给他买来，厚厚的五大本。他看了几天就放弃了。他觉得情节让他有点儿吃不消，完全不能适应，太邪了些，看了不舒服，他把它们丢到了角落里，"等以后再看吧，至少现在我是不想看了。"在我拿起其中的一本翻看时，他沉默了片刻，忽然想起来似的问道："爸，以前，你刚开始看书的时候，对你影响最大的书，是哪本呢？"

我想了想，应该是《尼克·亚当斯故事集》吧，海明威的。"原因呢？"原因嘛，就是它让我明白，一个人在年轻的时候独自游荡有多么重要。

"哦。"他点了点头，出了会儿神，没再言语。

父亲的小纸条

□ 袁可涵

整理书房时，无意中翻到我曾经最喜爱的一本书，时隔多年，书页有些许泛黄，但保存还算完好。翻开扉页时，一张小纸片从书里滑落下来，我心头一震，思绪也随之飘散开。

初二时的分班考试前，班里的气氛异常凝重，同学们都铆足了劲儿地复习。我当然也是不甘落后，每天除了吃饭和休息，其他时间都在做题。考完我觉得信心满满，胜券在握，可是成绩出来后，我却被惊呆了，全班55人，我排在第46名，处于被分出去的10个人之中。握着成绩单，我感觉整个世界都崩塌了。

很快，老师开始安排放假事宜。望着台上老师一张一合的嘴唇，我的脑袋嗡嗡作响，一个字都听不进去。从下学期开始，我将不再属于这个班级了，我的心里充满不舍和沮丧。

拖着沉重的脚步，我慢慢地走出校门，门口早已被来接孩子的家长挤满。我下意识地朝以往父亲常站的地方望了望，那天他并没有来。冬天的黄昏里寒风刺骨，我却一点儿也不想加快脚步，平日十五分钟的路程，我整整走了半个多小时。

忐忑不安地进了家门，家里的灯亮着，但父母并不在客厅。我内心暗自窃喜，做贼似的摸进卧室，迅速将成绩单藏了起来，偷偷抹去眼角的余泪，对着镜子努力调整情绪。我告诉自己，不能让劳碌了一天的父母为我的不争气伤心。再次走回客厅时，我发现，桌上的晚餐早已准备好了，唯一与往日不同的是，我的碗下压着一张叠好的小纸条。我好奇地打开，几行用钢笔写的字映入眼帘："儿子，分班考试的成绩公布前，班主任就已经和我联系过了，你的成绩我也已经知晓，我知道你的情绪肯定很低落，不知道如何面对我们，但我要告诉你的是，如果事事都如你意，那还要努力干什么……"

读到这里，我泣不成声。没想到，对我一向粗暴、苛责的父亲竟有一颗如此细腻的心。从那以后，我知道，在人生的路上，我一直都不是一个人。

与其他的情感比起来，父亲的爱是那么沉默而僵硬。但于我而言，这张小小的纸条却有着特别的意义，只是轻轻地摩挲，就能感觉到无比的暖意。我把它的边角抚平，仔细地夹在书页里，好好珍藏起来。

自以为拥有财富的人，其实是被财富所拥有。

在这个世界上，我唯一深爱的大骗子

□ 黄天煜

我妈是个骗子，大骗子。我从小到大，一路都是被她骗大的。

话说我妈是标准的骗子体质。

丰满的体态，圆圆的脸，大大的眼，一笑更加慈眉善目，一张口说话就会让你感觉如沐春风，又体贴又知心。骗子不都是这个样子才能骗过无数无知的吃瓜群众的吗？

在我小时候，她骗我说糖吃多了牙上长毛毛虫，这件事我忍了；我有病吃中药的时候她骗我药是甜的，结果弄得我怀疑人生，这件事我也不计

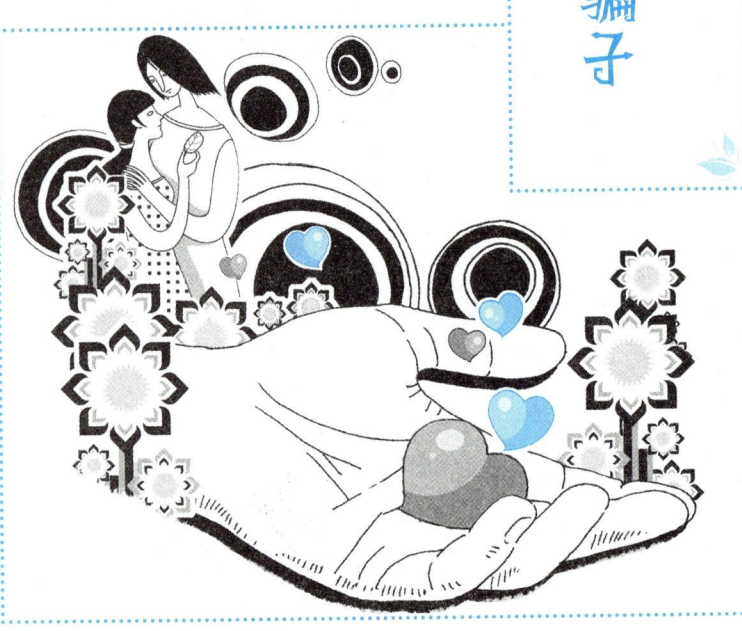

较了；我要抓小蚂蚁的时候她骗我说这是蚂蚁妈妈在找食物，然后回家喂她的蚂蚁宝宝，于是我从此不再抓蚂蚁，这事我也不在乎了。但有一件事情，她骗得我好苦。

几乎所有的孩子都问过自己是从哪里来的，我也不能免俗。

当时我妈正领着两三岁的我逛欧亚商都，她眼睛都没眨，说："你是我买回家的呀！"我好奇地问她："在哪里买的？"她直接把我带到六楼卖儿童玩具的地方，指着架子上各式各样的洋娃娃说："看到没有，你就是我从这儿买的。那时候妈妈想要一个可爱的小宝贝，就带着钱来了，在这里挑来选去，相中了一个最漂亮的娃娃，白白的，胖胖的，眼睛大大

的，一看就聪明乖巧。"

我傻傻地问："那娃娃不会动呀，不会说话呀？"

我妈反应那叫一个快："对呀，得装上电池才行啊。我买了两节电池，分别装在娃娃的两个屁股蛋上，装好后一拍娃娃的屁股，娃娃就跳起来喊'妈妈妈妈！'喏，可不就是你了。"

我很满意这样的答案，因为妈妈说她精挑细选才选中了我，妈妈说选了最漂亮的那个娃娃，而我就是那个最漂亮的娃娃变成的，真是让人开心到做梦都要笑出声。

那时候哪里知道，我妈编这样的故事是她的拿手好戏，她还编了好些故事，都被她卖掉赚了稿费。

后来上了幼儿园，小朋友们告诉我，他们都是妈妈生的，我才恍然大悟，原来全班的小朋友里面只有我一个人是买来的。我一肚子委屈，回家就问妈妈："为啥只有我是买来的？"我妈脸不红心不跳地说："哎呀，你也是妈妈生的呀，以前说买的，是给你讲故事呢。"

"那怎么生的呢？"

"爸爸很爱妈妈，就给了妈妈一颗种子，让妈妈种在肚子里，种子发芽了，就在妈妈肚子里面慢慢长大，大到肚子里装不下了，就把你生了出来，接着养大。"

我不信。我妈拿出我出生几分钟时候的照片，对我说："看吧看吧，一出生就双下巴，胖得医生都说你像满月的孩子，这回信了吧？"

我看着照片上那个光着身子、肚子上缠着绷带、一只眼睛睁一只眼睛闭的小肥妞儿，怎么也不能把她跟漂亮的洋娃娃联系到一起。看样子，这真的是我呢。这好歹证明了我也是妈妈亲生的，再加上四五岁的孩子也没什么钻研的精神，被我妈几句话就哄好了。

长大了再回忆起这些事情，感觉自己像个小傻子，被我妈骗来骗去，但比起其他妈妈"垃圾箱旁边捡来的""充话费送的"这些说辞，我妈编的故事要精致、华美、温暖一些，堪称高大上，"胡编值"吊打别人家妈妈！

我长大了，她继续骗我。

上小学的时候我不太爱吃饭，她变着花样地给我做可口的饭菜，还跟我说："你知道吧，人的身体里面是有好多细菌的，有些细菌是好的，比如说你喝的酸奶里面就有益生菌。这些细菌不管好的还是坏的，都是要生存下去的。它们靠什么生存呢，就是你的肉肉喽。你要是不好好吃饭，不长多点肉肉，它们就会把你吃光的。来，把这块牛排吃了！"

她还说："你正是长身体的时候，不用担心长胖，胖了可以减肥

如果你下午四点来看我

□ 杨 槐

如果你下午四点来看我，我早上七点就起床。半小时用来洗脸、刷牙、洗头发，半小时用来剃须、擦鞋、整理着装。早饭只喝水果粥，养胃，还能唇齿留香。

九点阳光灿烂的时候，我就搬一把椅子，坐到太阳底下看书。读几篇小说，勾勒情节，或者读几首诗歌，酝酿意境。

困顿的时候，我就听歌、打盹儿、发呆。醒来修剪指甲，看看天空，看看云朵。

如果你下午四点来看我，我

从一点就开始激动，什么也干不了。我坐一会儿腿麻，站一会儿头晕，哼一首歌跑调，写几个字歪斜。

如果你下午四点来看我，我三点就去门口迎接。我跟过往的人群打招呼，顺便通报你来的消息；跟卖烤红薯的大姐闲聊，向每一辆停下的车致意。

如果你下午四点来看我，这一天我就什么都不干，虚度光阴，静静地等你。即使上一次分别，只是在昨天。

呀。你得先把个子长起来，要知道，这个世界上，减肥有方，增高无术，噢，对了，也不是无术，增高手术得先把腿打折了，中间安装上一截钢管，看上去才能高一点儿。所以呢，你要多吃噢！"

我害怕被打折腿，于是吃完了牛排吃羊排，后来，当我长到一米七的时候，我妈不怀好意地上下打量我，说："你咋一下子这么胖啦？得控制一下体重了，先要管住你的嘴。"

说好的要多吃饭菜才能不被细菌吃掉呢？说好的先要把个子长起来呢？你这个大骗子！

我瘦时你嫌我瘦，我胖时你嫌我胖。你根本不是嫌我瘦或胖，你嫌弃的根本就是我好不好！

小时候她跟我爸说："咱家宝贝姑娘这么聪明这么乖这么漂亮这么懂事，这世界上哪有小男生能配得上咱姑娘呢，咋办？咋办！真愁人。"

我大了，她跟我爸说："死丫头这么气人，那么能吃还不干活儿，谁

家小男生会相中她呀！以后嫁不出去可咋办？"

我爸安慰她说："这事儿你现在愁什么，早着呢。"

我妈想了想："也对，有眼瞎的，肯定有！"

求你告诉我，把我当空气你是怎么做到的！嗖嗖嗖地你给我的小心脏一万点的暴击真是不心疼不手软啊。

和她确认了好多次，她信誓旦旦地说我是她亲生的，可现在我还是不放心！

就是这个大骗子，在我忘记穿校服的时候说让我必须学会承担做错事情的后果，把因绝望而哭泣的我推进校门，转身却去了不远处的服装店买了一件新校服，十几分钟以后送到了学校；就是这个大骗子，在跟我吃我最爱的牛排时，说她减肥，一口也不吃；就是这个骗子，当她知道我喜

欢远方的时候对我说，你考得越远越好，毕业了也别回来，我好美美地过自己的日子；还是这个骗子，在我没有回答她的微信留言的时候，发来哭泣的表情说：你不爱我了……

不是这样的，亲爱的大骗子，不是我不爱你了。快高三啦，我正在试着戒掉手机，所以回晚了你的问话。等我高考完了，我要一天二十四个小时腻在你身边，带你和老黄一起出去游山玩水；我要学会开车，拿到驾照，然后我当司机带你游车河，我知道你不喜欢开车，但为了送我上学你学了车，买了车，送我接我；我要赚钱买大房子，旁边建水塘养鱼，因为姥爷爱钓鱼，而你，爱吃鱼……

大骗子，我的小明明，我在吃货这条路上顽强地走了十多年，被你养成了"小肥妞儿"，现在，你快点儿减肥吧，然后给我个机会，有那么一天，让我也把你养成一个胖太太，你说，好不？

我的老师二次元

□ 陈子薇

教室里整齐的课桌上摆着漫画书，同学们正趴在书桌上熟睡。当清晨的太阳那浅浅的、暖暖的光洒进教室时，又是寻常生活中新的一天。可是，同学们和隔着屏幕的我都觉得心里空空的，心底有一种隐隐的痛。因为杀老师走了，那个怪物似的老师永远地告别了我们。

杀老师出自一部日本动漫，这部动漫讲的是"异类"杀老师因答应雪村老师帮助其教导E班的学生而做了老师，这些学生在杀老师的影响下不断成长、感悟和前进的故事。

主角杀老师有一个黄色的圆溜溜的大脑袋，脸色有时候会随着心情的变化而变化，他时常露出滑稽的微笑，偶尔也会用他数不清的可爱的触手搞一些恶作剧。在休息时间就以20马赫的速度四处赏风景、品美食、看球赛，等等。也许你会很纳闷："这么不正经，怎么会是一位合格的、受人尊敬的老师呢？"我觉得杀老师真正诠释了什么叫"亦师亦友"，他可以和学生们闹成一团、打成一片，他幽默滑稽、和蔼可亲，关键的时候认真尽责、一丝不苟。他不会铺天盖地给你讲大道理，而是会通过具体行动教会你如何做人，为学生插上梦想的翅膀。

在面对竞争时，杀老师会鼓励你，让你发挥出自己的最佳水平，教你如何调整紧张的心态，如何冷静地打败对手。在平时，他也会犯糊涂、会搞笑、会使单调的学习生活变得生动有趣。他偶尔会打一次棒球，或去山中打一场"枪战"，带着学生们去参加游学之类的活动。在一次次的暗杀失败中，在一次次的竞争与磨炼中，在一次次的旅行游玩中，E班的那些自卑的学生一点点成长、一点点领悟、一点点坚强起来。起初，杀老师只是为了完成和雪村老师的约定而做E班的老师，后来却在不知不觉中爱上了这些"小鬼"，并尽全力保护他们、帮助他们。杀老师不像我们在电影中常见的英雄那样完美无瑕，也不会高高在上，满口都是大道理，他也有"中二病"，是一个不完美、认真严格却不苛刻的人，他平时不怎么讲大道理，却言传身教地教会学生做人的道理和应该拥有的品质。这也是我最喜欢杀老师的地方，他身上散发着一种不完美的魅力。

"没有第二把刀的人，是没有资格成为杀手的。"那阴沉的没有一丝星光的夜里，在高高的大楼楼顶，为了给同学们拿到病毒的解药，被堵在楼顶上一个人面对敌人，处于弱势，无法得到他人的帮助，身上更背负着重重的责任。当内心的迷茫与畏惧交织在一起时，听到杀老师这句话，我瞬间醒悟。握着手里的刀走向比自己强得多的敌人，在敌人面前扔掉刀使敌人的目光转移、情绪波动，此时拔出腰间隐藏的第二把刀刺向敌人。当时我被这反败为胜的一幕惊呆了，之后仔细体会那句话，我不由得有了新的思考：第二把刀是什么？在这部动漫里，它是一把武器，可以令人制胜的武器；然而在生活中，第二把刀是人生存的第二种技能、第二种方法。当第一把刀——原本的生存技能让你无法依靠、无法取胜时，何不去试试用第二把刀——第二种技能取胜呢？扯远一点儿，在当今这个社会，当一份工作做不下去或者一份计划无法实施时，我们大可以尝试使用第二种技能、另一种态度以自己的方式继续下去。近一点儿讲，在学习中，例如在解题时，绞尽脑汁地用第一种方法怎么也解不出来时，为何不用第二种方法、第二种思路试试呢？"换一种思路，找到另外一个切入点，说不定就能成功呢！"这句话留给我的印象最为深刻，原来我的人生没有被定格，我还有很多条路可以走，我可不能在一棵树上吊死。

老师终究是要离去的，这分别是不可避免的，记得看倒数第2集的时候，他的脸上依旧挂着那滑稽的微笑。"为师再点一次名吧……恭喜你们毕业。"所有的学生都哭了。老师微笑着，看着自己的学生顺利地毕业，看着自己的学生完成杀死自己的任务，看着自己的学生终于强大起来、自信起来，欣慰地死去也值得了。"为师已经开心得要命了……"当我看到这里时，我已经泣不成声。分别所带来的不舍和伤心是难免的，可当对自己很重要的人离开的时候，会有一种心痛和一种失去了珍爱之物的孤独感。老师的身体化为一闪一闪的萤火飘走，曾经他们一起学习、一起领悟、一起嬉戏的回忆好像也化作萤火浅浅的光晕留在心里。"这是最快乐的一年，我永远也不会忘记。"杀老师走了，不，他没走，他一直存在于我们的心里，还有那暖暖的话语、满满的回忆、深深的感悟。

一阵鼻酸，一颗泪珠滚出眼眶，滑过脸颊落在衣襟上，紧接着又是一颗，眼泪如同断了线的珠子再也控制不住了。我哭了，为有一位这么好的老师而感动地哭了。虽然他只是活在动漫世界里，是作者创作出来的一个动漫人物，但他真正教会了我很多道理，我的心灵多次受到沉沉的敲击。

你这么酷，我也不能输啊

□ 猫鱼伴饭

我文了一个"我爸"在手臂上，我爸如果看到应该会暗爽很久，因为他很酷。

我爸追我妈的时候，展现了80年代最高超的撩妹技术。那年我爸22岁，我妈25岁，他俩一起去北京出差，我爸为了追我妈故意造了一封假的分手信（当时有个姑娘追他，我妈误以为是女朋友），他跟我妈说他单身求安慰，然后时不时送牛肉干巧克力献殷勤。

追到手后不久刚好过年，大年初二那天，我爸坐了7个小时火车跑去我妈老家敲门，"出来旅行刚好路过你家"。

我妈吓得脸都白了，好在外公外婆开明，只是引进门来教育了一番。

他俩刚结婚那会儿老吵架，有一次我妈生气了，跑出了家门，我爸平时啥事都宠我妈，这次没追出去，事后我妈问他：为什么你不追我，你不怕我危险吗？我爸说："家是你的，为什么要跑出去，以后怎么吵都不能离开家。我妈那么心高气傲的一个人，就这么被驯服了。"

后来有了我，我爸是含在嘴里怕化了捧在手里怕掉了，完全沦为了女儿奴。

从幼儿园到美国研究生学院，我爸几乎认识我所有的朋友，他经常和我的朋友打成一片，我爸微博一小部分粉丝是连我都不太记得的同学，甚至他还知道我很多好朋友的八卦。

我爸一直是个很开明的家长。

他从来都支持我做的任何决定，他相信我不会胡来。

我25岁决定出国念研究生，我爸是唯一支持我的人，在那半年的学习准备中，我爸给了我宽松的环境和不问不质疑的态度。

有时候我爸怕我压力大，为了让我放松，也会开玩笑打趣我："哎！你说你，高三如果能这么认真，何苦现在受罪呢？"

等我快毕业的时候，我爸说一定要来参加我的毕业典礼，为此他又开始复习他那蹩脚的口语，准备签证。2017年1月，签证材料已经全部准备好了，我问他什么时候面签，他说2月吧，去香港看病的时候顺便签。

2017年3月5日，我爸走了，他没来参加我的毕业典礼，我带着邀请函回家帮他料理后事。

我爸最酷的是：2001年查出膀胱癌，一直到2009年年初，12次大大小小的手术，70多次化疗，他全都笑着挺过来了。我从没见过他从手术室里出来的样子，每一次他都找借口巧妙地骗过了我，他说超人没有倒下的时候，他希望在我心里他都是很酷的。

2009年痊愈后，我爸终于过上了正常人的生活，他开始和我一起旅游，摄影，我们还约好要去北海道。

2015年秋天，我爸癌症复发，当时我在国外念书，我爸选择告诉我真相，让我相信他，他会为了我加倍努力抗争。2016年暑假我回家，我爸忍着痛给我包了我爱吃的粽子。那段时间，我陪他去化疗打针，他总是一副笑脸，也总说不疼。

我不是生性乐观的人，是我爸让我变成了心大且乐观的人。

我出生的时候我爸才24岁，我总爱叫我爸"亲爱的小叮当"，因为他无所不能，只要是我想要的他都能给我。我爸走后我在左手手腕文了一个小叮当，后来猛然想到，小叮当知道大雄长大了可以独当一面后，就安心地离开了。我爸，他大概也如此。

我爸去世以后，我一直没办法回国，我害怕待在这个时刻提醒我他不在的地方。现在，我把我爸的戒指戴在脖子上，背着他最爱的相机到处摄影。我总是觉得他还在家，只是因为距离，我们只能在梦里相见。

在人生道路上我会不知所措、会迷失方向、会陷入黑暗。趴在空空的课桌上望着窗外打着卷的云朵，脑海里总能浮现出杀老师那张熟悉的、圆圆的、滑稽的笑脸。那有点儿搞笑却十分温暖的声音，传递着前行追梦的力量。我摸摸自己的胸口，让自己那正在跳动的炽热的心去寻找方向、寻找正确的路，不顾流言蜚语、不畏困难与诱惑，向着自己的梦想奔去……

在杀老师的谆谆教诲下，我好像瞬间领悟到了什么，是对梦想的坚持？是每一个奋斗的时刻？是最初的自我？还是逆境里的乐观和不弃？用心感受，用行动表达吧！

我好像从小就具备一种把天聊死的能力，无论跟谁。比如因为我读的市一中离家比较远，母亲决定到我读书的学校附近租房陪读这件事被提出后，面对我的跳脚反对，相比气得脸红脖子粗的父亲，母亲一边扭开一瓶可乐递过来，一边平静地说，能跟我们说说为什么吗。我看看可乐，又看看她这些年如一日的脸，说："就好像你突然给我喝可乐，不习惯。"

一瞬间，刚才还口若悬河的父亲顿时不开口了，一向安静的母亲，更安静了。

最终，我的反对无效，一向以给我民主和自由为教育宗旨的父亲，强势驳回了我所有关于住宿生活有多美好的条款，并告诉我，房子已经找好，我不得不从。

搬家那天，是个下午，天气晴朗，有暖洋洋的风吹过，空气中充满鸟语花香。好吧，我承认这是我的想象，实际上那天父亲看了皇历却忘了看天气，从前晚开始就一直在下暴雨。

我打着小红伞坐在大卡车的后厢，看着这些东西，有母亲最喜欢的天鹅绒圆桌布，每天必用的咖啡机，刚买不久的面包机，在我家住了十年的鱼缸；小时候我给母亲画过的像，被裱起来也带了过来；还有那张我最喜欢的木书桌，与之配套的木方凳；甚至还有母亲养得最好的绿萝与吊兰。母亲是很会生活的人，想必是就算只住一年的出租房也要布置成家的温馨。这可苦了工人们，一边抱怨一边搬东西，却在接到母亲递过来的温热咖啡和每人额外的红包后，都眉开眼笑。

一切终于安顿下来，已经是黄昏，母亲在整理卧室，我去厨房转转，居然找到一排可乐。我想应该是父亲为了安慰我，特意偷偷买来放在冰箱里的。我坐在阳台的椅子上，喝着可乐，听着收音机，看着暴雨在小区的水泥地上砸出一串串涟漪，偶尔有夹杂着雨星的风刮进来，空气中尽是新生活要开始的不安与躁动。

回过头，看到母亲站在身后，我下意识地把可乐往身后藏，母亲笑笑，说买了就是拿来喝的。这回换我安静了，居然是母亲买的，可是她一向不喜欢这种东西，我只有在考第一名或者生日宴才能提出喝可乐的要

□沐甘

藏在可乐里的爱

求，想想也是可怜。我正在想，母亲笑笑，说一会儿雨停了，我们去菜场吧，晚上给你做排骨。

雨后的菜场有些积水，我跳着脚走，不留神踩到一片菜叶子差点儿滑倒，一只手及时撑住了我。是母亲的手，还像从前那样温暖又柔软，没什么皱纹，完全不像50岁女人的手。母亲的容貌也是如此，与年轻时并无多大变化，很多初次见面的人都以为她才三十几岁。

此刻母亲的手握着我，我觉得暖心却又想挣脱，记忆中就算是在我需要母爱陪伴的童年时光，我们也没有如此亲密过，更没有一起逛过菜市场。

母亲是不需要买菜的，从小锦衣玉食的她，连地都不曾扫过。我见过母亲年轻时候的照片，眼睛又大又明亮，一头乌黑长发，抿着嘴唇，两个小梨涡透出来的除了一点儿甜，还有一点儿倔强。这份倔强让她违背父母意愿嫁给当时还是穷酸书生的父亲，所幸从恋爱到结婚一直被视若珍宝，菜都是父亲买回来的，因为母亲无法分辨青草与韭菜，也不知道花生是长在地里的，更记不住菜场到底在家的哪个方位。母亲生活上的白痴与那对倔强的梨涡都遗传给了我。

虽然人家都说我是母亲的翻版，但记忆中母爱该有的拥抱亲吻抚摸，我似乎都不曾有过。我是被外婆带大的。在我的追问下，外婆告诉我母亲生下我后就一直生病，还患上了轻微的产后抑郁。那时候父亲的事业已经有了起色，家里除了有外婆照顾我，还雇了保姆，母亲更不需要买菜扫地，每日只要看书浇花念佛，慢慢地，身子就好了起来。与父亲和我之间的感情，却依然是淡淡的。

母亲的这种淡泊不光体现在待人接物，也体现在对我的教育，即便是我因为早恋被叫家长，出现在办公室里的她依然是淡淡的表情，坐得很端庄，沉默地听着班主任的训斥一言不发，直到越来越激动的班主任说出小小年纪不害羞这种话，她的脸上终于有了异样的神色，却依然轻声细语地说："我女儿不是那种孩子，我相信

她，为人师表的您，最起码不应该这样说自己的学生吧？"原来我把天聊死的本领也是来自她。

早恋在那时的师长眼里简直是死罪，我以为我让她丢了这么大的脸，这次总可以看到她歇斯底里的那一面了。却没想到她只是牵着我的手，带我回了家，还做了糖醋小排，饭桌上还有平时不允许喝的可乐。

我从小读的就是寄宿制双语学校，很早就开始一个人生活，独立性强到可怕，连少女的成长仪式都是自己问高年级学姐完成的。母亲这种不打不骂，反而越加温柔的表现，让我开始不安。吃完饭，我主动收拾了碗筷，第一次没有直接回卧室，而是坐下来跟她聊天，给她讲我跟那个男生的故事。

其实两个小孩子，能做什么呢？只是每天凌晨，我都会打着背英语单词的名义，跑去校园东北角的小树林跟他见面。见了面也只是一起坐在石凳上，两个人仰着头，透过树叶的缝隙，傻傻地看着天空从蒙着纱到变得清晰透亮。

那个男生没有我这么幸运，他被老师和家长同时狠狠训斥，据说还被他爸用皮带抽了一顿，在学校看到我连话都不敢再说，不久就转学了。而我，继续在学校好好地念书，老师没有再找过我，同学也都羡慕我有一个这样的母亲，开明、民主、尊重我。我想只是因为我完全遗传了父亲的暴躁脾气，母亲曾经说我是属毛驴子的，需要顺着毛摸。这大概是母亲为数不多的几句玩笑话，如果同学们知道母亲大多数时候是平淡冷漠的，不知道还会不会羡慕。

后来有一天我收到一封信，落款居然是母亲。信里是少女时期的各种注意事项，包括如何把握与异性交往的度。父亲偷偷告诉我，写这封信的时候母亲很难过，她说想到连初成人这么大的事，她都没有第一时间在我身边，突然觉得很心疼。

父亲说母亲只是不喜欢表达，像我小时候，虽然她不抱我，却经常半夜到外婆房里看我睡得好不好，每到考试后也总会提前买好可乐等我回来。我一直以为那都是父亲买来的。父亲告诉我因为我从小爱吃糖，有两颗蛀牙，母亲从医生那里听到碳酸饮料不只对牙齿不好，还会导致夜间胃痛，所以才克制我喝可乐的次数。

最后父亲说因为我们是家人，无论性格相似或是不同，只要有爱，我们总是在一起的，无论关系亲近与否，他跟母亲是这样，母亲对我也是这样，其实我们的心里始终是彼此深爱的。

高一开学前一天去看分班，母亲要送我去，我拒绝了，我说你连方向感都没有，到时候再丢了我可没法跟你老公交代。母亲可能是没想到我会跟她开玩笑，张了张嘴，最终什么也没说。

看完分班跟好朋友走出校门，我愣住了，校门口对面的马路石级上，我的母亲，穿着设计非常合身的洋装和高跟鞋，手里拎着一只小包，正安静地站在那里，在一群家长中看起来特别显眼。看到我，她非常高兴，微笑着冲我挥手，我走过去，她从包里掏出一瓶可乐递给我。

天空已经慢慢变成火红色，我挽着母亲慢慢往租的房子走，谁也没有开口。小区广场上有很多小孩子在打闹，他们的家长或嘁着笑看着他们，或三两个坐在一边拉家常。母亲突然说："以后每天下晚自习，我都在门口等你。"

我"嗯"了一声，尽量不让母亲发现，我想哭。

当初那些"奇怪"的同学

□ 谢璇

初中时，班里有个姑娘，爱说爱笑，身材微胖。也许是因为熟络了，大家开始拿她的身材和性格开玩笑。她虽然表现得不以为然，可身边的朋友却越来越少。期中集体换座位，她邀我做同桌。最初我并没有拒绝，她拉着我的手，兴奋地说了好久的话。

但到了真正换座位的那天，面对隐约的压力，我沉默了。中考前，多数人都选择保送留在本校，她则执意要离开。几年后，听说她狠狠减肥，一度得了抑郁症。在大家八卦来的照片里，她学生时代的小圆脸变成了瓜子脸，眼神里却不见了往日的欢喜之态。

转学来了一个从县城来的男孩，笑容干净而单纯。开学第一节语文课上，老师提问一首诗的作者是谁。问题并不难，可大家早已习惯了沉默。"杜甫！"一个干脆而清亮的男声从教室后方冒了出来，打破了"洪荒"之中的沉默——是新来的男同学。大家霎时间哄笑起来，纷纷扭头看向他，就连台上的老师也忍不住笑了。男孩瞬间红了脸，用手捂住嘴，把头埋到桌子底下，像个做错事的孩子。自那以后，我再也没有听过他在班里主动回答问题了。

毕业班里有个女同学，珠圆玉润，丰满俊俏。在盛行含胸驼背的青春期，她的腰板永远笔直。下课了，男男女女站在教室外头放风，她大大方方地从一众同学面前经过，留下身后议论纷纷。课间操，大家随意甩甩手脚，松松垮垮，唯有她跳得最高，努力下腰，手臂伸得最直。周围的同学咧嘴偷笑："做操而已，有必要这么认真吗？"

多年后，当我们不再追随众人的眼光来决定是否接受一份友谊的时候，或许已经错过了许多个期待被了解的心灵。也许有人会说，一切都是因为年轻啊。确实，错失了一个春天，还会有下一个春天。然而，那些被抑制生长的年少心灵，还会吐露芳华吗？

好在，最后一个故事里的姑娘，没有因为大家的侧目而改变自己。后来，她成了全校的领操员。

妈妈也是第一次当妈妈

□ 晨曦亦光

> 从小觉得最厉害的人就是妈妈，不怕黑，什么都知道，做好吃的饭，把生活打理得井井有条，哭着不知道怎么办时只好找她。可我好像忘了这个被我依靠的人也曾是个小姑娘，怕黑也掉眼泪，笨手笨脚会被针扎到手。最美的姑娘，是什么让你变得这么强大呢，是岁月，还是爱。
> ——德卡先生

前几天给妈妈打电话，说母亲节马上到了，终于可以写篇文章申诉一下我妈养孩子养得有多随意了。妈妈在电话那一端急得声音都提高了八度："你你你别写啊，你写了我可要对你进行经济制裁啊。"我对着电话，"扑哧"一声笑出声来。

真好，二十多年过去了，我妈还像一个小孩子。

妈妈年轻的时候很漂亮，鹅蛋脸高鼻梁尖下巴，笑起来阳光灿烂，眼睛里好像住着星星。所以怀孕的时候她每天都在幻想自己的女儿会像个小天使，每天扑闪着长睫毛大眼睛奶声奶气地叫妈妈。

我出生那天刚好是妈妈的生日，结果她在三伏天费了九牛二虎之力把我生下来之后，看了一眼，心都凉了半截。又看了一眼，心就凉透了。

我一直对这件事耿耿于怀，一直到我有了审美观之后去翻小时候的照片，哎呦，这要是我女儿，我可能看一眼就遗弃到孤儿院了，我妈不仅看了两眼，还这么辛苦地把我养大了，真是太不容易了，就冲这一点，我就觉得我妈特伟大。

我小的时候家里生活很苦，这种捉襟见肘的清贫在爸爸读研的三年达到了巅峰。不同于别的母亲会默默承担苦难，并想法设法藏起窘迫不让孩子看到，妈妈从来都会把生活的不易讲给我听，所以那些年我都很懂事，去超市拿起一种零食就主动放下另一种，看得售货员都眼泪汪汪的。

后来回想起来，妈妈也是孩子，她也在面对生活的考验，需要一个人扛起全家的重担时束手无策想找人倾诉和分担。那时的我虽然帮不上忙，但在妈妈心里也是个可以依靠的人吧。

而我越长大，越变得特立独行、很不听话，总是在自己讨厌的人和事面前面目狰狞，也因此挨了不少打。在最叛逆的青春期我的战斗力和坏脾气直线上升，动不动就和我妈吵架，最亲近的人往往最明白怎么能伤害到对方，所以我总是哪句话难听说哪句，句句扎心，咄咄逼人。

有一次争吵时妈妈盛怒之下不小心把洗手间的玻璃门撞碎了，我们俩看着那个精致的玻璃门上扭曲的裂痕都愣住了，我吓得不敢说话，以为要迎来一场暴揍。但是妈妈突然哭了，她窝在沙发上抱着腿一边抽泣一边给爸爸打电话说再也管不住我了。

我忽然很紧张，比要挨打了还紧张，我很怕自己和妈妈的关系会像那个玻璃门上的裂痕一样，再也回不到以前的样子。于是从那一刻起，我收敛了锋芒，叛逆期也如狂风暴雨般散去。偶尔还会和妈妈吵架，冷静下来就赶紧厚着脸皮笑嘻嘻地哄她开心。或许我的脾气很重要，尊严很重要，喜好也很重要，可是它们都没有妈妈重要。

我从小就不是别人家的孩子，既不聪明也不漂亮也不听话。而特长班通通半途而废之后我妈觉得我没什么艺术细胞就没再逼我，每个假期送我回老家撒欢，或者放任我写完作业之后整天痴迷地抱着小说和儿童文学翻来覆去地看。我又觉得我妈也没什么亏了的。我也许不优秀，但我成长得多开心啊。

初中毕业的时候报了全市最好的高中，模拟考试都徘徊在录取线的我中考竟然高出了分数线几十分，于是爷爷奶奶叔叔伯伯都给我发了奖金，我拿着丰厚的奖金给妈妈买了一个价格不菲的包包当作生日礼物。妈妈特别开心，一整个暑假都像一只神气的小松鼠，每天昂首挺胸，一脸的骄傲和得意，那样的表情我一直记在心里。

只可惜一直到了大学，我才又慢慢变成那个让妈妈骄傲的孩子。有一次表姐问我为什么突然知道努力了，

我们心中的恐惧，永远比真正的危险巨大得多。

我说，我从小到大都挺普通的，不想再让我妈在别人炫耀自己的孩子时尴尬地站在一旁了。我的努力，只是为了让妈妈能永远有那种骄傲的表情。

前几天看过一篇文章，说中国很多父母在有了孩子之后会把自己的人生价值寄托在孩子身上，认为只有把孩子培养成才，自己的人生才有价值。接下来的人生仿佛是为孩子而活。这种心理会给孩子增添太大的负担，也容易使自己陷入忧虑和失望。其实每个人的人生都是独立的，父母的人生价值也并非不重要，孩子也有自己的人生价值要实现，不应该把自己的人生寄托在别人身上。

不过我有幸没有成为我妈实现人生价值的载体。她总是有很多自己的目标，其中最大的一个是环游世界。所以她在有钱有时间又精力旺盛的年纪已经走遍了祖国的山山水水，所有的省份和有名的景点全都留下了她的足迹。有人陪就一起去，没人陪一个人也要去，如果恰逢我放假，她会在放假前早早地计划好几场旅行，查好攻略买好衣服给相机充好电。

在我抱怨天气太热紫外线太强还不如待在家里追剧的时候，她在和同路的游人兴奋地讨论新疆的胡杨树、台北的观音山、内蒙古的马奶酒、西双版纳的泼水节、哈尔滨的冰雕和普吉岛的香水菠萝。

然后她又开始做下一步国外游的计划了。

18岁离家之后我辗转了三个城市读大学实习和读研，每到一个地方刚安顿下来，妈妈就打电话喊着要来玩。于是我接下来又要忙着和老师请假，每天跑到楼下给她买早餐，带着她逛夜市吃小吃，坐游轮看夜景，走之前还要在一起看一场电影。

回家也是一样。我在书桌前看书的时候她就跑到我床上躺着，我又好气又好笑地说妈妈你要睡去你们房间睡，我看书呢。我妈说："就不，哪有人赶妈妈的，我闺女回来了，我就跟我闺女待一起，要不我们看电影去吧？保证吃啥买啥。"

有时候看着她眼角的皱纹和看书时架在鼻子上的老花镜，想起她越来越重的孩子气，忽然有点儿恍惚，不知道这些年的时光去了哪里。我很想拽着岁月的肩膀用力和它打一架：嘿，你能不能慢点儿走，我妈妈还没长大呢。

上个月回家的时候妈妈和我说："我们单位谁谁谁，儿子都上高中了还天天接送，天天辅导作业，太夸张了，小学三年级开始我就没接送过你了。"我说，这很正常啊，我读高中的时候班里很多同学每天都有父母接送，有同学的妈妈嫌学校的早饭不好吃，一大早做好了装到保温桶里给她们带去呢。

妈妈有些愧疚地挠了挠头说："不好意思啊，我这个妈当得不太称职，有时候我想想，也不知道你是怎么长这么大的，还长得挺好。"

我看着她认真忏悔的样子，忍不住笑出了声，说："没事，我原谅你了，我生命力比较顽强。反正，妈妈也是第一次当妈妈，没经验嘛。"

然后我妈"哈哈"大笑起来，像个老小孩。

有时候我会想，我妈真是个特别的妈妈，她学不会不苟言笑，不会苛责我不如别人家的孩子，她有自己独立的精神世界，不会把自己的人生价值寄托给我，而且我本来也不怎么争气所以没能成为人中翘楚，却也长成了自己该有的模样。

她在笨手笨脚学习做母亲的过程中和我一起长大，一起磨合；她被岁月带走了姣好的面容和纤细的身材，却永远有一颗年轻的心，永远怀着对未知世界的向往和热爱。她比很多妈妈都不称职，却也给了我她能给的，最完整的爱。

想起史铁生的那段话："你的母亲，她难得给你什么命令，从不有目的地给你一个方向，走啊走啊你就会爱她，走啊走啊，你就会爱她所爱的这个世界。等你长大了，她就放你到你想要去的地方去，她深信你会爱这个世界，至于其他她不管，至于其他那是你的自由你自己负责。她只有一个愿望，就是你能常常回来，你能有时候回来一下。"

马薇薇说过："这个世界上不是每个人都是你妈，你要面对现实。"可正是因为有了妈妈，我们才能在与这个世界残酷的现实和不公，复杂的人性和突如其来的恶意相抗衡时，拥有发自内心的底气和力量。

而我的愿望，就是希望自己强大到在未来的日子里，足以保护妈妈的孩子气。

我长大了，妈妈就不必再长大了。

围裙和铠甲

蒋玮琦

灰色砖楼被高大的榆树掩映着，阳光透过枝杈投射出斑驳的影子。我走上二楼，靠右手边有一扇深红色木门，门上的油漆像鳞片一样一片片卷起来。

我现在已经不住这儿了。但我知道，打开门左手边就是厕所，冬天想洗澡只能站在便池上，把烧好的热水往身上浇。卧室墙上布满了用铅笔画的、无规则的丑陋涂鸦，那是我小时候的杰作。

我和妈妈曾经在这儿住了10年。妈妈年轻时被保送到成都一所大学读书，毕业后，被分配到大学当老师。她通过别人介绍认识我爸，后来又独自把我抚养长大。

她在这间房里学会了做饭。

妈妈是不爱做饭的。初次尝试，就把油菜炒成了黑色的糊状物。还有一次做回锅肉，蒜苗都煳了肉还没熟。最后我们只好出去吃牛肉面。但是后来，她学会了糖醋排骨、大盘鸡、水煮牛肉……煎的鸡蛋又焦又脆，蛋黄还能流出汤汁来。

那时候我妈最大的愿望，就是不让我觉得"和其他孩子不一样"。她让全家人不跟我提离婚的事，直到3年后我才知道。

我小时候不和同龄人玩，她只好陪着我。童年时我跳绳、踢毽子、滑旱冰，大都是和她一起。入夜，路灯周围有昏黄的光影和振翅的飞蛾，一棵大榆树像怪物一样盘踞在门口。她和我一起，仰着头，数星星。

我小学学习不好，经常被老师留到晚饭时分。她就在校门口等着，然后在黄昏时分的太阳余晖里，牵着我走过土铺的操场和人来车往的马路。去小卖铺，给我买一支5毛钱的牛奶味雪糕，只字不提关于成绩的事。

有次班主任悄悄叫她去学校，说让我留级，还暗示她带我去检查智力。她坚决不肯，回来还说老师夸我学习有进步。

那时我什么都不知道，还经常拿成绩开玩笑："哪天胡瑞生病，我就是第一，不过是倒数。"

胡瑞是我们班最后一名。他小的时候父母工作忙，把他交给奶奶带。有次发烧没有及时就医，把脑子烧坏了，从此一直痴痴傻傻的。

时间像夏日河流上粼粼的波光，缄默地改变着年岁。如今我走出了家乡的小城市，再也不怕和别人说话了。能自己装衣柜、修厕所，也能随时背上包独自去各地旅行。

想起那时的自己，真像个浑身长刺的哥斯拉。当时妈妈温柔地呵护着我的整个世界，然而直到现在，我都没法拼凑出她当时的心境。

2008年，房价刚开始疯涨，她一咬牙一跺脚在不远处新建的小区买下一套房，连带装修欠下了20万元外债。

从此她只买打折衣服，几乎不和同事出去吃饭、打牌。"吝啬"的个性一直持续到如今：去商场看到有折扣就兴奋，手机用了5年也不肯换，对于水电费格外斤斤计较。但据说她年轻时候，曾经为了一件大衣花掉一个月工资。

旧房子是学校分配的。冬天漏风，晚上得裹着羽绒服睡觉，整晚能听见老式的钟摆嘀嗒嘀嗒地流淌。因为地方小，一张桌子既当饭桌又当书桌；没有洗澡的地方，就找一块能承重的木板，架在便池上，人站在上面洗。

她毫不留恋地住进了新房，我却有点儿怀念那些日子。

不久后她生病了，需要住院切除胆囊。那是我第一次意识到，原来这个人也会生病。

记忆中，她十分刚硬，涉及原则问题，任我怎么哭闹撒娇都没用。发起怒来也很吓人，还撕过我的言情小说。读初中后，我们开始越来越频繁地吵架、冷战。那时我还说过类似"你这种性格难怪会离婚"这样伤人的话，但从来没见她哭过。

很久以后，姥姥才告诉我，妈妈切除的胆囊里长了癌细胞，有扩散风险的那种。"你以后可要好好对你妈妈。"姥姥看着我，"好好"两个字说得十分用力，她是在心疼自己积郁成疾，又劫后余生的女儿。

妈妈从来不逼着我上辅导班。哪怕是高二期末，我数学考了10分的时候。

我高三了，她要求教务处把课排在一天，其余时间在我学校附近找了个房子，全职陪读。

每天她会把我送到车站，看着我上车。我们一起走过灰蒙蒙的天空，长长的街道。有时会在一家常年冒着白色蒸汽的牛肉面馆里，点一碗面吃，加肉加蛋。然后停在栽满行道树的公交车站旁，等68路公交车。

我不喝白水，她担心我渴，就变

着花样给我带水。蜂蜜山楂冲着兰香子、玫瑰红枣枸杞熬成一锅、冰糖冬果梨煮得黏稠。每个晚上我把手机压在作业下看小说,到了9点就说困了,要睡觉。一开始她还时不时来问我要不要牛奶或水果,我便匆忙将习题翻开,有时笔都拿反了。后来她就不来了。

记忆里那时是没心没肺寻开心,她提起来却大倒苦水,说每天晚上看着我就着急,最后只好去外面转。也对,雕虫小技自以为能瞒天过海,又怎能骗过抓了多年作弊的她呢。

好像除我之外的人都了解她的痛苦。她的同事、朋友,连当时中午帮我做饭的阿姨提起那段日子,都会语重心长地和我说:"那时你妈不容易啊。"

最后,我的高考成绩好得出乎所有人的意料,不知和当时她的隐忍有多大关系。

母亲一辈子住在大学里,忍过了当时周围人的指点点点,或关心或猎奇的试探。所谓的"父亲"自从搬出家后,就没来看过我们一次,只托他爸妈每个月打来法院判的200元生活费,给到我18岁。

她一个人撑起了整个家,一晃快20年。好强的个性伴随她很久,直到现在。

她在我面前不再装作坚不可摧的样子。她上楼梯腿会疼,出门买菜总会觉得家里煤气没关。一会儿说"老了,不中用啦",一会儿又说"妈妈还能养你个10年,以后也绝不让你养,你自己放心去闯"。

手机电脑很多功能她都搞不清楚,有时来问我,我会嫌烦,三下两下操作好给她,她就委屈地说:"你又不教我。"去年她去南京出差第一次坐飞机,我笑话她,她却很坦诚:"乡下人没见过世面,害怕嘛。"

岩石有所松动,但还是有很多话不会说。

比如她从来不会说想我,有时给她打电话还会被嫌啰唆。后来,和她一起玩的一个阿姨偷偷告诉我,大一我走后不久,妈妈和她们一起打牌时,提起我就哭。

在我家这个三线小城市,别人听说我要去香港学新闻,都责怪她:"你这是在把孩子往火坑里推啊。"

每当这时,她总是笑笑,半真半假地展示着自己的无奈:"女儿喜欢学啥就学啥,我哪管得了她啊。"

转过头来跟我说:"别担心,妈妈有钱。只要别让我卖血卖肾,妈就供你。"

毕业后我想留在大城市做记者,她举双手赞成。但我知道,她其实想让我回来,只是永远都不会说出来。

现在的妈妈早就习惯了独居生活。她每晚会窝在沙发里,看豆瓣评分不高于5的国产电视剧。和朋友们聊八卦时眼睛放着光。执着于在各大商场寻找打折的衣服,并且将自己卓越的数学才能,运用到和商家满减规则的斗争中去。

但我还是知道,只要我有困难,她依然会立刻化作身披金甲的女战士,尽她所能,斩断目之所及的所有荆棘。

谁的理想不曾恢宏远大

□吴雨歌

我要这天,再遮不住我眼;要这地,再埋不了我心;要这众生,都明白我意;要那诸佛,都烟消云散!

熔石化甲,挥焰成袍,踏碎凌霄,放肆桀骜。

谁不曾年少,谁不曾觉得可以凭借一己之力改变整个世界?这与那只张口天下、闭口俗世的小猴子是何其相似?"若天压我,劈开那天;若地拘我,踏平那地。"我等生来自由身,谁敢高高在上。

曾经,我们都是无法无天的小猴子,有一天却不得不戴上命运的金箍。

"我要天下再无战不胜之物。"但他忽然觉得很累了。方寸山那个孱弱而充满希望的小猴子,真的是他?

在这世间前行,谁被迷了心性,自由的灵魂与那惆怅的灵魂不断碰撞,是成为那个性张扬、不拘束缚的"齐天大圣",还是做一个向西而行的赎罪者?

你已有了选择,于是这世间:也许曾经有过那样一个我,那样地生活过,他的身影印在这个时代里。我看见他的传说。

鸿蒙初辟原无姓,打破冥顽须悟空。

纵使与世界为敌、与诸神作对,哪怕用尽最后的气力,也不放弃。

谁的理想,不曾恢宏远大。成长不是屈服和平庸,而是内心渴望成长的自由,对未来人生道路不一样的坚守。

因为我们年轻,未来有着无限的可能性,所以还是会以自己的方式,挑战约束,超越传统。哪怕是教训,也要亲身领受。

因此,如今我们依然想要,打破冥顽。不是叛逆,只是追求,希望以自己的方式——变得成熟。

那些与吃有关的浪漫

□陈思呈

20世纪80年代末,有一段时间,母亲每天早上6点叫我起来跑步。母亲带着她提前煮好、装在保温瓶里的粥,以及我的书包。她骑着单车,我跟在旁边跑。

我家住在城市的最南端,学校在城市的最北端,我们跑了全城最长的一条路。到学校附近,我们找个地方吃完她带来的早餐,然后我去上学,她去上班。

我妈做的早餐具体是什么,我忘了。基于对她烹饪水平的了解,想必是高度营养但味道欠佳。

比如有一段时间,她听说喝鱼头汤有助于智力发展,于是她每天炖个鱼头给我吃。又听说加盐不好,于是她非常有创意地加了牛奶和糖。那甜鱼头奶,腥得我的大脑几乎停止发育。

每天晨跑和自带早餐的做法,只是母亲无数创意中的一个。母亲的日常生活充满即兴节目,她的浪漫都是原创,信手拈来,既草根,又大气。

可口可乐刚在家乡小城出现的时候,有天晚上,她做完家务,用一种"跟我走,有好事"的表情把我招了出去。

我们先在某个小卖部买了两瓶可口可乐,然后又来到胡荣泉夜市。这是城里夜宵最集中之处。人们多数蹲在地上做买卖,旁边点着煤油灯。

母亲不知从哪里买来一块鱿鱼干,在某个她相熟的店里,用煤油灯烤了起来。很快,鱿鱼身卷起来,发出诱人的浓香。

鱿鱼之香,带着猪、牛、羊肉香味无法比拟的穿透力,在夜市各种食物的群香之中脱颖而出。

我这才知道母亲买可口可乐的原因。在她的指导下,我撕下一小片烤鱿鱼,慢慢咀嚼,再畅饮一大口可口可乐。

平生第一次喝这种具有浪漫气质的饮料,热烈的气泡喷得我直打嗝,打的嗝又带着烤鱿鱼浓烈的腥香。

我被这神奇的体验弄得又享受又狼狈。母亲则在旁边笑吟吟地看着我,仿佛我是一个初尝烈酒,就展现了惊人酒量的男人。

多年以后,对各种食材的任性搭配和大胆尝试,仍是我与小儿家居生活中重要的乐趣,那是母亲留给我的好东西之一。草根式的浪漫,百无禁忌的想象力和行动力,那自己都没有觉察的、日常的幽默感。直到她病重,去世前不久,留在我记忆中的,仍是她独特的幽默。

有一次在病房里,我在看一本画册,叫《中国一百儒士》。她要过去,仔细翻了很久。最后她把书一丢,不屑地闭目养神,说:"那里面怎么没有你啊?"

说实话,我没有多少往事可以回忆,我的童年过得非常平淡。那个混沌又懵懂的小型的自己,既记不住情节,也觉察不出任何故事。

然而在某个瞬间,当我带着我的孩子,在日常生活中创造了即兴的节目——像我妈曾经为我创造的那样——我意识到,我头脑里有些内容,是她在尘世上留下来的不多的东西。

我爸妈没什么文化，但撒起谎来就像本科毕业

□ 如 鹿

"谁要吃鸡腿，鸡头上的肉才好吃。"

这是我舍友小雅的故事。

她童年时，妈妈没有工作，爸爸在水泥厂打工。因为没钱，很少开荤，逢年过节才会吃上些肉。

每当有鸡这道菜，小雅爸爸总是飞快地把鸡头夹进自己的碗里，就像小卖部里抢颜色特异弹珠的小孩子。

小雅问，为什么爸爸总是抢鸡头吃呢？他爸爸说，鸡头上的肉最好吃，但小孩子吃鸡头会中毒的，小孩子只能吃鸡腿。

后来，小雅上大学第一次和我们聚餐，点了辣子鸡。她忽然想起，自己长大了，可以吃鸡头了。可整盘鸡吃完了，也没见到鸡头。

她愤愤地跟我们吐槽饭店偷工减料。我们哈哈大笑。

满屋子的笑声里，只有小雅偷偷抹了几把泪。原来爸爸一直在骗她，这样她才会心安理得地啃两条鸡腿。

"你快去教室！妈妈上班了，没时间理你！"

我第一次被送到幼儿园，死死地拽着我妈的衣服，任凭我妈推老师拽，哭天抢地就是不撒手。

纠缠了一会儿，直到我妈一跺脚，下了狠心，使了力气，才把我的手拽开。一巴掌把我推进校门，然后眼睛一瞪，终于不再用哄我的口吻，凶道："我马上就得上班，没时间管你，你哭也得在这里，不哭也得在这里，不到放学我不会来接你！"

然后她转身就走，我脸上挂着泪花，被老师抱到教室里。

可我没再哭，因为我看见大门外的冬青后面，藏着一个熟悉的身影，正在偷偷往里看。

"你现在不知道好好学习，等找不到工作，我是不会养你的。"

这句话从小到大听了无数次——开家长会被老师点名批评时；迷上了隔壁班男班长寝食难安时；发小考得比我高出十分时；羡慕街上穿着很潮的姑娘时……

我的梦想一直是做个摄影师，没课时我要么背着单反相机到处跑，要么泡在图书馆里看摄影类的指导书。

大三时，终于有一家杂志看上了我在微博坚持更新的照片。

于是，我开始收到了一些微薄的外快。

但是，这严重影响了我的专业成绩。大三下学期，周围的人都在准备考研、考公务员，我失眠了几个晚上，纠结了很多天，终于给家里打了电话。

我说我不想考研，想做个摄影师，如果这个决定让我以后穷困潦倒，我也不后悔。

我妈在电话那头哭了，边啜泣边说："别压力太大，我跟你爸知道你很努力，毕了业如果你的工资不够你吃喝，没关系，爸妈养你，养你一辈子都成。"

我爸妈没什么文化，他们不会开导我，只会拿不好好学习就不养我这种话来要挟我。他们也不会鼓励我，只会拿赚不到钱爸妈养你这种话来安慰我。

是啊！我们的爸妈都没什么文化，但撒起谎来就像本科毕业。

而我们，看上去很有文化，但有时候连爸妈哪句是真话哪句是谎言都分不清。不过，他们不撒谎的时候也很多。

高考前，我压力特别大。我爸送我去考场，我坐在摩托车后面小声问他："爸，你更喜欢重点大学还是更喜欢我？"

我爸没说话，摩托车骑得很快，风嗖嗖的，我以为他没听到。到了学校我下车时，我爸说："更喜欢你。"父母的每一句谎言都是钻石，在爱的长河里熠熠生辉，此生光芒不减。

没几个像样的秘密 就称不上父与子

□ 三秋树

在我的记忆里,父亲老周好像是突然闯入我生命的。10岁之前,我一直在妈妈密不透风的爱里,他根本插不上手,也无须插手。

可是,他一旦出手,全是大招。

那是上小学三年级时,足球队里来了一个比我高、比我壮许多的霸道男生,今天欺负这个,明天欺负那个。有一天,他终于欺负到了我头上。

从此,踢球成了我的负担。妈妈找那个男生的家长谈了几次,但每谈一次,我受的伤就更严重一次。

一天晚饭后,妈妈不在家。爸爸带我去操场,速成地教了我几下拳脚,然后对我说:"明天中午,你要是敢当着全操场同学的面,主动反击那个男孩一次,我就给你买PSP(一款当时最酷的游戏机)。"

"可是,我打不过他。"

"但你可以放大招。"

"什么大招?"我顿时很期待。

"不管怎么疼,都丝毫不表现出来,像狼一样盯着他的眼睛,不屈不挠地反抗,你就当这是游戏最后一关,在打那个大BOSS(游戏怪物)。"

他补充说明:"不管明天发生什么,你都不可以让任何人知道是我让你去打架的。"听了爸爸的话,我内心复杂极了,10岁的我一夜未眠。

第二天中午,为了PSP我豁出去了。我狠狠地揍了那个男生,但也被他狠狠地揍了。我一直死死地盯着他的眼睛,像只愤怒的小狼一样。后来,他居然被我吓跑了。

而我的左臂骨折了。

见到妈妈时,我夸张地拼命大哭,让她那些批评的话都没好意思说出口。妈妈把我搂在怀里,我看到妈妈背后的爸爸,向我伸出大拇指。我向他挥了挥受伤的手臂示意——我长出了一根男人的骨头。晚上,我的枕头下面,有了最新款的PSP。

这是我与父亲之间的第一个秘密。

初二那一年,我成了周杰伦的粉丝,他要来大连开演唱会的新闻让我几乎无心向学。

可是,妈妈说:"真不明白,一个话都说不清楚的人,他的歌有什么可听的。再说了,你一个学生,最重要的就是学习,追星多耽误事儿啊。"

演唱会的当天,老周破天荒来学校接我放学,带我一起去吃饭。然后,结账时,服务员送给我两张票,说:"恭喜你,中了两张今天周杰伦演唱会的门票。"

我知道,这是老周导演的恶作剧式的惊喜。

那是个狂热之夜,比我更疯狂的,是老周。他从头到尾都在跟唱、呐喊,甚至流泪,像个少年。以致我不得不数次拍拍他肩膀,劝他:"收敛点儿,有点儿过了啊。"

那一夜,听完演唱会,他陪我一起赶往周杰伦下榻的酒店求签名。人家房间都熄灯了,我们还守在楼下,望着那窗口。

最后,父子俩哼着歌走回家。面对老妈"你们到底去哪儿了"的诘问,他说:"在老师家补课补得有点儿晚,又吃了点儿夜宵。"

这是我和老周之间的第二个秘密。"没有疯狂过的人生,也是一种虚度。"这是老周那晚说的人生金句,我记在了当天的日记里。

高三时,我住校。有一天晚自

人一生下就会哭,笑是后来才学会的。所以忧伤是一种低级的本能,而快乐是一种更高级的能力。

习，老周来找我，而且是找我陪他喝酒。

原来，老周在当天的部门主任竞聘中落选了。他翻遍通信录，最后觉得找我最合适。

酒过三巡，老周跟我讲了职场里的各种糟心事。"是不是觉得爸爸特别窝囊？"讲得差不多了，老周问我。

"不，你们每个大人其实都在忍辱负重，都挺不容易。"我说。

这话让老周的眼圈当时就红了。他说："再也不能拿你当小孩了。"

陪老周的那顿酒，令我青春期那些叛逆的症状得到了奇效般的治愈。我变得勤奋、努力，在别人看来我是高考的黑马与奇迹，但我知道老周是那个奇迹的生产商——当我被他平视的时候，我完成了成人礼。

爷爷去世的那一天，老周来大学里找我。我备好了酒，准备陪失去父亲的他一醉方休。

但他没喝。他在酒店里跟我聊天聊了一整夜，他告诉我："你爷爷在我心里早就不在了。"

当爷爷酒后打奶奶的时候；当爷爷喝多了当街撒尿的时候；当爷爷喝出肝癌，依然在病房里坚持抽烟喝酒、大呼小叫的时候……我说："看来，我爹比你爹强多了。"老周破涕为笑："嗯，你爹比我爹靠谱。"

早晨，告别时，老周说："别告诉你妈。"我答："放心吧，哥们儿。"他狠狠地敲了我的脑壳儿。

人们说多年父子成兄弟，这是我和老周之间一个崭新的秘密，一次情感上的晋级。

倘若我这一生能活出什么气象来的话，那么，老周就是那个最初谋篇布局的人——是的，父亲的心有多大，儿子的格局就有多大。

凡买书，必买三本

□ 邢斌

李敖，是我中学时代喜欢的作家、学者。他经历曲折，几度入狱，而依旧桀骜不驯，这种特立独行的气概，令我敬佩。其文章，弥漫着一股傲气，我有点儿喜欢，也有点儿不喜欢。读大学后，又陆续购读了他的文集与自传。再以后，慢慢不看李敖了。可能是因为，原先我对他的那点儿不喜欢越来越放大了，觉得他傲得有点儿过了，其实他并没有自己以为的那么好，而且他有点儿偏激，甚至偏执，他不懂得宽容。李敖今已七老八十了，但李敖还是李敖，还是那样锋芒毕露。而我则不是十几岁的我了。

又想起李敖，是因为中医界的靳瑞。

靳瑞（1932—2010），是当代广东针灸名家。据其门人介绍，靳氏工作之初，静心读书，每月工资的一半要拿出来买书，而且凡买书，必买三本。何故如此？原来当时他计划将古籍中的疑难问题各个击破，因此把《内经》以下至明清的所有针灸医籍，按年代顺序，分经络、腧穴、病证、治疗四类，做剪贴归类。因书之一页有正反两面，所以必须买两本书，正反面方都能剪贴，而第三本则做查阅之用。这就是他凡买书必买三本的原因。（见《靳瑞针灸传真》，袁青编著）读书至此，不免击节赞叹！在那个贫困年代，靳老真是舍得花钱做学问！撇开学问不谈，舍得花钱为自己服务，以减少繁重的抄写工作，节约宝贵的时间，那个时代能有这样的意识，也是难得！

李敖的买书、读书、治学，颇为相似。我许久不读其书，凭印象，李敖买书要买两本，以做剪贴之用。因不愿再费力地翻检其书——如果我当年也像靳老、李敖那样做分类剪贴，就能很快找到了——便在网上搜索了一下，查到这么一段：为了能吸取书中的精华，李敖有自己独特的读书方法，他称之为"大卸八块""五马分尸"。他看书的时候总是准备好剪刀，看到有自己需要的资料就动手剪下来。有的时候，正反面上的资料都是李敖所需要的，为了应对这种情况，李敖最开始时把背面的内容复印下来。后来，他觉得复印太浪费时间，于是干脆一开始的时候就买两本书，然后把两本书上的资料都剪下来。

不管我今天还喜不喜欢李敖，也不管李敖的是是非非，甚至也不管他在学术上到底有多大成就，单说这种治学方法与精神，还是值得揄扬的。

我的外婆是"贵族"

□ 刘律廷

1

外婆的7个孩子都有体面的工作和宽敞的大房子。然而，外婆守寡后却一直住在老小区带小阁楼的一居室里。

40平方米的7楼公房很闷热，外婆却把小日子过得有滋有味，还常说些"豪气冲天"的话，比如："我每年换一次窗帘，家具不喜欢就送人。""家里总有人带水果来，吃都吃不完。""我家农场丰收了，你有空来拿点儿菜哦！"

外婆所说的"农场"，就是阁楼外40平方米的露台。她请工人铺上防腐木，又搬来营养土，开辟出不同区域。

我和小朋友们参观"小农场"时，简直惊呆了！生菜刚刚冒出绿叶，空心菜和长豆角采过一茬，日本南瓜小小的果子像袖珍灯笼，还种着薄荷、迷迭香等香料和玫瑰等花卉。

外婆将金毛犬、波斯猫和宠物龟都放出来晒太阳，八哥和黄鹂也在笼子里唱个不停。比起其他人家脏兮兮的晾衣露台，这里简直是沙漠中的绿洲，俗世中的伊甸园。

看着小朋友们的羡慕之情，外婆骄傲地说："你们以后想来，随时可以哦！"

2

我是外婆最小的外孙女。我读小学的时候，她已经70岁了。参观过"移步易景"般的家和"五脏俱全"的农场之后，我的小朋友们都觉得外婆好"富"。

我那些表兄弟表姐妹们都深有同感。外婆从没带过外孙及外孙女，但每一个孙辈都享受过"带小朋友去富婆家"的待遇，有被同龄人羡慕的骄傲。

外婆在退休后的前几年，一直在各地旅游。后来，她身体渐渐变差了，就把家布置得如"旅游胜地"一般。家务活都是钟点工包揽，她只做三样事——打理农场、布置摆设、做饭。

外婆家的厨房，丝毫没有琐碎烦乱的感觉。锅碗瓢盆都是她精挑细选的，它们一溜排开，颜色搭配得淡雅有致。她很少起油锅，吃得简单而考究。比如做小馄饨，她会用小葱熬油装在一个圆碟里，把香菜、胡萝卜碎、紫菜、虾皮、枸杞、蛋皮等妥妥帖帖地摆在一个个小方碟里。我每次去外婆家，哪怕一碗简单的馄饨，都感觉像在高档酒店吃大餐一样庄重。

我读中学的时候，经常跟父母吵架。外婆家成了我的避难所，其他的孙辈受委屈也来找外婆。外婆家常常有很多人，街坊四邻里恼怒的婆婆、受气的媳妇、需要暂时管顿饭的儿童……无论是谁，外婆都不多问，不安慰，只不动声色地喂狗、喂猫、喂鸟。

看着她跟宠物们有一句没一句地聊，用漂亮的骨瓷茶具沏茶品茶，大家学着她兴致勃勃地做点儿取悦自己的事情，没多久就豁然开朗了。

中考后的那个暑假，外婆带我去云南玩。云南的亲戚一定要邀外婆住在家里，但外婆的处世哲学是"能用钱解决的事情，绝不麻烦人"。她带我住在一户民宿里。民宿大门口挂着一幅字：生活不只眼前的苟且，还有诗和远方。

在民宿里，我们一住就是一个多月。各种各样的人都做过我们的邻居，外婆跟什么人都聊得来，人家以为我们出身于大富大贵的家庭。

其实，外婆是普通的退休教师。不过，她对新鲜事物总保持着极大的兴趣和学习的激情。那年暑假，外婆学会几种本地的刺绣方法，给我做了一条手绣的裙子。她带我去逛街的时候，什么衣服都敢尝试。身材瘦小的她，穿年轻人的款式竟也不给人违和感。

跟外婆在一起时，我绝对想不到"老态龙钟"等词汇，倒有一种闺蜜挚友般的自由感。

3

我读高中的时候，外婆身体日渐衰弱。历经一次心脏手术之后，让她独居已不太可能。子女们争着要接她去家里，她却将房子出租，用租金和退休金住进一所价格不菲的养老院。

没多久，养老院上上下下都叫外婆"富婆"。一方面是因为外婆喜欢请客，另一方面是她的生活方式在老年人中的确显得奢侈。每周，她都请

够了

□ 蒋勋

许多人喜欢比较，比穿的是不是名牌服装，开的是不是名牌车子。也有人喜欢比较精神方面的，如最近上了谁的课，看了哪本书。

不同的比较，精神上的比较好像比物质上的高尚一点儿。其实不一定，有比较之心就是缺乏自信。

在巴黎，从来不会同时出现四千多家蛋挞店，可是，你会在城市的某个小角落，闻到一股很特别的香味，是咖啡店主人自己调出来的味道。20年前，你在那里喝咖啡，20年后，你还是会在那里喝咖啡，看着店主人慢慢变老，却还是很快乐地在那里调制咖啡。

我觉得每次去巴黎最大的快乐，就是可以感受到这么多人的自信。每个角落都有一个人的自信，而且安安静静的，不想去惊扰别人似的。

譬如冰激凌店的老板，他卖没有牛奶的冰激凌，几十年间，店门前总是大排长龙。但他永远不会想多开几家分店。他好像有一种"够了"的感觉：我就是做这件事情，很开心，每个吃到我冰激凌的人也都很快乐，所以，够了。

美发师上门，把一头白发吹得蓬松有型。同屋的老太太嘲笑她说："人都半个身子埋在地下了，还花这钱？"

外婆不反驳，只是慷慨地请老太太做一次头发。看着镜子，那位老太太竟然眼眶都红了。她上次照镜子还是儿子来探望的时候呢！儿子大半年没来，她蓬头垢面，越活越颓废。

在外婆的带动下，老太太也渐渐臭美起来。两个人"AA制"地将二人套房进行一次"软装"，墙上贴了一一漂亮的粉色墙纸，床上用品也换成了色彩艳丽的四件套，原来八九十岁的老太太也有"少女心"啊！说来有趣，她的家人们发现这种变化后，来得勤快多了。老太太更是认同了外婆的哲学：要让子女来看我，是因为我可爱，是因为他们爱我，而不是靠道德绑架。

养老院不许养宠物。外婆每周叫一个孩子开车，带她去看望寄养在宠物店的"孩子们"。每次分别都难舍难分，外婆还掉眼泪，这令陪行者吃醋说："妈，你对我都没对宠物好！"外婆又搬出一套理论："你们成家后，就不再属于我这个当娘的了。宠物就不一样，它们还会逗我开心。"

4

养老院的老人们，都早早为自己做好寿衣，买好墓地。当他们得知外婆从没做过这种打算时，都很不理解。

不过，外婆在2016年的一次闲聊中跟我妈谈到身后之事："等我真走了，不立碑、不搞仪式。你们就搞一次大家族的旅游，把我的骨灰带着，撒在我故乡的崇山峻岭之间。不立碑、不搞仪式，最多种棵树，绿化一下祖国。清明节，你们就聚餐娱乐。倒是我这些宠物，你们要照顾好。待它们老了之后，要好好埋葬。这就是对我最大的孝顺！"

我妈妈听得眼圈发红，她私下跟我爸说："我娘这辈子，谁都不麻烦。连她的身后事，都这么简单处理，连纸都不让烧。这真是让我们做子女的，羞愧啊……"我爸安慰我妈说："咱妈乐善好施一辈子，心宽着呢！如果这样老人家高兴，就依她吧。"

外婆跟我妈谈话后不久，就以一种最不麻烦人的方式走了——她在睡眠中心脏病突发去世，连医院没进，直接去殡仪馆开追悼会。

办追悼会违背了外婆的遗愿，不过是养老院的老人们跟外婆生前的街坊四邻执意要办的。大家含泪诉说外婆对自己的帮助，很多事情是我们这些子孙闻所未闻的。比如，外婆出资修老家的一座桥，多年资助贫困的邻居孩子读书，不断送人窗帘、家具、工艺品……外婆没啥积蓄，一居室的房子卖掉后按子女人头平分。子孙们在葬礼之后和睦相爱，时常聚餐。大家认领她的宠物与植物们，按着她的遗愿好好照顾。

我继承了外婆厨房的家当，整整装了7个大整理箱。从此，无论加班多晚，我都喜欢在厨房里折腾一会，用精致考究的碟盘筷勺，享受食材的花样翻新。

我一直觉得，外婆在天堂里也有这么一间厨房。她仍以对琐碎细节的考究与热爱，经营着柴米油盐的细枝末节，宴请着那些邻居，照顾着花花草草和小动物，播撒着温暖、美感、慷慨等真正的贵族精神。

你把周围的人看作魔鬼，你就生活在地狱；你把周围的人看作天使，你就生活在天堂。

谢谢你，盛装莅临我的成长

□ 汪薇薇

小学二年级时的班主任，是一个不怒自威的退伍军人。他平日里话不多，用眼神就能解决纷争与事端。

对男生，他实行军事化管理。课间10分钟，其他班的男生疯得东倒西歪，我们班的男生则挺拔地站立，有序地排着队，轮流进行立定跳远，玩得规规矩矩。

对女生，他力推淑女教育。女生说话要不徐不疾，微笑要张弛有度；裙子要过膝，不许撩起下摆擦汗，不能光脚穿凉鞋；坐不能弯腰驼背，站

不能含胸低头；课外少看电视多看书，每天练习毛笔字……乡村的孩子平时散养惯了，一个个野得像泼洒一地的阳光，哪里收得住？一学期过去，没几个能真正坚持下来的。做得最好的，是和我们同班的他的女儿。我们既同情她的别无选择，又钦佩她的与众不同。她不是班上最漂亮的女孩，却自有一种说不出的美，眼中闪烁着柔软和善意。连最调皮的男生路过她身边时，都会不由自主地屏声敛气。

很多年后，我在家乡的街头看到，她穿一袭蓝底白花的连衣裙，绾着低低的发髻，静静地站在那里。市井人声嘈杂如水，流到她身边便自觉地绕道而行。有人和她打招呼，她轻轻地点头，微笑致意，温婉得既优雅高贵又接地气。

她那被打磨出来的与众不同的美，过去叫"教养"，现在叫"气质"。

初一时的语文老师，是一个慢条斯理的颇具智慧的老头儿，他惩戒我们的惯用方法是写检讨。他对我们写检讨的要求直接照搬对我们的作文要求：文笔要好，感情要真，题材不限，字体要工整有气势，风格要自成一家，不能少于800字。最可怕的是，要一式54份——全班共54个人，人手一份。

有一回上课，他迟到了几分钟。不待他道歉并解释原因，台下便爆发出一阵亢奋的叫喊声，大家一起喊："54，54，54！"他也不恼，乐呵呵地看着我们，眼里的宠溺能湮没每个人。从此，他再也没有让我们写过检讨，而要求大家写日记。算算，一天不过一篇，我们便同意了。

毕业后和一些同学去看望他，说起这段往事，他笑道："小小少年是一块块璞玉，我们要讲究方式和技巧雕琢。让你们写检讨是假，练笔、练字才是真。"然后他转过头对我说："你的字有蝇头小楷的功底，你的日记也最好看。"

原来，我们最终学会的是不要错过自己。

高二时的语文老师，是一个忧郁的诗人。他为人低调不羁，我们平时见他背影的机会比见他正面的机会要多。有一次，上课讲诗歌的结构与特点，他找来了几本自己以前写的诗集。讲台上的他眼神干净明亮，有一种未经世事的清澈，像正在逐梦的少年。他一字一字地念，一句一句地写，一段一段地讲其间饱满的感情、丰富的想象、和谐的音韵，以及写诗时的心境和曾经沉睡的梦想。讲到动情处，他会停下来，一言不发地看向窗外，眼神深邃而幽远。

课后，很久我的内心仍无法平静。那是我第一次感受到诗歌的美，它干净纯洁、美好亲切，散发着梦想的味道。最难得的是，它离我这样近，一声轻唤便足以叫醒我，而不是远远地隔空感动我。后来，我开始偷偷写诗，不在乎写得好不好，不去想有没有用，也不在意是否有人懂，愿意写出来并能很好地写下去，对于我而言已经足够。

原来，梦想是一种让你觉得坚持就是幸福的东西。

正如德国哲学家雅斯贝尔斯所说："教育意味着一棵树摇动另一棵树，一朵云推动另一朵云，一个灵魂唤醒另一个灵魂。"谢谢各位，盛装莅临我的成长。

借衣访恩师

□ 方湘玲

有一次,李鸿章被紧急派往南京处理公务。在经过家乡合肥时,他决定抽空去拜望自己的恩师徐子苓。

李鸿章和一名随从匆匆忙忙赶到徐府大门口,门人看清他的顶戴花翎和官服后,吓得赶紧跑着去禀报。看到门人着急慌忙的样子,李鸿章突然"哎呀"一声叫住门人,对他说道:"你不要急于通报,能否先借我一套衣服呢?"

一头雾水的门人连忙去找衣服。

一旁的随从越看越糊涂,忍不住问道:"大人,您要门人的衣服有何用意啊?"

李鸿章回答道:"我方才突然想起,倘若穿着官服去见恩师,恩师一定会很有压力。即使我想一叙旧情,他也定会有所顾忌。我脱去官服,换上便装,恩师肯定会放松心情,如此方能拉近我和恩师之间的距离。"

两个妈

□ 倪萍

姥姥在我还不到两岁的时候就把我接到了水门口,还是从青岛机关幼儿园的小木马上接走的。妈妈既要上班,又要带孩子,只能顾着我哥哥,把我放在长托幼儿园,几个月接一次。姥姥说,怕我一辈子都"不会笑",就咬牙把我接回了水门口。

那个时候,姥姥的小女儿还不到九岁,又是三年自然灾害期间。为了养活我,姥姥把村里能借的鸡蛋都借来了,又把从娘家带来的一对银镯子卖了,换了能摆满一张炕的鸡蛋。

从那时候开始,无论多穷,鸡蛋在我的生活里就没断过。蒸着吃、炒着吃、煮着吃,一个吃得下,三个也撑不着,我噌噌噌地往上长。半年后,妈妈从青岛来看我,简直认不出我了。"会笑了"的我笑得让姥姥都害怕,因为无论见了谁,我还没说话,就先笑。

姥姥说我四岁的时候就会串门儿了,而且准能吃得小肚子溜圆才回家。我至今也不能确定,如果没有水门口四年的"野生活",继续在青岛机关幼儿园长大的我还会不会是今天的我。

有人做调查,问十个孩子,在两种妈妈中会选择哪种:一种妈妈生下孩子就一天也没离开过孩子,失去了最佳的工作机会;另一种妈妈生下孩子就去奔事业了,给孩子提供最好的条件。年龄小的孩子基本都选择了前者,成熟的孩子都选择了后者。我问姥姥:"你选择谁?"姥姥说:"那还用说?选第二个妈。"我庆幸上天给了我两个妈,前者是姥姥,后者是妈妈。

困难是一块顽石,对于弱者它是绊脚石,对于强者它是垫脚石。